高等职业教育土木建筑类专业新形态教材

建筑工程测量

主　编　陈文建　马小林
副主编　高春怀
参　编　胡洪菊
主　审　赵连峰

北京理工大学出版社
BEIJING INSTITUTE OF TECHNOLOGY PRESS

内 容 提 要

本书是按照 "项目导引" 模式、采用任务驱动方式编写的教材。教材按建筑工程建设过程中所需要的理论知识点和技能点设计教学单元，结合建筑工程施工流程分为测量基础知识、测量仪器的使用、施工控制测量、建筑物的定位与放线、基础工程施工测量、主体工程施工测量、竣工测量及实践训练8个单元。

本书可作为高等院校建筑工程技术、工程造价、市政工程技术、工程管理等相关专业测量类课程的教材，也可供建筑工程施工技术人员参考使用。

版权专有　侵权必究

图书在版编目(CIP)数据

建筑工程测量 / 陈文建，马小林主编.—北京：北京理工大学出版社，2021.6（2021.7重印）

ISBN 978-7-5682-9880-3

Ⅰ.①建… Ⅱ.①陈… ②马… Ⅲ.①建筑测量—高等学校—教材 Ⅳ.①TU198

中国版本图书馆CIP数据核字（2021）第105332号

出版发行 / 北京理工大学出版社有限责任公司

社　　　址 / 北京市海淀区中关村南大街5号

邮　　　编 / 100081

电　　　话 / （010）68914775（总编室）

　　　　　　（010）82562903（教材售后服务热线）

　　　　　　（010）68948351（其他图书服务热线）

网　　　址 / http://www.bitpress.com.cn

经　　　销 / 全国各地新华书店

印　　　刷 / 北京紫瑞利印刷有限公司

开　　　本 / 787毫米×1092毫米　1/16

印　　　张 / 14

字　　　数 / 304千字

版　　　次 / 2021年6月第1版　2021年7月第2次印刷

定　　　价 / 39.00元

责任编辑 / 多海鹏

文案编辑 / 多海鹏

责任校对 / 周瑞红

责任印制 / 边心超

前　言

　　"建筑工程测量"课程是建筑工程技术专业的一门专业核心课，也是所有土建大类专业的专业基础课。在工程建设中，测量是一项非常重要的技能，是工程得以顺利施工的保障。本课程在建筑工程中对应的岗位为测绘工程师、测量员、放线工等。本书的编写体系与国家高等教育"建筑工程技术"专业的"建筑施工测量"课程教学标准对接，通过测量的基本知识与技能、测量仪器的使用、建筑施工测量等内容的学习，培养学生具备建筑业施工现场施工员、测量员岗位必备的建筑工程测量知识及技能，具有承担建筑工程施工控制测量、建筑定位放线、基础施工测量、主体施工测量的能力及其他基本测量工作的能力；培养学生的核心职业能力，为新型城镇化建设培养更多的专业测绘人才，为国家推进新型城镇化建设提供人才支撑。

　　本书由四川职业技术学院陈文建和马小林担任主编，四川职业技术学院高春怀担任副主编，四川职业技术学院胡洪菊参编。具体编写分工如下：陈文建编写单元4、单元5，马小林编写单元2、单元3和单元8，高春怀编写单元6和单元7，胡洪菊编写单元1。全书由马小林统稿，中铁建昆仑地铁投资建设管理有限公司赵连峰高级工程师负责主审。

　　在本书的编写过程中，编者参阅了一些优秀的教材和专著内容，引用了其中的部分片段，均已在参考文献中列出，在此表示诚挚的感谢。

　　由于编者水平有限，书中难免会存在不妥和疏漏之处，望广大读者及同行不吝赐教，以便本书再版时修订。

编　者

目 录

单元 1　测量基础知识

了解建筑工程测量的任务；掌握地面点位的确定方法和测量的基本内容、原则。

测量学及其内容；测量学的分类；建筑工程测量的任务；地球的形状和大小；确定地面点的点位；测量的基本内容、原则和常用单位；用水平面代替水准面的限度。

在城市建设中，无论是房屋的建造、道路和桥梁的修建，还是绿化施工等都需要在现场进行施工放线，因此，对于现场施工人员来说，工程测量知识是必备的知识，也是非常重要的技能。本单元学习测量的基础知识。

项目 1　建筑工程测量的任务

1. 知道测量学的概念以及测量学中测定和测设的定义。
2. 了解建筑工程建设过程中的测量任务。

任务 1　了解测量学

测量学是研究地球的形状和大小，以及确定地面点位的科学，也是研究和确定三维空间中各种物体的形状、大小、位置、方向和其分布等信息的科学。其包括测定和测设两部分内容。

1. 测定

测定是指使用测量仪器和工具，通过测量和计算，得到一系列测量数据，并将地球表面的地物和地貌缩绘成地形图。测定如图 1-1-1 所示。

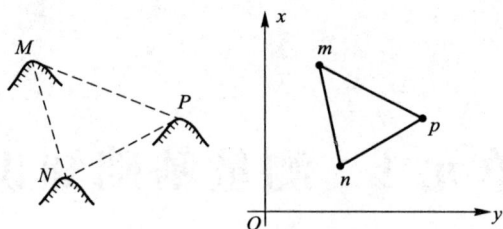

图 1-1-1　测定

2. 测设

测设是指将设计图纸上规划设计好的建筑物位置，在实地标定出来，作为施工的依据，如图 1-1-2 所示。

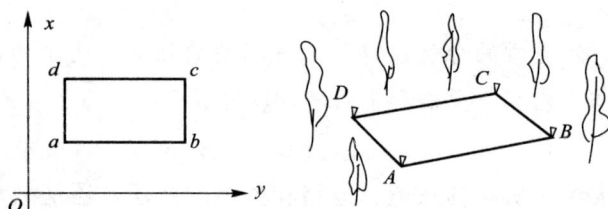

图 1-1-2　测设

任务 2　测量学的分类

随着生产和科学技术的发展，测量学的内容越来越丰富，应用范围也越来越广泛。按照研究对象和应用领域，测量学可以分为若干分支学科。

（1）大地测量学。研究测定地球的形状、大小及地球表面较大地区的地位测定和计算的有关理论与方法的学科。考虑地球曲率的影响，大地测量又分为常规大地测量和卫星大地测量。

（2）地形测量学。研究将地球表面局部地区的地貌、地物测绘成地形图及编制地形图的基本理论和方法的学科。

（3）摄影测量学与遥感。研究利用航天、航空、地面的摄影和遥感信息进行测量的方法和理论的学科。

（4）工程测量学。研究测量和制图的理论和技术在工程建设中的设计、施工、管理等阶段的应用，为各项工程建设服务的学科。

（5）地图制图学。研究地图制图的理论和方法的学科。

（6）海洋测量学。研究海洋和陆地水域的测量和绘图的学科。

"建筑工程测量"属于工程测量学的范畴。通过学习，应掌握建筑工程测量的基本知识和技能，能够正确操作仪器，掌握建筑工程测量和施工放样等实际技能。

任务 3　建筑工程测量的概念和主要任务

1. 建筑工程测量的概念

建筑工程测量是研究建筑工程在勘测设计、施工和运营管理阶段所进行的各种测量工作的理论、技术和方法的学科。

2. 建筑工程测量的主要任务

在建筑工程规划设计、施工、运营管理等各阶段，都有需要进行的测量工作。总结起来，在建筑工程建设过程中，主要的测量任务包括：

(1)大比例尺地形图的测绘；

(2)建筑物的施工测量；

(3)建筑物的变形观测。

项目 2　地面点位的确定

能力目标

1. 能够对测量的基准面和基准线、地面点点位进行表示。

2. 能够将地面点的点位用平面坐标和高程表示出来。

测量工作的任务，无论是测定还是测设，实质都是地面点位的确定。确定地面点的位置就是要确定它相对于地面的关系。地球表面有高低起伏，所以，地面点是三维空间点，确定地面点的空间位置需用 3 个参数。在测量工作中，一般用某点在基准面上投影位置(两个参数)和该点离基准面的高度来表示。

任务 1　了解地球的形状和大小

地球表面上的海洋面积约占地表总面积的 71%，陆地面积约占 29%，因此，人们将地球的形状看成被海水包围的球体。设想有一个静止的海水面向陆地岛屿延伸，这样形成的封闭的曲面，称为水准面(图 1-2-1)。受潮汐影响，海水面时高时低，因此，水准面有无数个。与平均海水面相吻合的水准面称为大地水准面(图 1-2-2)，大地水准面是测量工作的基准面。由大地水准面所包围的形体称为大地体，大地体代表了地球的自然形状和大小。

由于水准面上任意一点的铅垂线都垂直于该点的曲面，因此，我们选择铅垂线作为测量工作的基准线。

图 1-2-1 水准面

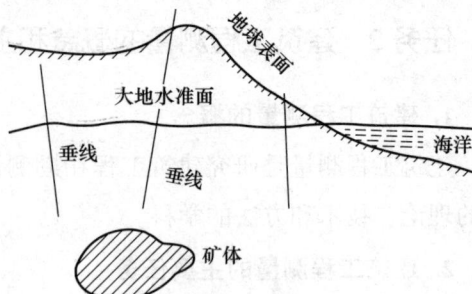

图 1-2-2 大地水准面

长期实践证明,大地水准面近似一个旋转椭球体。地球表面凹凸不平,球体也不规则,为了便于用数学模型来描述地球的形状和大小,也为了测绘工作的方便,我们取大小和形状与大地水准面非常接近且能用数学公式表达的旋转椭球体来代表地球的形状和大小,这个规则的椭球体称为参考椭球体(图 1-2-3)。参考椭球体的长轴和短轴如图 1-2-4 所示。我国目前采用的参考椭球体的参数如下:

长半轴:$a = 6\,378\,140$ m

短半轴:$b = 6\,356\,755$ m

扁率:$\alpha = (a-b)/a = 1/298.257$

由于地球参考椭球体的扁率 α 很小,当测量的区域不大时,可将地球看作半径为 6 371 km 的圆球体。

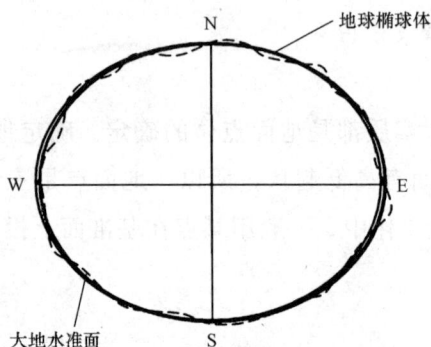

图 1-2-3 大地水准面与地球椭球体

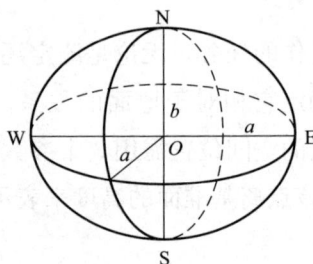

图 1-2-4 地球参考椭球体

任务 2 确定地面点的点位

由于测量工作的基准面是大地水准面和铅垂线,因此,地面点的空间位置可以表示为点在大地水准面上的投影位置(两个参数)和该点到大地水准面的铅垂高度。

1. 地面点在大地水准面上的投影位置

在大范围内进行测量工作时,地面上的点投影到参考椭球面上通常用经度和纬度表示,称为地理坐标;在小范围(一般是半径为 10 km)内测量时,可以将地球表面近似看成平面,则投影位置可用平面直角坐标表示。

(1)地理坐标。地球表面任意一点在地球椭球体上的坐标称为该点的地理坐标,一般用经度和纬度表示。地理坐标可分为天文坐标系、大地坐标系与地心坐标系。

1)天文坐标系。天文坐标系是以铅垂线为基准、以大地水准面为基准面建立的坐标系。它以天文经度和天文纬度(λ,φ)表示地面点在大地水准面上的位置。其中,天文经度λ是观测点天顶子午面与格林尼治天顶子午面之间的二面角,地球上定义为本初子午面与观测点之间的二面角;天文纬度φ定义为铅垂线与赤道平面之间的夹角。

2)大地坐标系。大地坐标系是以椭球面法线为基准线,以参考椭球面为基准面建立的坐标系。它以大地坐标(L,B,h)表示地面点在参考椭球面上的位置。其中,大地经度L为参考椭球面上某点的大地子午面与本初子午面之间的二面角;大地纬度B为参考椭球面上某点的法线与赤道平面的夹角,北纬为正,南纬为负;h为大地高,即从观测点沿椭球法线方向到椭球面的距离。我国常用坐标系为1954北京坐标系、1980国家大地坐标系及2000国家大地坐标系(CGCS2000)。

3)地心坐标系。地心坐标系是地固坐标系的一种,是指以总地球椭球为基准、原点与质心重合的坐标系。它与地球体固连在一起,与地球同步运动。它以(L,B)来表示点的位置,其中L为地心经度,与大地经度一致;B为地心纬度,是参考椭球面上观测点与椭球质心或中心连线与赤道面之间的夹角。

由于地理坐标是球面坐标,不便于直接进行各种计算。

(2)平面直角坐标。

1)高斯平面坐标。为了方便工程的规划、设计与施工,需要将测区投影到平面上,使测量计算和绘图更加方便。而地理坐标是球面坐标,当测区范围较大时,要建平面坐标系就不能忽略地球曲率的影响。把地球上的点位化算到平面上,称为地图投影。地图投影的方法有很多,我国采用的是高斯—克吕格投影(又称高斯正形投影),简称高斯投影。它是由德国数学家高斯提出的,由克吕格改进的一种分带投影方法。它成功解决了将椭球面转换为平面的问题。

高斯投影的方法是将地球按经线划分为带,称为投影带(图1-2-5)。投影是从首子午线开始的,分6°带和3°带两种。每隔6°划分一带的叫作

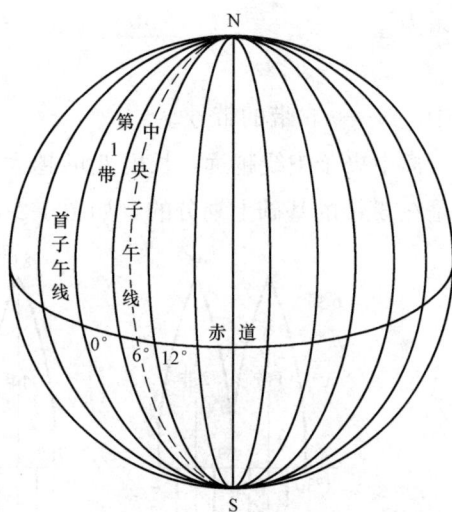

图 1-2-5 投影带的划分

6°带,每隔3°划分一带的叫作3°带。我国领土位于东经72°~136°,共包括了11个6°带,即13~23带;22个3°投影带,即24~45带。

设想一个平面卷成横圆柱套在地球外,如图1-2-6(a)所示。通过高斯投影,将中央子午线的投影作为纵坐标轴,用x表示,向北为正;将赤道的投影作为横坐标轴,用y表示,

向东为正；两轴的交点作为坐标原点。由此构成的平面直角坐标系称为高斯平面直角坐标系，如图1-2-6(b)所示。

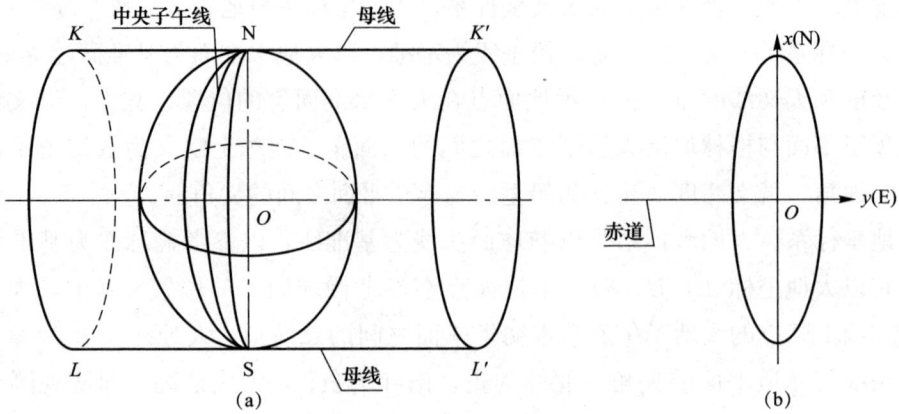

图 1-2-6 投影带的展开

(a)投影带；(b)高斯平面直角坐标系

每一个投影带都有一个独立的高斯平面直角坐标系，区分各带坐标系则利用相应投影带的带号。在每一个投影带内，y 坐标值有正有负，这对于计算和使用都不太方便，为了使 y 坐标都为正值，故将纵坐标轴向西平移 500 km，并在 y 坐标前加上投影带的带号。6°带投影是从英国格林尼治子午线开始，自西向东，每隔经差 6°分为一带，将地球分为 60带，其编号分别为 1，2，3，…，60。任意带的中央子午线经度为 λ_0，它与投影带号 N 的关系为

$$\lambda_0 = 6°N - 3° \tag{1.2.1}$$

式中　N——6°带的带号。

离中央子午线越远，长度变形越大，在要求较小的投影变形时，可采用 3°投影带。3°带是在 6°带的基础上划分的，如图1-2-7所示。每 3°为一带，从东经 1°30′开始，共 120 带，

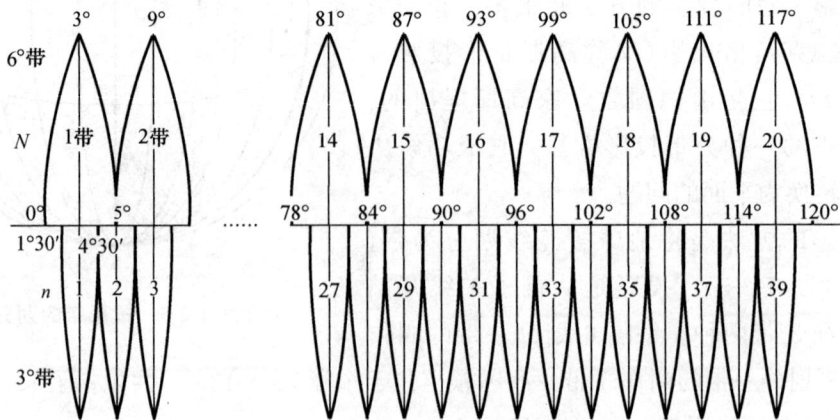

图 1-2-7 6°带和 3°带展开对比

其中央子午线在奇数带时与 6°带的中央子午线重合，每带的中央子午线可用下面的公式计算：

$$L_0 = 3°n \qquad (1.2.2)$$

式中　n——3°带的带号。

为了避免 y 坐标出现负值，3°带的坐标原点同 6°带一样，向西移动 500 km，并在 y 坐标前加 3°带的带号。

如图 1-2-8 所示，6°带第 20 带内有点 A、B，其中 $y_A = +136\ 780$ m，$y_B = -272\ 440$ m，将 y 值加上 500 km，并写上代号后，坐标值变为 $y_A = +20\ 636\ 780$ m，$y_B = +20\ 227\ 560$ m

2）独立平面直角坐标系。当测区范围较小时，可以用测区中心点 a 的水平面来代替大地水准面。在这个平面上建立的测区平面直角坐标系称为独立平面直角坐标系，如图 1-2-9 所示。

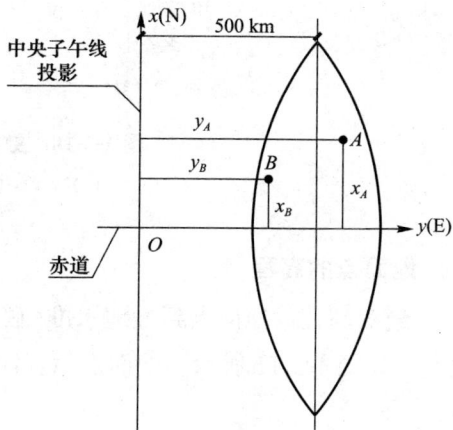

图 1-2-8　坐标轴西移

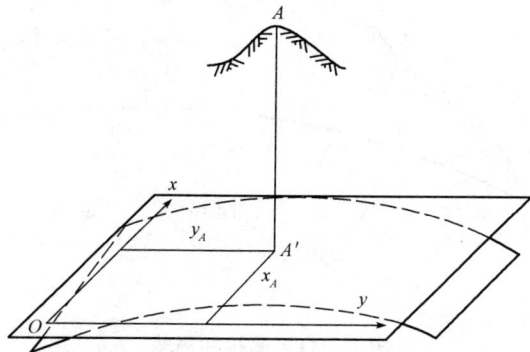

图 1-2-9　独立平面直角坐标系

规定：以南北方向为纵坐标轴，记作 x 轴，向北为正；以东西方向为横坐标轴，记作 y 轴，向东为正；坐标原点 O 一般选在测区的西南角，使测区内各点的 x、y 坐标均为正值；坐标象限按顺时针方向编号。

3）数学坐标系与测量坐标系的异同。如图 1-2-10 所示，两坐标系既有联系又有区别。

不同点：坐标轴互换、角度方向不同、象限方向相反。

相同点：数学上的三角公式适用于测量平面坐标系，即

$$x = s \times \cos\alpha \qquad (1.2.3)$$

$$y = s \times \sin\alpha \qquad (1.2.4)$$

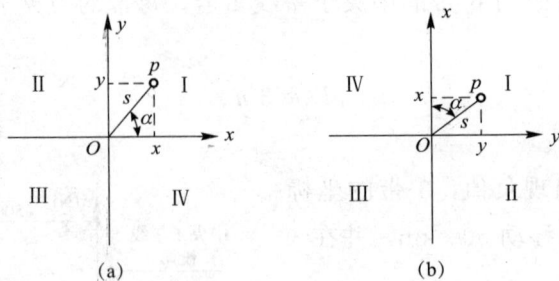

图 1-2-10　数学坐标系与测量坐标系

(a)数学坐标系；(b)测量坐标系

2. 地面点的高程

(1)绝对高程。地面点到大地水准面的铅垂距离，称为该点的绝对高程，简称高程，用 H 表示。如图 1-2-11 所示，地面点 A、B 的高程分别为 H_A、H_B。

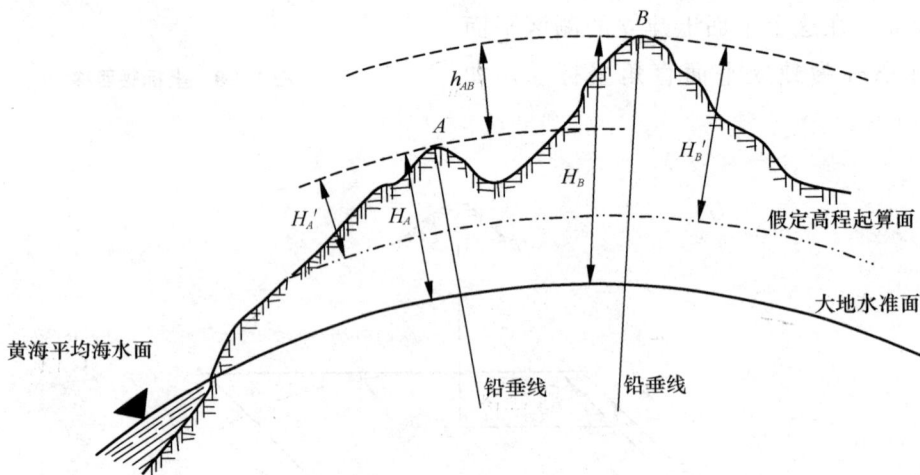

图 1-2-11　高程和高差

我国在青岛设立验潮站，长期观测和记录黄海海水面的高低变化，取其平均值作为绝对高程的基准面。我国采用的"1985 国家高程基准"，是以 1953—1979 年青岛验潮站观测资料确定的黄海平均海水面，作为绝对高程基准面，并在青岛建立了国家水准原点，其高程为 72.260 4 m。

(2)相对高程。个别地区采用绝对高程有困难时，也可以假定一个水准面作为高程起算基准面，地面点到假定水准面的铅垂距离，称为该点的相对高程或假定高程。如图 1-2-11 中，A、B 两点的相对高程为 H_A'、H_B'。

(3)高差。地面两点间的高程之差，称为高差，用 h 表示。高差有方向和正负。

A、B 两点的高差为

$$h_{AB} = H_B - H_A \tag{1.2.5}$$

当 h_{AB} 为正时，B 点高于 A 点；反之，则 B 点低于 A 点。

B、A 两点的高差为

$$h_{BA}=H_A-H_B \tag{1.2.6}$$

A、B 两点的高差与 B、A 两点的高差，绝对值相等，符号相反，即

$$h_{BA}=-h_{AB} \tag{1.2.7}$$

项目 3　测量的基本内容和原则

能力目标

1. 知道测量的基本工作内容，以及在测量过程中应遵循的原则。
2. 能够计算用水平面代替大地水准面对测量距离、角度和高程的误差。
3. 能够换算测量中常用的单位。

任务 1　测量的基本内容

由前面的知识可知，地面点位由地面点在大地水平面上的投影位置和高程来表示，工程中投影位置一般选择用直角坐标来表示，则一个地面点的位置一般表示为 (x, y, H)。在实际测量中，x、y、H 不能直接测定，需要通过测定点位关系的 3 个基本要素来推算。如图 1-3-1 所示，已知 A、B 点的坐标和高程，1 为待测点，测得待测点的坐标为

$$x_1=x_B+\Delta x_{B1} \tag{1.3.1}$$

$$y_1=y_B+\Delta y_{B1} \tag{1.3.2}$$

待测点的高程为

$$H_1=H_B+h_{B1} \tag{1.3.3}$$

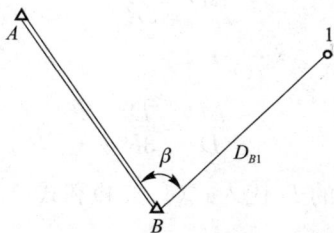

图 1-3-1　地面点的位置关系

只要测出水平角、水平距离和高差就可以推算出点 1 的平面直角坐标和高程。由此可见，角度、距离、高差是确定地面点的三要素，因此，测角度、测距离和测高差是测量的

基本内容。而测量的基本工作是高差测量、水平角测量、水平距离测量。

测量工作一般分为外业工作和内业工作两种。外业工作主要是用测量仪器和工具在测区内进行各项测量工作；内业工作则是将外业观测的结果加以整理、计算，并绘制成图以供使用。

任务2 用水平面代替水准面的限度

当测区范围较小时，可以把水准面看作水平面。探讨用水平面代替水准面对距离、角度和高差的影响，以便给出限制水平面代替水准面的限度。

1. 对距离的影响

如图 1-3-2 所示，地面上的 A、B 两点在大地水平面的投影为 a、b，用过 a 点的水平面代替水准面，则两点在水平面的投影点是 a、b'。设 ab 长度为 D，ab' 长度为 D'，地球半径为 R，D 所对应的圆心角为 θ，则用水平长度 D' 来代替 D 所产生的误差为

$$\Delta D = D' - D = R\tan\theta - R\theta = R(\tan\theta - \theta)$$

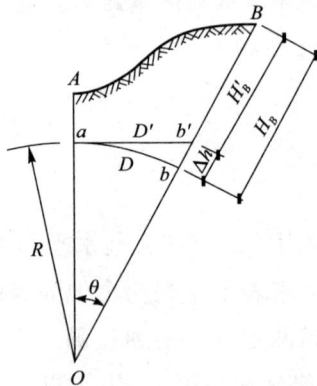

图 1-3-2 地球曲率的影响

将 $\tan\theta \approx \theta + \dfrac{1}{3}\theta$，$\theta = \dfrac{D}{R}$ 代入上式，整理得

$$\Delta D = \frac{D^3}{3R^2} \tag{1.3.4}$$

则距离的相对误差为

$$\frac{\Delta D}{D} = \frac{D^2}{3R^2} \tag{1.3.5}$$

其中 $R = 6\ 371$ km，用不同的 D 代入式(1.3.4)和式(1.3.5)，得到表 1-3-1 的结果。

表 1-3-1 水平面代替水准面的距离误差和相对误差

距离 D/km	距离误差 ΔD/mm	相对误差 $\Delta D/D$
10	8	1 : 1 220 000
20	128	1 : 200 000

距离 D/km	距离误差 ΔD/mm	相对误差 $\Delta D/D$
50	1 026	1∶49 000
100	8 212	1∶12 000

结论：在半径为 10 km 的范围内，进行距离测量时，可以用水平面代替水准面，而不必考虑地球曲率对距离的影响。

2. 对水平角的影响

从球面三角学可知，同一空间多边形在球面上投影的各内角和，比在平面上投影的各内角和大一个球面角超值 ε。ε 即地球曲率对角度的影响，其表达式为

$$\varepsilon = \rho \cdot \frac{S}{R^2} \tag{1.3.6}$$

式中 ε——球面角超值(″)；

S——球面多边形的面积(km²)；

R——地球半径(km)；

ρ——一弧度的秒值，$\rho = 206\ 265″$。

取 $R = 6\ 371$ km，用不同的 S 代入式(1.3.6)，得到表 1-3-2 的结果。

表 1-3-2　水平面代替水准面的水平角误差

球面多边形面积 S/km²	球面角超值 ε/(″)
10	0.05
50	0.25
100	0.51
300	1.52

结论：当面积 S 为 100 km² 时，进行水平角测量时，可以用水平面代替水准面，而不必考虑地球曲率对距离的影响。

3. 对高程的影响

由图 1-3-2 可知，以大地水准面为高程基准，则 B 点的高程 $H_B = Bb$；用水平面代替大地水准面时，B 点的高程 $H_B = Bb'$。两者之间的差 Δh 就是对高程的影响。在直角 $\Delta Oab'$ 中有

$$(R + \Delta h)^2 = R^2 + D'^2$$

整理得

$$\Delta h = \frac{D'^2}{2R + \Delta h}$$

由于 D 和 D' 相差很小，可以用 D 代替 D'，Δh 与 $2R$ 相比较可以忽略不计，则

$$\Delta h = \frac{D^2}{2R} \tag{1.3.7}$$

取 $R=6\ 371$ km，用不同的 D 代入式(1.3.7)，得到表 1-3-3 的结果。

表 1-3-3　水平面代替水准面的高程误差

距离 D/km	0.1	0.2	0.3	0.4	0.5	1	2	5	10
$\Delta h/\text{mm}$	0.8	3	7	13	20	78	314	1 962	7 848

结论：用水平面代替水准面，对高程的影响是很大的，因此，在进行高程测量时，即使距离很短，也应顾及地球曲率对高程的影响。

任务3　测量的基本原则和常用单位

1. 测量的基本原则

测量的基本原则：在整体布局上"从整体到局部"；在步骤上"先控制后碎部"；在精度上"从高级到低级"。即首先在施工工地上建立统一的平面控制网和高程控制网；然后，以平面控制网为基础测设出每个建筑物、构筑物的细部位置。施工场地上有各种建筑物、构筑物，且分布面较广，往往又是分期分批兴建。为了保障建筑物、构筑物的平面位置和高程都能满足设计精度要求，相互连成统一的整体，施工测量和地形图测绘一样也必须遵循测量工作的基本原则。

另外，施工测量的检校也是非常重要的，如果测设出现错误，将会直接造成经济损失。测设过程中要按照"前一步工作未做检核，下一步工作不进行"的原则，对各种测设数据和外业测设结果进行校核。

2. 测量的常用单位

(1)长度单位。1 km＝1 000 m，1 m＝10 dm＝100 cm＝1 000 mm。

(2)面积单位。面积单位是"m²"，大面积则用"公顷"或"km²"表示，在农业上常用"市亩"作为面积单位。

1 公顷＝10 000 m²＝15 市亩，1 km²＝100 公顷＝1 500 市亩，1 市亩＝666.67 m²。

(3)体积单位。体积单位为"m³"，在工程上简称"立方"或"方"。

(4)角度单位。

1)度分秒制。1 圆周角＝360°，1°＝60′，1′＝60″。

2)弧度制。弧长等于圆半径的圆弧所对的圆心角，称为一个弧度，用 ρ 表示。

1 圆周角＝2π，1 弧度＝$\dfrac{180°}{\pi}$＝57.3°＝3 438′＝206 265″。

➤ 知识检验

1. 测量学的内容包括_____和_____。

2. 在工程中，测设又叫作_____。

3. 地面点的位置可以用_____来表示。

4. 测量的基准面是_____，基准线是_____。

5. 我国采用的 1985 国家高程系统中，水准原点的高程是_____。

6. 测量的基本内容为_____、_____、_____。

单元 2　测量仪器的使用

单元任务

　　学会水准仪的使用，并能够利用水准仪完成不同等级、路线的水准测量施测和数据的记录、计算及成果处理；学会全站仪的使用，并能利用全站仪完成基本测量项目的施测和数据记录、计算；了解 GPS 系统的工作原理及在工程中的应用情况。

学习内容

　　水准测量的原理；认识及操作水准仪；水准仪的应用；认识和操作全站仪；角度测量、距离测量的原理和方法；全站仪的基本应用；GPS 系统及 GPS 技术在工程中的应用。

　　测量仪器是工程建设的规划设计、施工及经营管理阶段进行测量工作所需用的各种定向、测距、测角、测高、测图及摄影测量等方面的仪器。工程中常用到的测量仪器有水准仪、经纬仪、全站仪、GPS 等。

项目 1　水准仪的使用

能力目标

　　1. 知道水准测量的基本原理和计算高程的方法。

　　2. 认识自动安平水准仪的组成构件，并知道每个部件的功能。

　　3. 认识水准仪的附件三脚架、水准尺、尺垫等，并能够使用。

　　4. 能够正确安置水准仪、瞄准水准尺，并能正确读取水准尺上的读数。

　　5. 能够布设水准路线，并利用水准仪进行不同等级路线的施测并处理观测数据。

　　确定地面点的高程，是测量的基本工作之一。在测量工作中，高程测量的常规方法有水准测量和三角高程测量。水准测量是目前精密测定地面点高程的主要方法。水准仪是进行水准测量的主要仪器。

任务1 水准测量的原理和计算高程

测量地面上各点高程的工作，称为高程测量。高程测量根据所使用的仪器和施测方法的不同可分为水准测量、三角高程测量、气压高程测量和 GPS 高程测量等。用水准仪测量高程，称为水准测量，它是高程测量中最常用、最基本和精度较高的一种测量方法。

1. 水准测量的原理

水准测量是利用水准仪提供的水平视线，借助带有分划的水准尺，直接测定地面上两点之间的高差，再根据已知点高程和测得的高差推算出未知点高程。测定待测点高程的方法有高差法和仪器高法两种。

如图 2-1-1 所示，地面上有 A、B 两点，若已知 A 点的高程 H_A，欲测定 B 点的高程 H_B，在 A、B 两点上竖立两根尺子，并在 A、B 两点之间安置一架可以得到水平视线的仪器——水准仪。利用水准仪提供一条水平视线，分别截取 A、B 两点在尺上的读数 a、b，可以得到两点之间的高程差（简称高差）为

$$h_{AB} = a - b \qquad (2.1.1)$$

假设水准测量的方向是由 A 到 B 进行的，则 A 点为后视点，A 点的尺子为后视尺，后视尺上的读数为后视读数；B 点为前视点，B 点的尺子为前视尺，前视尺上的读数为前视读数。因此，两点之间的高差等于后视读数减去前视读数。如果，a 大于 b，则高差为正，表示 B 点高于 A 点；如果 a 小于 b，则高差为负，表示 B 点低于 A 点。

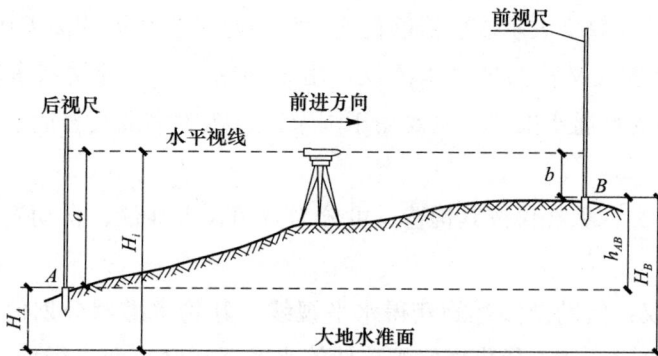

图 2-1-1 水准测量原理

2. 计算未知点高程

（1）高差法。测量得到 A、B 两点之间的高差后，根据已知 A 点的高程 H_A，就可以计算 B 点的高程 H_B：

$$H_B = H_A + h_{AB} \qquad (2.1.2)$$

这种直接利用高差计算未知点 B 的高程的方法，称为高差法。

（2）视线高法/仪器高法。如图 2-1-1 所示，B 点的高程也可以通过水准仪的视线高 H_i 来计算，即

$$H_i = H_A + a \\ H_B = H_i - b$$ \hspace{2cm} (2.1.3)

式中 H_i——仪器水平视线的高程，常称为仪器高程或视线高程。

视线高法的优点：计算一次仪器高程，就可以测算出几个前视点的高程，即放置一次仪器，可以测出数个前视点的高程。采用这种方法测高程大大提高了工作效率，因此，在工程测量中应用比较广泛。

综上所述，高差法和仪器高法都是利用水准仪提供的水平视线测定地面点高程，必须注意：

(1)前视与后视的概念一定要清楚，不能误解为往前看或往后看所得的水准尺读数。

(2)两点之间的高差 h_{AB} 是有正负的，计算高程时，高差应连其符号一并运算。在书写 h_{AB} 时，注意 h 的下标，h_{AB} 是表示 B 点相对于 A 点的高差，h_{BA} 则表示是 A 点相对 B 点的高差。h_{AB} 与 h_{BA} 的绝对值相等，但符号相反。$h_{AB} = H_B - H_A$（B 比 A 高，则 h_{AB} 为正数，反之为负数）。

任务 2　水准仪的使用

1. 认识水准仪及其相关附件

我国现行测量规范对水准仪按其精度从高到低分为 DS05、DS1、DS3 和 DS10 四个等级。其中"D""S"分别为"大地"和"水准仪"的汉语拼音第一个字母，通常书写省略字母 DS。其后"05""1""3""10"等数字表示该仪器的精度，代表每千米往返测高差中数的偶然中误差。DS05 级和 DS1 级水准仪又称为精密水准仪，用于国家一、二等精密水准测量。DS3 级和 DS10 级水准仪又称为普通水准仪，主要用于国家三、四等水准及普通水准测量。工程中常使用 DS3 型水准仪。

(1)水准仪的分类。水准仪按其构造又可分为微倾式水准仪、自动安平水准仪和电子水准仪三类。

1)微倾式水准仪：借助微倾螺旋获得水平视线，其管水准器分划值小、灵敏度高，望远镜与管水准器连接成一体，凭借微倾螺旋使管水准器在竖直面内微做俯仰，水准器居中，视线水平。

2)自动安平水准仪：借助自动安平补偿器获得水平视线。当望远镜视线有微量倾斜时，补偿器在重力作用下对望远镜做相对移动，从而迅速获得视线水平时的标尺读数。这种仪器较微倾式水准仪工效高、精度稳定。

3)电子水准仪：利用激光束代替人工读数，将激光器发出的激光束导入望远镜筒内使其沿视准轴方向射出水平激光束。在水准标尺上配备能自动跟踪的光电接收靶，即可进行水准测量。

(2)水准仪的基本组成部分。

下面以 DS3 型微倾式水准仪的构造为例，介绍水准仪的基本组成部分。DS3 型微倾式水准仪主要由望远镜、水准器和基座 3 部分组成。图 2-1-2 所示为 DS3 型微倾式水准仪各部件名称。

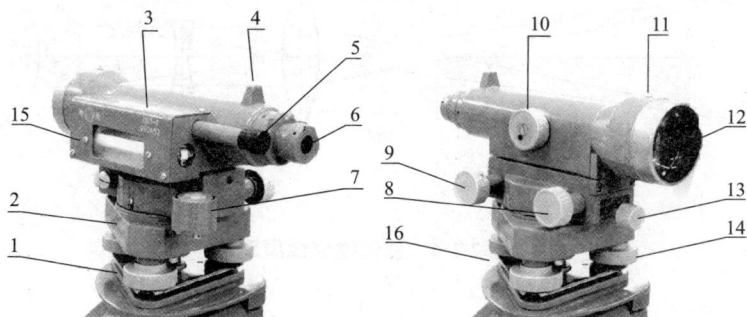

图 2-1-2　DS3 型微倾式水准仪的各部件名称

1—连接压板；2—基座；3—管水准盒；4—瞄准器；5—符合气泡观察窗；6—目镜；
7—圆水准器；8—水平微动螺旋；9—微倾螺旋；10—调焦螺旋；11—准星；
12—物镜；13—水平制动螺旋；14—脚螺旋；15—连接小螺钉；16—轴座

1)望远镜。DS3 型微倾式水准仪望远镜主要由物镜、目镜、对光凹透镜和十字丝分划板所组成，如图 2-1-3 所示。物镜和目镜多采用复合透镜组，十字丝分划板上刻有两条互相垂直的长线，竖直的一条称为竖丝，横的一条称为中丝，是为了瞄准目标和读取读数用的。在中丝的上下还对称地刻有两条与中丝平行的短横线，是用来测定距离的，称为视距丝。十字丝分划板由平板玻璃圆片制成，平板玻璃圆片装在分划板座上，分划板座固定在望远镜筒上。

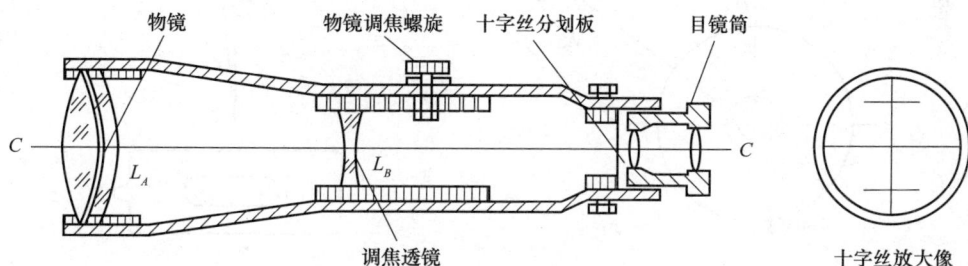

图 2-1-3　望远镜构造

十字丝交点与物镜光心的连线称为视准轴或视线。水准测量是在视准轴水平时，用十字丝的中丝截取水准尺上的读数。

对光凹透镜可以使不同距离的目标均能成像在十字丝平面上，再通过目镜，便可看清同时放大的十字丝和目标影像。图 2-1-4 所示为望远镜成像原理。从望远镜内所看到的目标影像的视角与肉眼直接观察该目标的视角之比，称为望远镜的放大率。DS3 级水准仪望远镜的放大率一般为 28 倍。

2)水准器。水准器是用来指示视准轴是否水平或仪器竖轴是否竖直的装置，有圆水准器和管水准器两种。圆水准器用来指示竖轴是否竖直，管水准器用来指示视准轴是否水平。

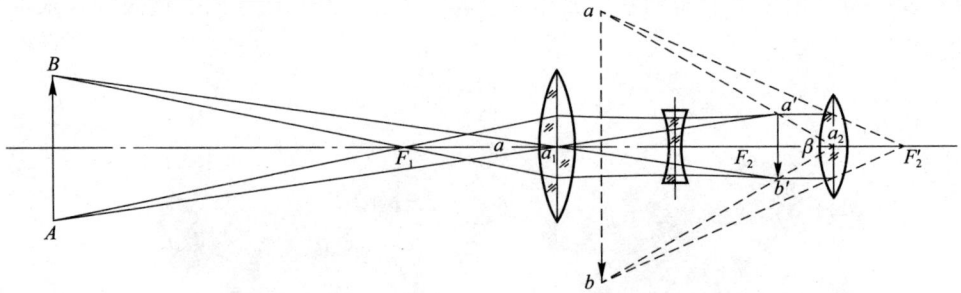

图 2-1-4　望远镜成像原理

①圆水准器。圆水准器顶面的内壁是球面，其中有圆分划圈，圆圈的中心为水准器的零点。通过零点的球面法线为圆水准器轴线。当圆水准器气泡居中时，该轴线处于竖直位置；当气泡不居中时，气泡中心偏移零点 2 mm，轴线所倾斜的角值，称为圆水准器的分划值。由于其精度较低，故只用于仪器的概略整平。图 2-1-5 所示为圆水准器示意。

②管水准器。管水准器又称为水准管，是一纵向内壁磨成圆弧形的玻璃管，管内装有酒精和乙醚的混合液，加热融封冷却后留有一个气泡。由于气泡较轻，故恒处于管内最高位置，如图 2-1-6 所示。

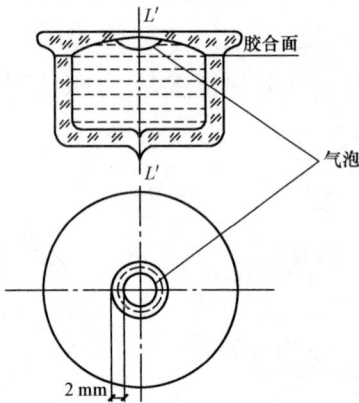

图 2-1-5　圆水准器

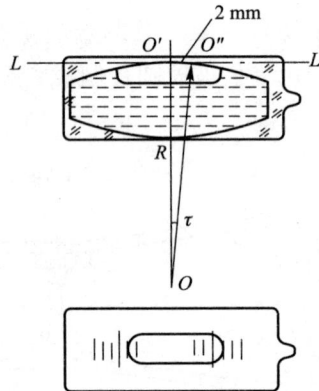

图 2-1-6　管水准器

水准管上一般刻有间隔为 2 mm 的分划线，分划线的中点称为水准管零点。通过零点作水准管圆弧的切线称为水准管轴。当水准管的气泡中点与水准管零点重合时，称为气泡居中，这时，水准管轴处于水平位置。水准管圆弧 2 mm 所对的圆心角称为水准管分划值。安装在 DS3 级水准仪上的水准管，其分划值不大于 $20''/(2\ \mathrm{mm})$（图 2-1-7）。

微倾式水准仪在水准管的上方安装一组符合棱镜，通过符合棱镜的反射作用，使气泡两端的像反映在望远镜旁的符合气泡观察窗中。若气泡两端的半像吻合，就表示气泡居中；若气泡的半像错开，则表示气泡不居中，这时，应转动微倾螺旋，使气泡的半像吻合。图 2-1-8 所示为符合水准器示意。

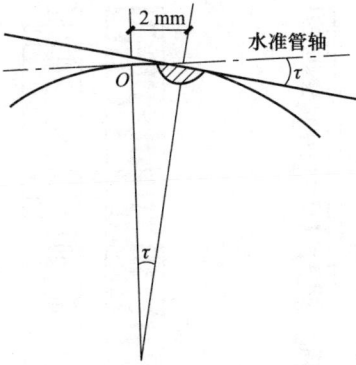

图 2-1-7　水准管分划

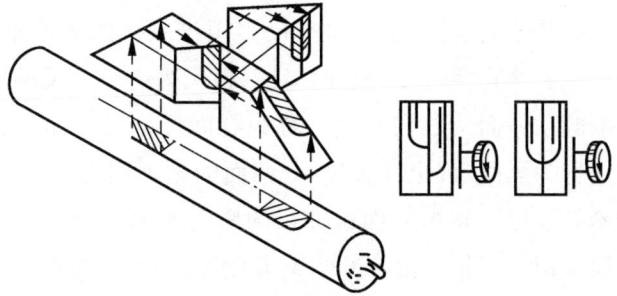

图 2-1-8　符合水准器

3)基座。基座的作用是通过连接螺旋支撑仪器的上部并与三脚架连接。它主要由轴座、脚螺旋、底板和三角压板构成。

（2）自动安平水准仪。自动安平水准仪（DSZ）是指在一定的竖轴倾斜范围内，利用补偿器自动获取视线水平时水准标尺读数的水准仪。它是用自动安平补偿器代替管水准器，在仪器微倾时补偿器受重力作用而相对于望远镜筒移动，使视线水平时标尺上的正确读数通过补偿器后仍旧落在水平十字丝上。自动安平水准仪的补偿可通过悬吊十字丝、在物镜至十字丝的光路中安置一个补偿器和在常规水准仪的物镜前安装单独的补偿附件 3 个途径实现。用此类水准仪观测时，当圆水准器气泡居中仪器放平之后，不需要再经手动调整即可读得视线水平时的读数。这样可以简化操作程序，提高作业速度，以减少外界条件变化所引起的观测误差。因此，自动安平水准仪广泛使用于国家控制三、四等水准测量、地形测量、工程测量和矿山测量等领域。图 2-1-9 所示为 DSZ3 型自动安平水准仪的各部件名称。

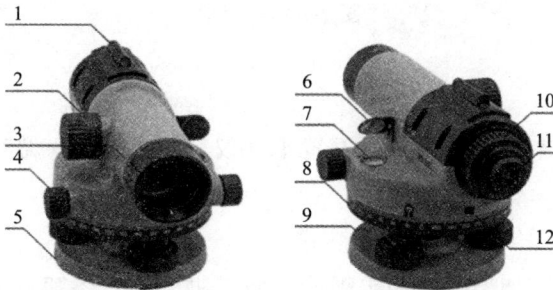

图 2-1-9　DSZ3 型自动安平水准仪的各部件名称

1—光学粗瞄器；2—调焦手轮；3—物镜；4—水平微动手轮；5—球面基座；6—气泡观察器；
7—圆水准器；8—度盘；9—脚螺旋；10—目镜罩；11—目镜；12—度盘指标牌

（3）水准测量附件。

1)水准尺。水准尺是水准测量时使用的标尺，其质量好坏直接影响水准测量的精度，因此，水准尺需用不易变形且干燥的优质木材制成，要求尺长稳定、分划准确。常用的水准尺有塔尺和双面水准尺两种（图 2-1-10）。塔尺多用于等外水准测量，其长度有 2 m 和 5 m

两种，用两节或三节套接在一起。尺的底部为零点，尺上为黑白格相间，每格宽度为 1 cm，有的为 0.5 cm，每米和分米处均有注记。双面水准尺多用于三、四等水准测量。其长度有 2 m 和 3 m 两种，且两根尺为一组。尺的两面均有刻画，一面为红白相间，称为红面尺；另一面为黑白相间，称为黑面尺(也称主尺)，两面的刻画均为 1 cm，并在分米处注记。每组双面水准尺的黑面注记均由零开始；而红面注记，一根尺由 4.687 m 开始至 6.687 m 或 7.687 m，另一根由 4.787 m 开始至 6.787 m 或 7.787 m。

2)三脚架。用以安置水准仪，由木质或金属制成，脚架一般可伸缩，便于携带及调整仪器高度。使用时，用中心连接螺旋与仪器固紧。

3)尺垫。尺垫是在转点处放置水准尺用的，其用生铁铸成，一般为三角形，中央有一凸起的半球体，下方有三个支脚，如图 2-1-11 所示。使用时将支脚牢固地插入土中，以防下沉，上方凸起的半球形顶点作为竖立水准尺和标志转点之用。

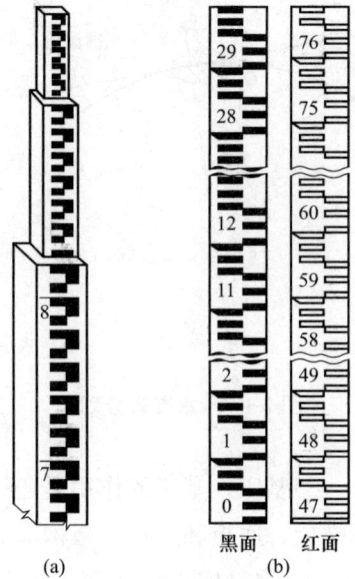

图 2-1-10　水准尺

(a)塔尺；(b)双面水准尺

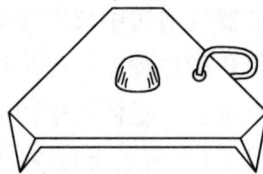

图 2-1-11　尺垫

2. 水准仪的操作

微倾式水准仪的基本操作程序包括安置水准仪、粗略整平、瞄准水准尺、精确整平和读数。

(1)安置水准仪。

1)在测站上松开三脚架架腿的固定螺旋，使三脚架的三条腿近似等距，再拧紧固定螺旋，张开三脚架。架设高度应该适中，并使三脚架架头大致水平。

2)打开仪器箱，双手取出水准仪，将仪器小心地安置到三脚架顶面上，用一只手握住仪器，另一只手松开三脚架中心连接螺旋，将仪器固定在三脚架上。

(2)粗略整平。粗略整平是借助圆水准器的气泡居中，使仪器竖轴大致铅直，从而视准轴粗略水平。如图 2-1-12(a)所示，气泡未居中，位于 a 处，则先按箭头所指方向，用双手相对转动脚螺旋①和②，使气泡移动到 b 的位置[图 2-1-12(b)]；再左手转动脚螺旋③，即可使气泡居中。在整平的过程中，气泡移动的方向与左手大拇指运动的方向一致。

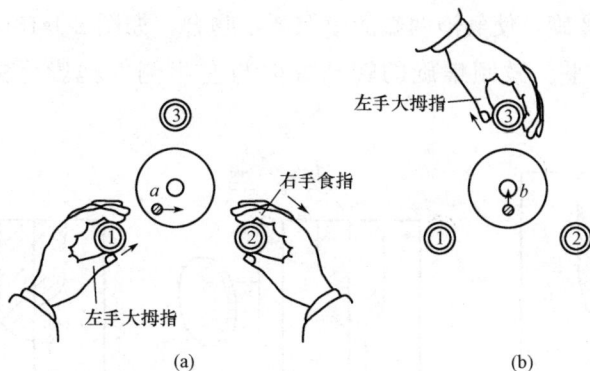

图 2-1-12　粗略整平方法

(a)两个脚螺旋转动方向；(b)第三个脚螺旋转动方向

(3)瞄准水准尺。

1)目镜调焦。松开水平制动螺旋，把望远镜对着明亮的背景，转动目镜对光螺旋，使十字丝成像清晰。

2)初步瞄准。转动望远镜，利用望远镜筒上的准星瞄准水准尺，拧紧水平制动螺旋。

3)物镜调焦。从望远镜中观察，转动物镜调焦螺旋，使目标成像清晰。

4)精确瞄准。转动水平微动螺旋，使十字丝的竖丝瞄准水准尺的边缘或中央，如图 2-1-13 所示。

5)消除视差。眼睛在目镜端上下微微移动，若发现十字丝中丝与水准尺影像之间有相对移动，则称为视差。产生视差的原因是水准尺的成像平面和十字丝平面不重合，如图 2-1-14 所示。视差的存在会影响读数的正确性，必须加以消除。消除的方法是重新仔细地调节转动目镜和物镜对光螺旋，直到眼睛上下移动，读数不变为止。此时，从目镜端见到十字丝与水准尺的影像都十分清晰。

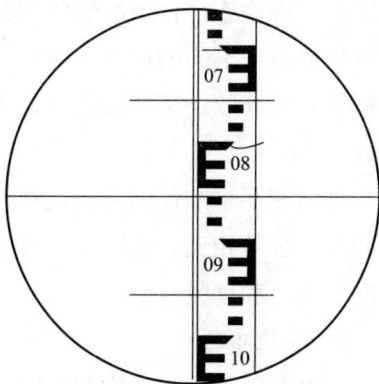

图 2-1-13　精确瞄准与读数

图 2-1-14　视差现象

(a)存在视差；(b)没有视差

(4)精确整平。精确整平简称精平。眼睛通过位于目镜左方的符合气泡观察窗看水准管气泡，右手转动微倾螺旋，使气泡两端的影像严密吻合，如图 2-1-15(a)所示，即表示水准仪的视准轴已精确水平。微倾螺旋的转动方向与左半侧气泡影像的移动方向一致，如图 2-1-15(b)所示。

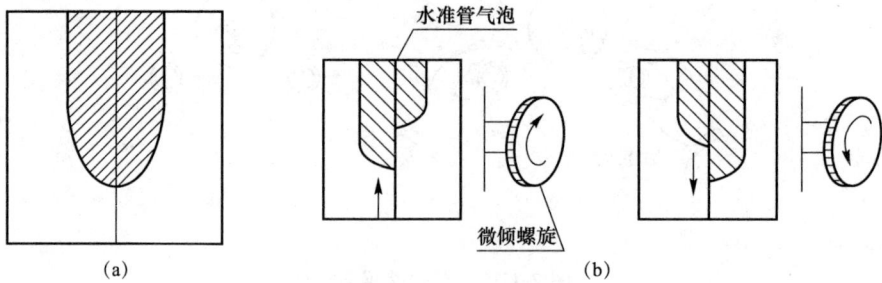

图 2-1-15　精确整平
(a)气泡两端的影像严密吻合；(b)整平操作

(5)读数。符合水准器气泡居中后，应立即读取十字丝中丝在尺上的读数。读数应从小数读向大数，如果从望远镜中看到的水准尺的像是倒像，读数时应从上往下读，直接读取米、分米和厘米，并估读毫米，共 4 位读数，如图 2-1-13 所示，中丝读数是 0.860 m。读数后，应再检查符合水准器气泡是否居中，若不居中，则应再次精平，重新读数。精平和读数虽是两项不同的操作步骤，但在水准测量的实施过程中，应把两项操作视为一个整体，即精平后再读数。读数后还要检查管水准气泡是否完全符合，只有这样，才能取得准确的读数。

自动安平水准仪因为利用补偿器代替了管水准器，因此，它的操作步骤与微倾式水准仪的操作步骤相比，就少了精确整平这一步骤，变为四大步骤，即安置水准仪、粗略整平、瞄准水准尺和读数。

(6)注意事项。

1)水准仪安放到三脚架上时，必须立即将中心连接螺旋旋紧，以防仪器从三脚架上掉下摔坏。

2)开箱后先看清仪器放置情况及箱内附件情况，用双手取出仪器并随手关箱。

3)不宜将仪器旋扭拧得过紧，微动螺旋只能用到适中位置。

4)仪器装箱时，要松开水平制动螺旋，试着合上箱盖，不可用力过猛，以免压坏仪器。

任务3　水准仪的应用

1. 水准测量

(1)普通水准测量。

1)水准测量外业工作。

①埋设水准点。为了统一全国高程系统和满足科研、测图、国家建设的需要，测绘部

门在全国各地埋设了许多固定的测量标志，并用水准测量的方法测定了它们的高程，这些标志称为水准点（Bench Mark），常用 BM 表示，分为永久性水准点和临时性水准点两种（图 2-1-16～图 2-1-18）。

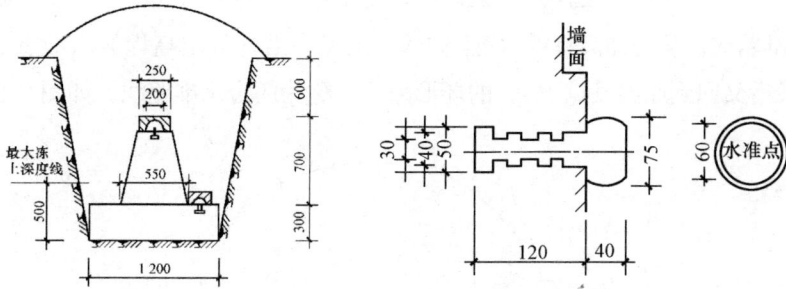

图 2-1-16　国家级永久性水准点

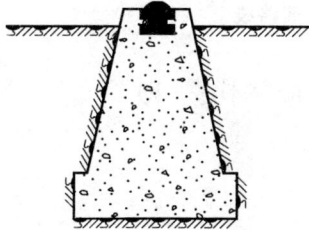

图 2-1-17　建筑工地上永久性水准点　　　　图 2-1-18　临时性水准点

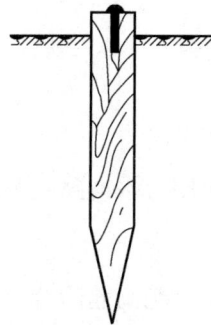

②布设水准路线。在水准点之间进行水准测量所经过的路线，称为水准路线。相邻两水准点之间的路线称为测段。

在一般的工程测量中，水准路线布设主要有 3 种形式，即附合水准路线、闭合水准线及支水准路线。

a. 附合水准路线。从已知高程的水准点 BM_A 出发，沿待定高程的水准点 1、2、3 进行水准测量，最后附合到另一已知高程的水准点 BM_B 所构成的水准路线，称为附合水准线，如图 2-1-19 所示。

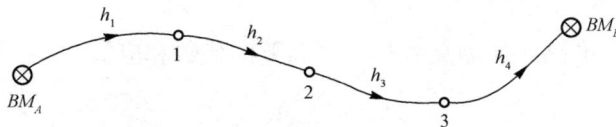

图 2-1-19　附合水准路线

从理论上讲，附合水准路线各测段高差代数和应等于两个已知高程的水准点之间的高差，即

$$\sum h_{\text{th}} = H_B - H_A \tag{2.1.4}$$

各测段高差代数和 $\sum h_{\text{m}}$ 与其理论值 $\sum h_{\text{th}}$ 的差值，称为高差闭合差，即

$$W_h = \sum h_{\text{m}} - \sum h_{\text{th}} = \sum h_{\text{m}} - (H_B - H_A) \tag{2.1.5}$$

b. 闭合水准路线。从已知高程的水准点 BM_A 出发，沿各待定高程的水准点 1、2、3、4 进行水准测量，最后又回到原出发点 BM_A 的环形路线，称为闭合水准路线，如图 2-1-20 所示。

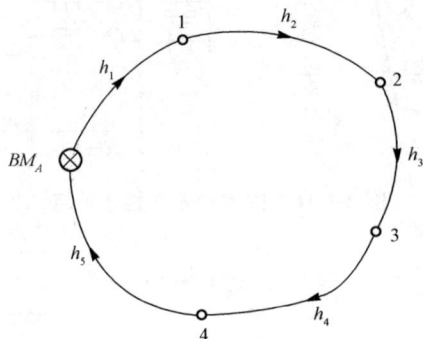

图 2-1-20 闭合水准路线

从理论上讲，闭合水准路线各测段高差代数和应等于零，即

$$\sum h_{\text{th}} = 0 \tag{2.1.6}$$

如果不等于零，则高差闭合差为

$$f_{\text{h}} = \sum h_{\text{m}} \tag{2.1.7}$$

c. 支水准路线。从已知高程的水准点 BM_A 出发，沿待定高程的水准点 1 进行水准测量，这种既不闭合又不附合的水准路线，称为支水准路线。支水准路线要进行往返测量，以资检核(图 2-1-21)。

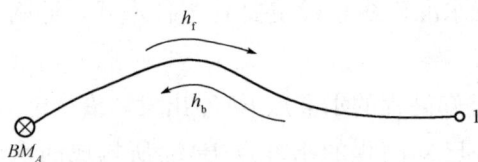

图 2-1-21 支水准路线

从理论上讲，支水准路线往测高差与返测高差的代数和应等于零，即

$$\sum h_{\text{f}} + \sum h_{\text{b}} = 0 \tag{2.1.8}$$

如果不等于零，则高差闭合差为

$$f_{\text{h}} = \sum h_{\text{f}} + \sum h_{\text{b}} \tag{2.1.9}$$

各种路线形式的水准测量，其高差闭合差均不应超过容许值，否则即认为观测结果不符合要求。不同等级的水准测量其高差闭合差的容许值不同(表 2-1-1)。

表 2-1-1　不同等级高差闭合差限差要求 　　　　　　　　　　mm

类型 等级	三等水准测量	四等水准测量	等外水准测量
平地	$\pm 12\sqrt{L}$	$\pm 20\sqrt{L}$	$\pm 40\sqrt{L}$
山地	$\pm 4\sqrt{n}$	$\pm 6\sqrt{n}$	$\pm 12\sqrt{n}$

注：L 为水准路线长度(km)；n 为测站数。

③水准路线施测方法。

a. 提出问题：当已知高程的水准点距欲测定高程点较远或高差较大时，安置一次仪器不能测得两点之间的高差。

b. 解决方法：在两点之间加设若干个立尺点，分段设站，连续进行观测。

加设的这些立尺点并不需要测定其高程，它们只起传递高程的作用，故称为转点，用 TP(Turning Point)表示。

📄 **实例教学**

【例 2-1-1】　高差法连续水准测量实例

如图 2-1-22 所示，已知 A 点的高程 $H_A=43.150$ m，欲测 B 点高程 H_B，在 AB 线路上增加 1、2、3、4…中间点，将 AB 高差分成若干个水准测站。每安置一次仪器，便可测得一个高差，即

$$h_1=a_1-b_1$$
$$h_2=a_2-b_2$$
$$\vdots$$
$$h_n=a_n-b_n$$

将各式相加，得

$$\sum h = \sum a - \sum b$$

则 B 点的高程为

$$H_B = H_A + \sum h \tag{2.1.10}$$

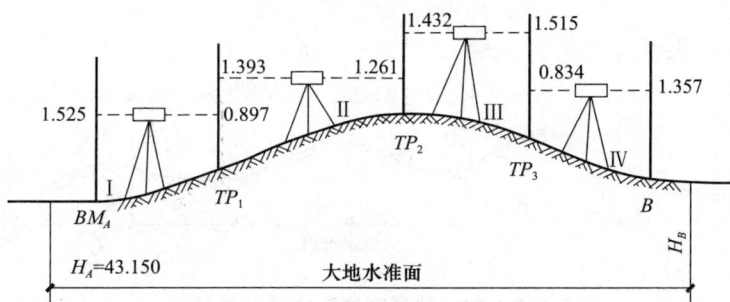

图 2-1-22　高差法连续水准测量

观测、记录与计算见表 2-1-2。

表 2-1-2　高差法水准测量手簿

测点	后视读数/m	前视读数/m	高差/m	高程/m	备注
BM_A	1.525			43.150	
			0.628		
TP_1	1.393	0.897		43.778	
			0.132		
TP_2	1.432	2.261		43.910	已知水准点
			−0.083		
TP_3	0.834	1.515		43.827	
			−0.523		
B		1.375		43.304	
计算校核	$\sum_{后} = 5.184$	$\sum_{前} = 5.030$	$\sum h = 0.154$	$H_{终} - H_{始} = 0.154$	计算无误
	$\sum_{后} - \sum_{前} = 0.154$				

【例 2-1-2】　仪器高法连续水准测量实例

仪器高法测高程的施测与高差法基本相同。如图 2-1-23 所示，在相邻两测站之间有了中间点 1、2、3 与 4、5，它们是待测的高程点，而不是转点。在测站 I，除了读出 TP_1 点上的前视读数外，还要读出中间点 1、2、3 的读数；在测站 II，要读出 TP_1 点上的后视读数，以及中间点 4、5 的读数。

仪器高法的计算方法与高差法不同，须先计算仪器视线高程 H_i，再推算前视点和中间点高程。记录与计算见表 2-1-3 相应栏。为了减少高程传递误差，观测时应先观测转点，后观测中间点。

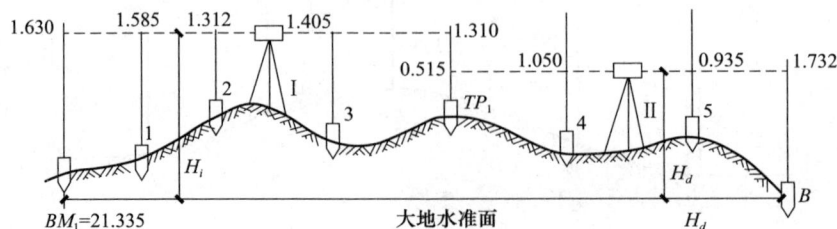

图 2-1-23　仪器高法连续水准测量

表 2-1-3　仪器高法水准测量手簿

测站	测点	后视读数/m	视线高/m	前视读数/m 转点	前视读数/m 中间点	高程/m	备注
I	BM_1	1.630	22.965			21.335	
I	1				1.585	21.380	
I	2				1.312	21.653	
I	3				1.405	21.560	
II	TP_1	0.515	22.170	1.310		21.655	
II	4				1.050	22.120	
II	5				0.935	22.235	
II	B			1.732		20.438	
计算检核	$\sum_后 = 2.145$　$\sum_后 - \sum_前 = -0.897$			$\sum_前 = 3.042$（不包括中间点）　$H_终 - H_始 = 20.438 - 21.335 = -0.897$			

④水准测量的检核。

a. 计算检核。B 点对 A 点的高差等于各转点之间高差的代数和，也等于后视读数之和减去前视读数之和，因此，此式可用来作为计算的检核。但计算检核只能检查计算是否正确，不能检核观测和记录时是否产生错误。

b. 测站检核。B 点的高程是根据 A 点的已知高程和转点之间的高差计算出来的。若其中测错任何一个高差，B 点高程都不会正确。因此，对每一站的高差，都必须采取措施进行检核测量。

变动仪器高法：同一测站用两次不同的仪器高度（两次不同的仪器高度相差 10 cm 以上），测得两次高差以相互比较进行检核。两次所测高差之差对于等外水准测量容许值为 ±6 mm，超出此限差，必须重测，在此限差内，可取两次所测高差之差的平均值作为该站的观测高差。

双面尺法：仪器高度不变，立在前视点和后视点上的水准尺分别用黑面和红面各进行一次读数，测得两次高差，相互进行检核。在此限差内，可取两次所测高差之差的平均值作为该站的观测高差。对于四等水准测量容许值为 ±5 mm。

c. 成果检核。测站检核只能检核一个测站上是否存在错误或误差超限。由于温度、风力、大气折光、尺垫下沉和仪器下沉等外界条件引起的误差，尺子倾斜和估读的误差，以及水准仪本身的误差等，虽然在一个测站上反映的不是很明显，但随着测站数的增多使误差积累，有时也会超过规定的限差。因此，为了正确评定一条水准路线的测量成果精度，应进行整个水准路线的成果检核。成果检核的方法是按照水准路线布设形式分别进行检核。

【例 2-1-3】 变动仪器高法测站检核

已知水准点 BM_A 的高程 $H_A=32.186$ m，现欲测定 C 点的高程 H_C，由于 A、C 两点相距较远，故需分段设站进行测量。

施测步骤：如图 2-1-24 所示，在每个测站采用变动仪器高法，进行观测，将每个测站的观测数据填入表 2-1-4。

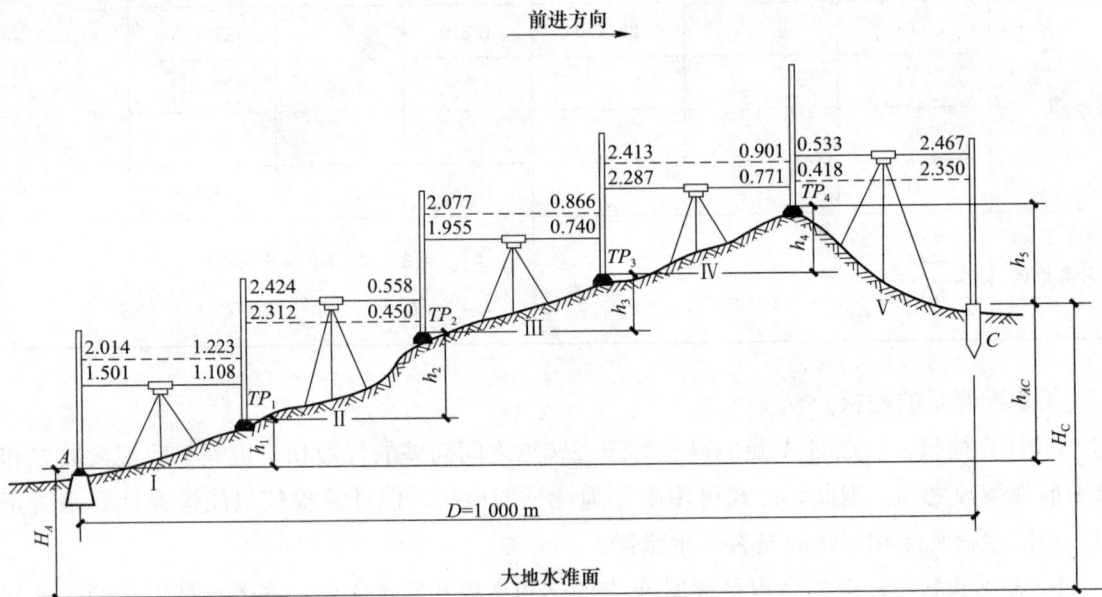

图 2-1-24　变动仪器高法观测示意

现以测站Ⅰ为例，讲解操作过程：

第一步，在已知点 A 立水准尺，在前进方向合适的位置设立转点 TP_1，并在 TP_1 上立水准尺。在 A 和 TP_1 两点之间的合适位置安置水准仪。

第二步，先观测后视点 A，将读数记录观测记录表，然后观测前视点 TP_1 并记录读数。计算第一次仪器高测得的高差，高差 1＝后视读数－前视读数。

第三步，原地改变仪器的高度至少 10 cm，升高仪器或降低仪器高度都可以。先观测前视点 TP_1 并记录数据，再观测后视点 A，记录数据。计算第二次仪器高测得的高差，高差 2＝后视读数－前视读数。

第四步，若两次测得高差之差在 ±6 mm 范围内，则取两次高差的平均值作为 A 和 TP_1 两点的高差，若误差超限，则重新观测。

注意： 平均值按照"四舍六入，五看奇偶，奇进偶舍"的取数原则进行计算。

表 2-1-4　变动仪器高法观测数据记录

测站	测点	水准尺读数/m 后视读数	水准尺读数/m 前视读数	高差/m	平均高差/m	高程/m	备注
I	BM_A	2.014		+0.791			
		1.901			+0.792	32.186	
	TP_1		2.223	+0.793			
			1.108				
II	TP_1	2.312		+1.862			
		2.424			+1.864		
	TP_2		0.450	+1.866			
			0.558				
III	TP_2	2.077		+2.211			
		1.955			+2.213		
	TP_3		0.866	+2.215			
			0.740				
IV	TP_3	2.413		+1.512			
		2.287			+1.514		
	TP_4		0.901	+1.516			
			0.771				
V	TP_4	0.418		−1.932			
		0.533			−1.933	35.636	
	BM_C		2.350	−1.934			
			2.467				
计算检核	$\sum$	18.334	11.434	+6.900	+3.450		
	$\sum a - \sum b = 18.334 - 11.434 = +6.900$　　$(\sum a - \sum b)/2 = +3.450$ $\sum h = +6.900$　　　　　　　　　　　$\sum (h/2) = +3.450$ $H_C - H_A = +3.450$						

2)水准测量内业计算。水准测量外业工作结束后，要先检查手簿，再计算各点之间的高差。经检核无误后，才能进行计算和调整高差闭合差。最后计算各点的高程。否则，应查找原因予以纠正，必要时应返工重测。

📄 **实例教学**

【例 2-1-4】　附合水准路线成果计算实例

图 2-1-25 所示为一附合水准路线等外水准测量示意，A、B 为已知高程的水准点，1、2、3 为待定高程的水准点，h_1、h_2、h_3 和 h_4 为各测段观测高差，n_1、n_2、n_3 和 n_4 为各测段测站数，L_1、L_2、L_3 和 L_4 为各测段长度。现已知 $H_A = 65.376$ m，$H_B = 68.623$ m，各

测段站数、长度及高差均注于图 2-1-25 中。

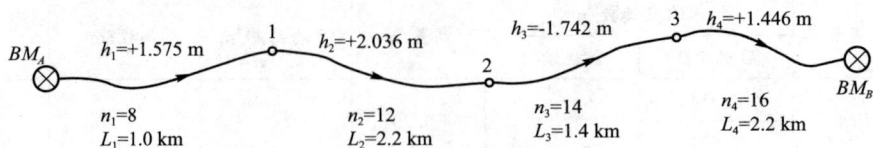

图 2-1-25　附合水准路线等外水准测量示意

解：计算过程如下：

第一步，填写观测数据和已知数据。

将观测数据和已知数据，填入水准测量成果计算表 2-1-5 相应栏。

第二步，测量精度的判定。

按照附合水准路线高差闭合差计算公式，计算高差闭合差：

$$W_h = \sum h_m - (H_B - H_A) = 3.315 - (68.623 - 65.376) = +0.068(m) = +68(mm)$$

根据附合水准路线的测站数及路线长度求出每千米测站数，以便确定采用平地或山地高差闭合差容许值的计算公式。

在本例题中，$\dfrac{\sum n}{\sum L} = \dfrac{50}{5.8} = 8.6$（站/km）< 16 站/km，故高差闭合差容许值采用平地公式计算。

$$W_{hp} = \pm 40 \sqrt{L} = \pm 40 \sqrt{5.8} = \pm 96(mm)$$

$|W_h| < |W_{hp}|$ 成果合格，可进行高差闭合差的调整。

第三步，调整高差闭合差。

在同一条水准路线上，假设观测条件是相同的，可认为各站产生的误差机会是相同的，故闭合差的调整按与测站数（或距离）成正比例符号分配的原则进行，即

$$v_i = -\frac{f_h}{\sum n} n_i \tag{2.1.11}$$

$$v_i = -\frac{f_h}{\sum L} L_i \tag{2.1.12}$$

式中　v_i——第 i 测段的高差改正数（mm）；

$\sum n, \sum L$——水准路线总测站数与总长度；

n_i, L_i——第 i 测段的测站数与测段长度。

高差闭合差的调整原则如下：

①调整数的符号与高差闭合差符号相反；

②调整数值的大小是按测段长度或测站数成正比例分配；

③调整数最小单位为 0.001 m。

在本例中，各测段改正数为

$$v_1 = -\frac{W_h}{\sum L}L_1 = -\frac{68}{5.8} \times 1.0 = -12 \text{(mm)}$$

$$v_2 = -\frac{W_h}{\sum L}L_2 = -\frac{68}{5.8} \times 1.2 = -14 \text{(mm)}$$

$$v_3 = -\frac{W_h}{\sum L}L_3 = -\frac{68}{5.8} \times 1.4 = -16 \text{(mm)}$$

$$v_4 = -\frac{W_h}{\sum L}L_4 = -\frac{68}{5.8} \times 2.2 = -26 \text{(mm)}$$

计算检核：
$$\sum v_i = -W_h$$

将各测段高差改正数填入计算表 2-1-5 第 5 栏。

第四步，计算各测段改正后高差。

各测段改正后高差等于各测段观测高差加上相应的改正数，即

$$\bar{h}_i = h_{im} + v_i \tag{2.1.13}$$

式中　$\bar{h}_i$——第 i 段的改正后高差(m)。

本例题中，各测段改正后高差为

$$\bar{h}_1 = h_1 + v_1 = +1.575 + (-0.012) = +1.563 \text{(m)}$$

$$\bar{h}_2 = h_2 + v_2 = +2.036 + (-0.014) = +2.022 \text{(m)}$$

$$\bar{h}_3 = h_3 + v_3 = -1.742 + (-0.016) = -1.758 \text{(m)}$$

$$\bar{h}_4 = h_4 + v_4 = +1.446 + (-0.026) = +1.420 \text{(m)}$$

计算检核：
$$\sum \bar{h}_i = H_B - H_A$$

将各测段改正后高差填入计算表 2-1-5 第 6 栏

第五步，计算待定点高程。

根据已知水准点 A 的高程和各测段改正后高差，即可依次推算出各待定点的高程，即

$$H_1 = H_A + \bar{h}_1 = 65.376 + 1.563 = 66.939 \text{(m)}$$

$$H_2 = H_1 + \bar{h}_2 = 66.939 + 2.022 = 68.961 \text{(m)}$$

$$H_3 = H_2 + \bar{h}_3 = 68.961 + (-1.758) = 67.203 \text{(m)}$$

$$H_{B(\text{推算})} = H_3 + \bar{h}_4 = 67.203 + 1.420 = 68.623 \text{(m)} = H_{B(\text{已知})}$$

计算检核：最后推算出的 B 点高程应与已知的 B 点高程相等，以此作为计算检核。

将推算出各待定点的高程填入计算表 2-1-5 第 7 栏。

表 2-1-5　附合水准路线成果计算表

点号	距离/km	测站数	实测高差/m	改正数/mm	改正后高差/m	高程/m	点号	备注
1	2	3	4	5	6	7	8	9
BM_A						65.376	BM_A	
	1.0	8	+1.575	−12	+1.563			
1						66.939	1	
	2.2	12	+2.036	−14	+2.022			
2						68.961	2	
	1.4	14	−1.742	−16	−1.758			
3						67.203	3	
	2.2	16	+1.446	−26	+1.420			
BM_B						68.623	BM_B	
Σ	5.8	50	+3.315	−68	+3.247			
辅助计算								

辅助计算：

$$W_h = \sum hm - (H_B - H_A) = 3.315 - (68.623 - 65.376) = +0.068(\text{m}) = +68(\text{mm})$$

$$W_{hp} = \pm 40\sqrt{5.8} = \pm 96(\text{mm}) \qquad |W_h| < |W_{hp}|$$

【例 2-1-5】 闭合水准路线成果计算实例等外水准测量

已知 BM_1 的高程为 26.262 m，根据图 2-1-26 的测量数据，计算各点的高程。

解： 闭合水准路线成果计算的步骤与附合水准路线相同，过程如下：

第一步，将测点、测站数及各段高差记入表 2-1-6 相应栏。

第二步，测量精度的判定。

计算高差闭合差：

$$f_h = \sum h_{测} = +0.026 \text{ m} = +26 \text{ mm}$$

测站总数 $n = 16$，容许闭合差：

$$f_{h容} = \pm 12\sqrt{n} = \pm 48 \text{ (mm)}$$

高差闭合差小于容许值，可进行高差调整。

第三步，高差闭合差的调整。

按测站数比例反符号改正，每测站的改正数为：$-(26)/10 = 2.6(\text{mm})$

BM_1—1 段共 3 个测站，改正数为 −5 mm，其余各段改正数顺序为 −5 mm、−6 mm、−2 mm、−8 mm。各段改正数的总和应等于 −26 mm，以做校核。

第四步，改正后高差的计算。

将每段实测高差加上改正数，得每段改正后的高差。为了检查，改正后高差的总和应等于零，如不为零，则说明计算工作有误。

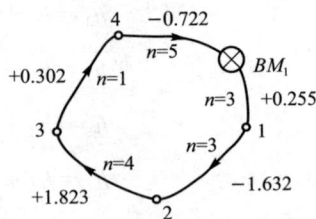

图 2-1-26　闭合水准路线算例示意

第五步，计算高程。

根据 BM_1 的高程和改正后的高差，计算各点的高程，计算第 4 点高程 26.992 m 后，还应加上 $4-BM_1$ 的高差 -0.730 m 得 BM_1 的高程为 26.262 m，以做检核。

表 2-1-6 闭合水准路线水准测量内业计算表

点号	测站数	实测高差 h /m	改正数 /mm	改正后高差 h' /m	高程 H /m
BM_1					26.262
	3	+0.255	−5	+0.250	
1					26.512
	3	−1.632	−5	−1.637	
2					24.875
	4	+1.823	−6	+1.817	
3					26.692
	1	+0.302	−2	+0.300	
4					26.992
	5	−0.722	−8	−0.730	
BM_1					26.262
总和	16	+0.026	−26	0	
辅助计算	$f_h = \sum h_{测} = +0.026 \text{ m}$ $f_{h容} = \pm 48 \text{ mm}$				

【例 2-1-6】 支水准路线成果计算实例

图 2-1-27 是一支水准路线等外水准测量示意，A 为已知高程的水准点，其高程 H_A 为 45.276 m，1 点为待定高程的水准点，h_f 和 h_b 为往返测量的观测高差。往、返测的测站数共 16 站，计算 1 点的高程。

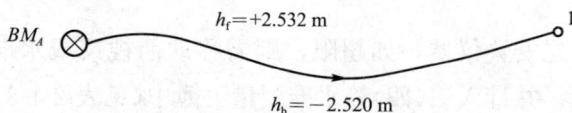

图 2-1-27 支水准路线测量

解：计算过程如下：

第一步，计算高差闭合。

$$W_h = h_f + h_b = +2.532 + (-2.520) = +0.012 (\text{m}) = +12 (\text{mm})$$

第二步，计算高差容许闭合差。

测站数：
$$n=\frac{1}{2}(n_f+n_b)=\frac{1}{2}\times16=8(站)$$

$$W_{hp}=\pm12\sqrt{8}=\pm34(mm)$$

因 $|W_h|<|W_{hp}|$，故精度符合要求。

第三步，计算改正后高差。

取往测和返测的高差绝对值的平均值作为 A 和 1 两点之间的高差，其符号和往测高差符号相同，即

$$h_{A1}=\frac{+2.532+2.520}{2}=+2.526(m)$$

第四步，计算待定点高程。

$$H_1=H_A+h_{A1}=45.276+2.526=47.802(m)$$

(2)三、四等水准测量的施测。三、四等水准测量所使用的水准仪，其精度应不低于 DS3 型的精度指标。水准仪望远镜放大倍率应大于 30 倍，符合水准器的水准管分划值为 20"/(2 mm)。其技术指标及观测要求参见表 2-1-7。

表 2-1-7　三、四等水准测量的技术指标及观测要求

水准测量等级	使用仪器	高差闭合差的限差 /mm		视线长度 /m	视线高度	前后视距离差/m	前后视距离累积差/m	黑、红面读数差/mm	黑、红面所测高差之差/mm
		附合、闭合路线	往、返测高差						
三等	S3	$\pm12\sqrt{L}$	$\pm12\sqrt{K}$	≤75	三丝能读数	≤3	≤6	2	3
	S05，S1			≤100					
四等	DS3	$\pm20\sqrt{L}$	$\pm20\sqrt{K}$	≤100	三丝能读数	≤5	≤10	3	5
	S05，S1			≤150					

注：表中 L、K 均表示路线长度，以 km 为单位。

1)观测方法。三、四等水准测量主要采用双面水准尺观测法，除各种限差有所区别外，观测方法大同小异。

在每一测站上，首先安置仪器，如超限，则需移动前视尺或水准仪，以满足要求；然后按下列顺序进行观测，并计入三(四)等水准测量手簿中(见表 2-1-8)：

①读取 后 视尺 黑 面读数：下丝(1)、上丝(2)、中丝(3)。

②读取 前 视尺 黑 面读数：中丝(4)、下丝(5)、上丝(6)。

③读取 前 视尺 红 面读数：中丝(7)。

④读取 后 视尺 红 面读数：中丝(8)。

测得上述 8 个数据后，随即进行计算，如果符合规定要求，则可以迁站继续施测；否则应重新观测，直至所测数据符合规定要求后才能迁到下一站。

2）测站计算与校核。测站上的计算有下面几项（见表2-1-8）。

①视距部分。

后视距：$(9)=[(1)-(2)]\times100$（式中"100"为视距乘常数，下同）。

前视距：$(10)=[(5)-(6)]\times100$。

后、前视距差：$(11)=(9)-(10)$。

后、前视距累积差：$(12)=$本站的$(11)+$前站的(12)。

②高差部分。

后视尺黑、红面读数差：$(13)=K1+(3)-(8)$。

前视尺黑、红面读数差：$(14)=K2+(4)-(7)$。

上两式中的K1和K2分别为两水准尺的黑、红面的起点读数差，也称为尺常数或起点差。表2-1-8观测所用双面（黑、红面）水准尺的尺常数：K1＝4.787 m、K2＝4.687 m。尺常数的作用是检核黑、红面观测读数是否正确。

黑面高差：$(16)=(3)-(4)$。

红面高差：$(17)=(8)-(7)$。

黑、红面高差之差：$(15)=(16)-[(17)\pm0.100]=(13)-(14)$。

由于两水准尺的红面起始读数相差0.100 m，即4.787 m与4.687 m之差，因此，红面测得的实际高差应为$(17)\pm0.100$。取"＋"或取"－"应根据后、前视尺的K值来确定。

每一测站经过上述计算，符合限差要求后，才能计算高差中数：$(18)=[(16)+(17)\pm0.100]/2$，作为该站测得的高差值。

表2-1-8为三等水准测量手簿，括号内的数字表示观测记录和计算校核的顺序。当整个水准路线测量完毕后，应逐页校核计算有无错误，校核的方法是：

先计算：$\sum(3)$、$\sum(4)$、$\sum(7)$、$\sum(8)$、$\sum(9)$、$\sum(10)$、$\sum(16)$、$\sum(17)$、$\sum(18)$。

则
$$\sum(3)-\sum(4)=\sum(16)$$
$$\sum(8)-\sum(7)=\sum(17)$$
$$\sum(9)-\sum(10)=(12)末站$$

当测站总数为奇数时：$[\sum(16)+(\sum(17)\pm0.100)]/2=\sum(18)$

当测站总数为偶数时：$[\sum(16)+\sum(17)]/2=\sum(18)$

水准路线总长度：$L=\sum(9)+\sum(10)$

四等水准测量一个测站的观测顺序，可采用：后（黑）、后（红）、前（黑）、前（红）。即读取后视尺黑面读数后随即读红面读数，而后瞄准前视尺，读取黑面及红面读数，测站记录计算与三等水准测量完全相同。

3）成果整理。三、四等水准测量，一般布设单一水准路线（附合水准路线、闭合水准路线或支水准路线），当外业成果经检查合格、高差闭合差符合表2-1-7的限差要求时，方可进行高差闭合差的调整和高程计算。

闭合差的调整和高程计算与一般水准测量方法相同，它是将闭合差反符号，按与测段长度成正比例进行分配。支水准路线进行往、返测量，取往返测量高差的平均值计算高程。

表 2-1-8　三(四)等水准测量手簿

测段：自 SB−3 至 SB−1				日期：			仪器型号：S3210033	
时刻：	始：			天气：		晴	观测者：	
	末：			成像：		清晰稳定	记录者：	
测站编号	点名	后尺 下丝 上丝	前尺 下丝 上丝	方向及尺号	水准尺读数 /m		K+黑−红 /mm	高差中数
		后视距/m	前视距/m		黑面	红面		
		视距差 d	累计差 ∑d					
		(1)	(5)	后一尺号	(3)	(4)	(13)	
		(2)	(6)	前一尺号	(7)	(8)	(14)	(18)
		(9)	(10)	后一前	(16)	(17)	(15)	
		(11)	(12)			K1=4.787　K2=4.687		
1	SB−3 至 SA−4	1.614	0.774	后 1	1.384	6.171	0	
		2.156	0.326	前 2	0.551	5.239	−1	
		45.8	44.8	后一前	0.833	0.932	1	0.832 5
		1	1					
2	SA−4 至 X−6	2.188	2.252	后 2	1.934	6.622	−1	
		1.682	1.758	前 1	2.008	6.796	−1	
		50.6	49.4	后一前	−0.074	−0.174	0	−0.074 0
		1.2	2.2					
3	X−6 至 X−5	1.922	2.066	后 1	1.726	6.512	1	
		1.529	1.668	前 2	1.866	6.554	−1	
		39.3	39.8	后一前	−0.140	−0.042	2	−0.141
		−0.5	1.7					
4	X−5 至 X−4	2.041	2.220	后 2	1.832	6.520	−1	
		1.622	1.790	前 1	2.007	6.793	1	
		41.9	43	后一前	−0.175	−0.273	−2	−0.174
		−1.1	0.6				∑(18)=	0.443 5
检核		∑(9)=	177.6	后	∑(3)=	6.876	∑(8)=	25.825
		∑(10)=	177.0	前	∑(4)=	6.432	∑(7)=	25.382
		∑d=(12)末=	0.6	后一前	∑(16)=	0.444	∑(17)=	0.443
		L=	354.6		[∑(16)+∑(17)]/2=	0.443 5	=∑(18)	

(3)水准测量误差分析。

1)仪器误差。

①水准管轴与视准轴不平行误差。水准管轴与视准轴不平行，虽然经过校正，但仍然可存在少量的残余误差。这种误差的影响与距离成正比，只要观测时注意使前、后视距离相等，便可消除此项误差对测量结果的影响。

②水准尺误差。由于水准尺刻画不准确、尺长变化、弯曲等原因，会影响水准测量的精度。因此，水准尺要经过检核才能使用。

2）观测误差。

①水准管气泡的居中误差。由于气泡居中存在误差，致使视线偏离水平位置，从而带来读数误差。为减小此误差的影响，每次读数时，都要使水准管气泡严格居中。

②估读水准尺的误差。水准尺估读毫米数的误差大小与望远镜的放大倍率及视线长度有关。在测量作业中，应遵循不同等级的水准测量对望远镜放大倍率和最大视线长度的规定，以保证估读精度。

③视差的影响误差。当存在视差时，由于十字丝平面与水准尺影像不重合，若眼睛的位置不同，便会读出不同的读数，从而产生读数误差。因此，观测时要仔细调焦，严格消除视差。

④水准尺倾斜的影响误差。水准尺倾斜时，将使尺上读数增大或减小，从而带来误差。如水准尺倾斜 $3°30'$，在水准尺上 1 m 处读数时，将产生 2 mm 的误差。为了减少这种误差的影响，水准尺必须扶直。

3）外界条件的影响误差。

①水准仪下沉误差。由于水准仪下沉，使视线降低，而引起高差误差。如采用"后、前、前、后"的观测程序，可以减弱其影响。

②尺垫下沉误差。如果在转点发生尺垫下沉，将使下一站的后视读数增加，也将引起高差的误差。采用往返观测的方法，取成果的中数，可减弱其影响。为了防止水准仪和尺垫下沉，测站和转点应选在土质坚实处，并踩实三脚架和尺垫，使其稳定。

③地球曲率及大气折光的影响。地球曲率和大气折光的影响，可采用使前、后视距离相等的方法来消除。

④温度的影响误差。温度的变化不仅会引起大气折光的变化，而且当烈日照射水准管时，由于水准管本身和管内液体温度升高，气泡将会向着温度高的方向移动，从而影响了水准管轴的水平，产生了气泡居中误差。所以，测量中应随时注意为仪器打伞遮阳。

2. 水准仪在建筑施工中的应用

（1）施工场地水准点位置的确定与高程测量。

1）水准点的设立。对施工场地高程控制的要求：水准点的密度应尽可能使得在施工放样时，安置一次仪器即可测设出建（构）筑物的各个标高点；在施工期间，水准高程点的位置应保持稳定。由此可见，在测绘地形图时敷设的水准点并不一定适用，并且密度也不够，必须重新建立高程控制点。当场地面积较大时，高程控制点可分为两级布设：一级为首级网；另一级为在首级网上加密的加密网。相应的水准点称为基本水准点和施工水准点。

①基本水准点。基本水准点是施工场地上高程的首级控制点，可用来校核其他水准点

高程是否有变动。其位置应设在不受施工影响、无振动、便于施测和能永久保存的地方，并埋设永久性标志。在一般工程场地上，通常埋设 3 个基本水准点，将其布设成闭合水准路线，并按照城市三、四等水准测量要求进行施测。对于为满足地下管道测设的需要所设立的基本水准点，则应采用三等水准测量要求进行施测。

②施工水准点。施工水准点用来直接测设建（构）筑物的标高。为了测设方便和减少误差，水准点应靠近建（构）筑物，通常在建筑方格网的标志上加设圆头钉作为施工水准点。对于中、小型建筑场地，施工水准点应布设成闭合路线或附合路线，并根据基本水准点按城市四等水准或图根水准要求进行测量。

由于施工场地情况变化大，有可能使施工水准点的位置发生变化，因此，必须经常进行检查，即将施工水准点与基本水准点进行联测，以校核其高程值有无变动。

2）水准点的高程测量。水准点的高程测量采用附合水准路线的测量方法进行，其精度要求应满足测量规范的有关规定。

一般市政工程在高程测设精度方面的要求并不高，通常采用四等水准测量方法测定基本水准点及施工水准点所组成的环形水准路线即可，甚至有时采用图根水准测量（等外水准）也可以满足要求。但是，当各构筑物之间有专门设备要求互相紧密联系，对高程测设精度要求高时，应根据具体需要敷设较高精度的高程控制点，以满足测设的精度要求。

（2）已知高程的测设。高程测设就是根据施工场地上的临近水准点，将已知设计高程测设到现场作业面上。测设原理和方法见本书单元 4 项目 1 任务 3 的具体内容。

项目 2　全站仪的使用

能力目标

1. 能够认识全站仪的组成构件，并知道每个构件的功能。

2. 能够认识配合全站仪使用的附件三脚架、棱镜、标杆等，并能够使用。

3. 能够正确地安置全站仪，进行相关参数设置，并准确瞄准目标。

4. 能够利用全站仪进行水平角、竖直角、距离、坐标等观测。

全站型电子速测仪简称全站仪，其由光电测距仪、电子经纬仪和数据处理系统组合而成。全站仪包含水平角测量系统、竖直角测量系统、水平补偿系统和测距系统 4 大光电系统。全站仪全部功能如下：

（1）测角部分相当于电子经纬仪，可以测定水平角、竖直角和进行角度设置。

（2）测距部分相当于光电测距仪，测定测站点与目标点的斜距，并通过数据处理解算平距和高差。

（3）数据处理系统可以接收指令，分配各种观测作业，进行数据运算，并提供数据存储功能。

（4）输入、输出设备包括键盘、显示屏和数据线接口，使全站仪和计算机等设备交互通信数据，形成内外一体的测绘系统。

全站仪根据测角精度可分为 0.1″、0.2″、0.5″、1″、2″、5″等级。

任务 1 预备知识

1. 角度测量

角度测量包括水平角测量和竖直角测量，是测量的基本工作之一，可以利用经纬仪或全站仪施测。

（1）水平角测量。相交于一点的两方向线在水平面上的垂直投影所形成的夹角，称为水平角。水平角一般用 β 表示，角值范围为 0°～360°。

如图 2-2-1 所示，A、O、B 是地面上任意 3 个点，OA 和 OB 两条方向线所夹的水平角，即 OA 和 OB 垂直投影在水平面 H 上的投影 O_1A_1 和 O_1B_1 所构成的夹角为 β。

如图 2-2-1 所示，可在 O 点的上方任意高度处水平安置一个带有刻度的圆盘，并使圆盘中心在过 O 点的铅垂线上；通过 OA 和 OB 各作一铅垂面，设这两个铅垂面在刻度盘上截取的读数分别为 a 和 b，则水平角 β 的角值为

$$\beta = a - b = 右目标读数 - 左目标读数 \tag{2.2.1}$$

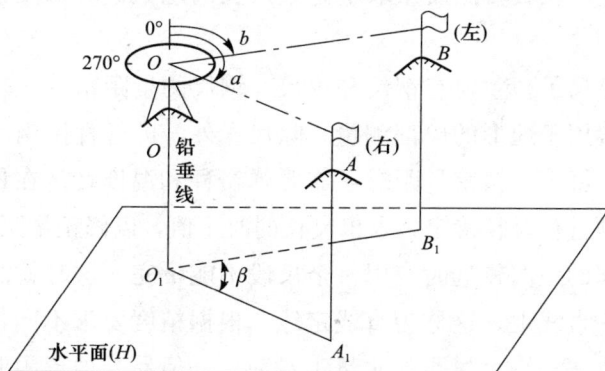

图 2-2-1　水平角及测量原理

（2）竖直角测量。竖直角是在同一个竖直平面内倾斜视线与水平线之间的夹角，用 α 表示，其角值范围为 0°～±90°。

视线在水平线的上方，垂直角为仰角，符号为正（+α）；视线在水平线的下方，垂直角为俯角，符号为负（−α）；空间 3 个点 O、A、B 所构成的竖直角如图 2-2-2 所示。

同水平角一样，垂直角的角值也是度盘上两个方向的读数之差。如图 2-2-2 所示，望远镜瞄准目标的视线与水平线分别在竖直度盘上有对应读数，两读数之差即竖直角的角值。所不同的是，竖直角的两方向中有一个方向是水平方向。无论对哪一种经纬仪来说，视线

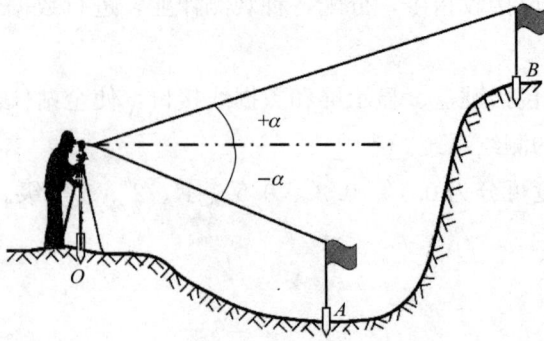

图 2-2-2　竖直角及测量原理

水平时的竖盘读数都应为 $90°$ 的倍数。所以，测量竖直角时，只要瞄准目标读出竖盘读数，即可计算出竖直角。

2. 距离测量

在建筑工程测量中，距离测量的主要任务是测量水平距离。

水平距离是指地面上两点垂直投影在同一水平面上的直线距离。距离测量的方法有钢尺量距、光电测距仪测距和视距测量三种。

(1)钢尺量距。用通过鉴定的尺子(钢尺、皮尺等)直接量取两点的距离，再进行一系列改正(如尺长、温度、倾斜的改正等)，最后得到两点之间的平距；当两点之间的距离大于尺长时，可以先量取整尺段数，然后量取不足整尺长的尾数，对每段进行改正后相加，即可求得两点之间的平距。

钢尺量距的工具是尺子，主要有钢尺和皮尺。钢尺的量距精度比较高，因而精密量距时使用钢尺。皮尺一般用于地形的碎部测量。除尺子外，进行直接钢尺量距时还需要一些辅助工具，如标杆、测钎等，精密量距时还需要弹簧秤和温度计。在量距之前，为了满足量测的精度要求，必须进行尺长检定，求出尺长的改正值，以修正量距结果。

当地面上两点之间的距离较远时，用一个尺段不能量完，这时就需要在直线方向标定若干点，使它们在同一直线上，这称为直线定线。根据精度要求不同，定线可采用目估定线和经纬仪定线两种方法。钢尺量距的丈量工具简单，但易受地形限制，丈量较长距离时比较费时、费力，现在已使用得很少。

下面只介绍钢尺量距的一般方法：

1)平坦地面上的量距方法(图 2-2-3)。

$$D_{AB} = nl + q \qquad (2.2.2)$$

式中　n——整尺段数；

l——钢尺长度(m)；

q——不足一整尺的余长(m)。

钢尺量距时，一般还应由 B 点量至 A 点进行返测，返测时应重新进行定线。取往、返测距离的平均值作为直线 AB 最终的水平距离。

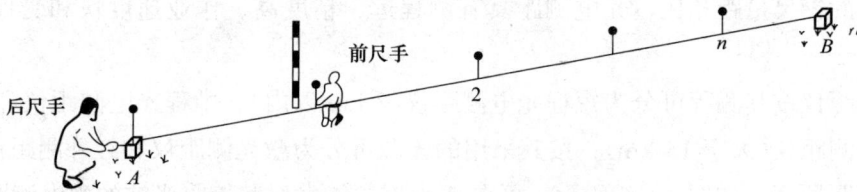

图 2-2-3　钢尺在平坦地面上的量距方法

$$D_{av}=\frac{1}{2}(D_f+D_b)\qquad(2.2.3)$$

式中　D_{av}——往、返测距离的平均值(m);

　　　D_f——往测的距离(m);

　　　D_b——返测的距离(m)。

量距精度通常用相对误差 K 来衡量,相对误差 K 应化为分子为 1 的分数形式。

$$K=\frac{|D_f-D_b|}{D_{av}}=\frac{1}{\dfrac{D_{av}}{|D_f-D_b|}}\qquad(2.2.4)$$

相对误差分母越大,则 K 值越小,精度越高;反之,精度越低。在平坦地区,钢尺量距一般方法的相对误差一般不应大于 1/3 000;在量距较困难的地区,其相对误差不应大于 1/1 000。

2)倾斜地面上的量距方法。倾斜地面上的量距方法包括平量法和斜量法,如图 2-2-4 和图 2-2-5 所示。

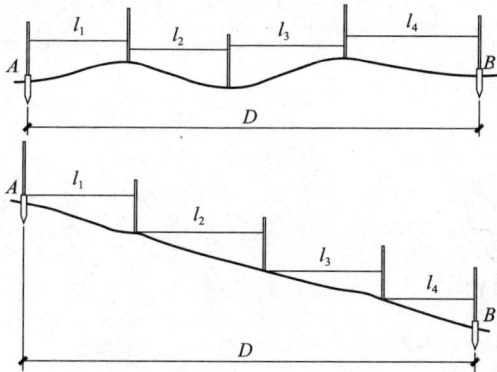

图 2-2-4　平量法

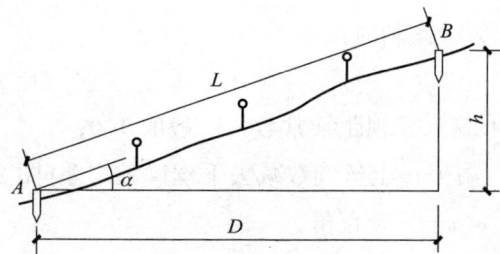

图 2-2-5　斜量法

①平量法距离丈量的结果:　　　$D_{AB}=l_1+l_2+l_3+l_4$

仍然需要进行往返丈量,并计算平均值和 K 值。

②斜量法距离丈量结果:　　　$D_{AB}=L_{AB}\cos\alpha$ 或者 $D_{AB}=\sqrt{L_{AB}^2-h_{AB}^2}$

(2)光电测距仪测距。光电测距是以光波作为载波,通过测定光波在测线两端点之间往返传播的时间来测量距离。

与传统的钢尺量距相比，光电测距具有测程远、精度高、作业速度快和受地形限制少等特点。

光电测距仪按其测程可分为短程光电测距仪(2 km 以内)、中程光电测距仪(3~15 km)和远程光电测距仪(大于 15 km)；按其采用的光源可分为激光测距仪和红外测距仪等。

光电测距原理，如图 2-2-6 所示。可在 A 点安置能发射和接收光波的光电测距仪，在 B 点设置反射棱镜。光电测距仪发出的光束经棱镜反射后，又返回到测距仪。通过测定光波在 AB 之间传播的时间 t，根据光波在大气中的传播速度 c，按下式计算距离 D：

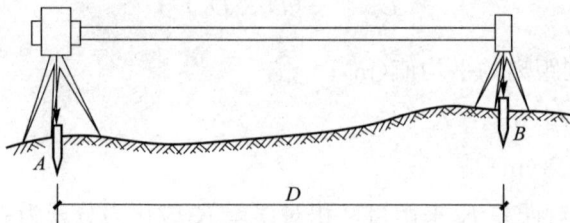

图 2-2-6 光电测距原理

$$D_{AB} = \frac{1}{2}ct \tag{2.2.5}$$

(3)视距测量。用装有视距丝的仪器(如水准仪、经纬仪、平板仪等)配合标尺，通过测量求得仪器到标尺点的距离的方法称为视距测量。它能克服地形的限制，工作起来方便灵活，但其测距精度低于直接丈量，一般为 1/200~1/300，且随距离的增大而降低，因此，视距测量适用于低精度的近距离测量，广泛应用于地形测图中。视距测量计算公式如下：

视线水平时：

$$D = kl$$

视线倾斜时：

$$D = kl\cos^2\alpha$$

式中　k——视距乘常数，一般取 100；

　　　l——上丝读数减去下丝读数之差(图 2-2-7)；

　　　α——竖直角。

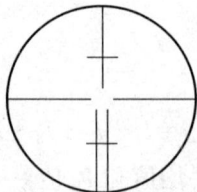

图 2-2-7 十字丝分划板

3. 认识经纬仪

能同时完成水平角和竖直角测量的仪器称为经纬仪。经纬仪按读数设备不同可分为光学经纬仪和电子经纬仪。

光学经纬仪按不同测角精度又可分成多种等级，如DJ1、DJ2、DJ6、DJ10等。D、J分别为"大地测量"和"经纬仪"的汉语拼音第一个字母，数字表示该仪器测量精度。DJ6表示一测回方向观测中误差不超过±6″。工程中常用的精度有2″和6″。

（1）DJ6型光学经纬仪。

1）基本构造：照准部、水平度盘、基座（图2-2-8）。

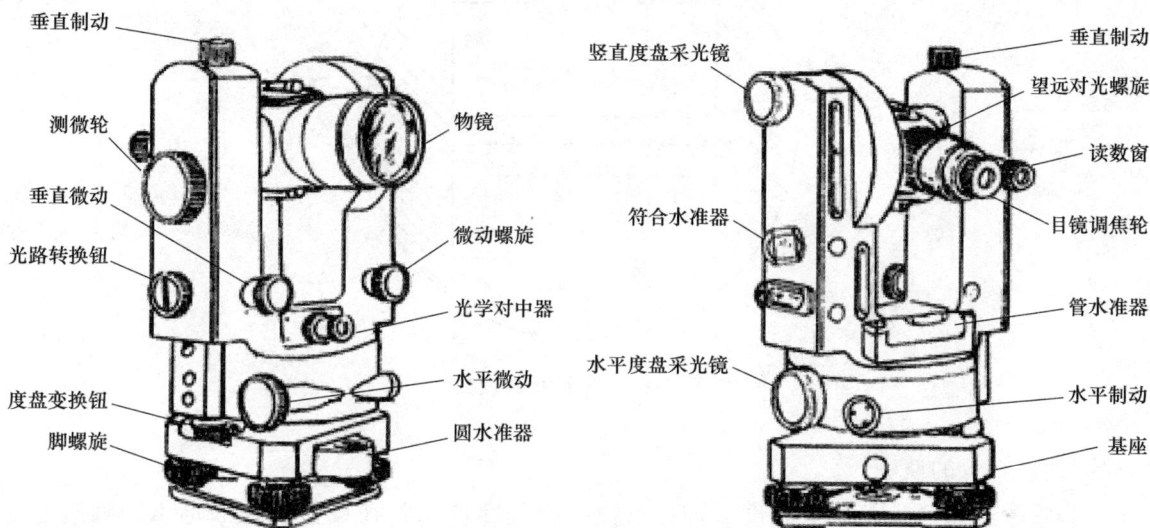

图2-2-8　光学经纬仪构造

①照准部：照准部是指经纬仪水平度盘之上，能绕其旋转轴旋转部分的总称。照准部由竖轴、横轴、望远镜、照准部制动和微动螺旋、望远镜制动和微动螺旋、竖直度盘、读数设备、照准部水准管、光学对中器组成。望远镜的旋转轴称为横轴。通过调节望远镜制动螺旋和微动螺旋，可以控制望远镜的上下转动。

②水平度盘：水平度盘是用于测量水平角的。它是由光学玻璃制成的圆环，环上刻有0°～360°的分划线，在整度分划线上标有注记，并按顺时针方向注记，其度盘分划值为1°或30′。

③基座：基座用于支撑整个仪器，并通过中心连接螺旋将经纬仪固定在三脚架上。基座上有3个脚螺旋，用于整平仪器。在基座上还有一个轴座固定螺旋，用于控制照准部和基座之间的连接。

2）读数方法：最常见的读数方法有分微尺法、单平板玻璃测微器法和对径符合读法。下面仅介绍分微尺法读数。

分微尺法也称带尺显微镜法，多用于DJ6级仪器。由于这种方法操作简单，不含隙动差，故应用日益广泛，如国产的TDJ6、Leica T16等都采用这种方法。

分微尺法的测微器是一个固定不动的分划尺，共有 60 个分划。度盘分划经过光路系统放大后，其 1° 的间隔与分微尺的长度相等，即相当于把 1° 又细分为 60 格，每格代表 1′。从读数显微镜中看到的影像如图 2-2-9 所示。图中 H 代表水平度盘，V 代表竖直度盘。度盘分划注字向右增加，而分微尺注字向左增加。分微尺的零分划线即读数的指标线，度盘分划线则作为读取分微尺读数的指标线。从分微尺上可直接读到 1′，还可以估读到 0.1′。图 2-2-9 中的水平度盘读数为 164°6.4′。

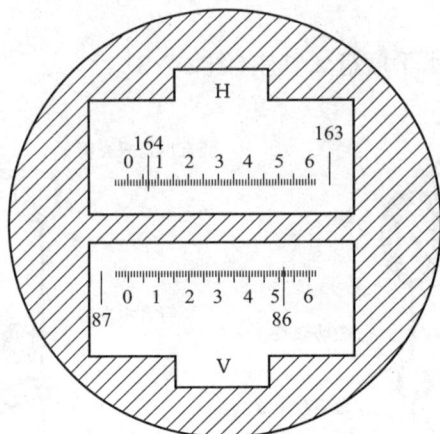

图 2-2-9　分微尺法读数

（2）经纬仪的使用。

1）安置经纬仪。在测量角度以前，首先要将经纬仪安置在设置有地面标志的测站上。所谓测站，即是所测角度的顶点。安置工作包括对中、整平两项。

①对中。在安置仪器以前，首先将三脚架打开，抽出架腿，并旋紧架腿的固定螺旋，然后将 3 个架腿安置在以测站为中心的等边三角形的角顶上，这时架头平面应约略水平，且中心与地面点约略在同一铅垂线上。

从仪器箱中取出仪器，用附于三脚架架头上的连接螺旋将仪器与三脚架固连在一起，然后即可精确对中。根据仪器的结构，可用垂球对中，也可用光学对中器对中。

如果使用光学对中器对中，可以先用垂球粗略对中，然后取下垂球，再用光学对中器对中。在使用光学对中器时，仪器应先利用脚螺旋使圆水准器气泡居中，再看光学对中器是否对中。如有偏离，应在三脚架架头上平行移动仪器，在保证圆水准气泡居中的条件下，使其与地面点对准。如果不用垂球粗略对中，则一面观察光学对中器一面移动三脚架，使光学对中器与地面点对准。这时，三脚架架头可能倾斜很大，则应根据圆水准气泡偏移方向伸缩相关架腿，使气泡居中。伸缩架腿时，应先稍微旋松固定螺旋，待气泡居中后立即旋紧。因为光学对中器的精度较高，且不受风力影响，故应尽量采用。待仪器精确整平后，仍要检查对中情况。因为只有在仪器整平的条件下，光学对中器的视线才会居于铅垂位置，对中才是正确的。

②整平。经纬仪整平的目的是使竖轴居于铅垂位置。整平时要先升降三脚架使圆水准

器气泡居中，以粗略整平，再用管水准器精确整平。

由于位于照准部上的管水准器只有一个，如图2-2-10所示，可以先使它与一对脚螺旋连线的方向平行；然后双手以相同速度相反方向旋转这两个脚螺旋，使管水准器的气泡居中；再将照准部旋转90°，用另外一个脚螺旋使气泡居中。这样反复进行，直至管水准器在任一方向上气泡都居中为止。在整平后还需检查光学对中器是否偏移，如果偏移，则重复上述操作方法，直至水准气泡居中、对中器对中为止。

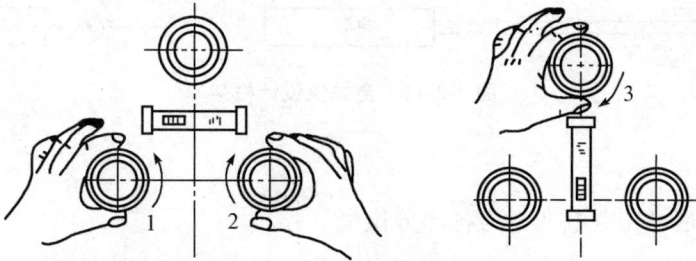

图2-2-10 精确整平

2) 照准目标。

①水平角观测时，应尽量照准目标的底部。当目标较近时，成像较大，则用单丝平分目标；当目标较远时，成像较小，则用双丝夹住目标或用单丝与目标重合。

②竖直角观测时，应用中横丝照准目标顶部或某一预定部位。

3) 读数或置数。

①读数：按照前面介绍的读数方法进行。

②置数：照准需要的方向，使水平度盘读数为某一预定值叫作置数，具体方法：先照准后置数。照准目标后，打开度盘变换手轮保险装置，转动度盘变换手轮，使度盘读数等于预定读数，然后关上变换手轮保险装置。

(3) 电子经纬仪。电子经纬仪是利用光电技术测角，带有角度数字显示和进行数据自动归算及存储装置的经纬仪，其外观与光学经纬仪类似。不同的是，电子经纬仪采用光电测角系统，利用显示屏显示水平度盘和竖直度盘的读数。其操作步骤与光学经纬仪类似。

任务2 认识全站仪

1. 全站仪的基本组成

全站仪几乎可以用在所有的测量领域。电子全站仪由电源部分、测角系统、测距系统、数据处理部分、通信接口及显示屏、键盘等组成。它本身就是一个带有特殊功能的计算机控制系统，其微机处理装置由微处理器、存储器、输入部分和输出部分组成。由微处理器对获取的倾斜距离、水平角、竖直角、垂直轴倾斜误差、视准轴误差、垂直度盘指标差、棱镜常数、气温、气压等信息加以处理，从而获得各项改正后的观测数据和计算数据。在仪器的只读存储器中固化了测量程序，测量过程由程序完成。仪器的设计框架如图 2-2-11 所示。

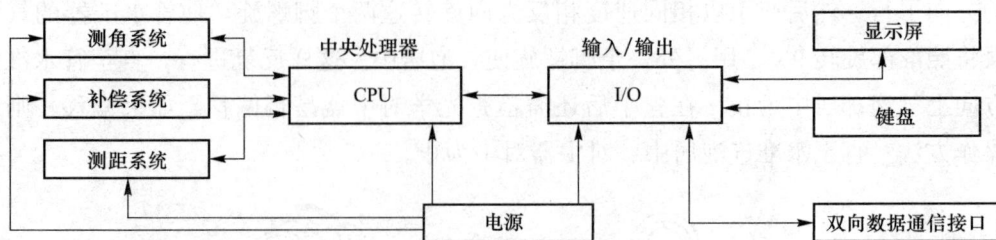

图 2-2-11　全站仪设计框架

其中：

(1)电源部分是可充电电池，为各部分供电。

(2)测角系统为电子经纬仪，可以测定水平角、竖直角，设置方位角。

(3)补偿系统可以实现仪器垂直轴倾斜误差对水平、垂直角度测量影响的自动补偿改正。

(4)测距系统为光电测距仪，可以测定两点之间的距离。

(5)中央处理器接受输入指令、控制各种观测作业方式、进行数据处理等。

(6)输入/输出包括键盘、显示屏、双向数据通信接口等。

从总体上看，全站仪的组成可分为两大部分：一是为采集数据而设置的专用设备，主要有电子测角系统、电子测距系统、数据存储系统、自动补偿设备等；二是测量过程的控制设备，主要用于有序地实现上述每一专用设备的功能，包括与测量数据相连接的外围设备及进行计算、产生指令的微处理机等。

只有上面两大部分有机结合才能真正地体现"全站"功能，既要自动完成数据采集，又要自动处理数据和控制整个测量过程。

2. 全站仪的基本结构

全站仪按其结构可分为组合式(积木式)全站仪与整体式全站仪两种。

(1)组合式(积木式)全站仪。组合式全站仪由测距头、光学经纬仪及电子计算部分拼装组合而成。这种全站仪出现较早，经不断地改进可将光学角度读数通过键盘输入测距仪，并对倾斜距离进行计算处理，最后得出平面距离、高差、方位角和坐标差。这些结果可自动地传输到外部存储器，后来发展为把测距头、电子经纬仪及电子计算部分拼装组合在一起。其优点是能通过不同的构件进行多样组合，当个别构件损坏时，可以用其他构件代替，具有很强的灵活性。早期的全站仪都采用这种结构。

图 2-2-12 所示为日本索佳公司生产的 REDmini 短程测距仪，仪器测程为 0.8 km。测距仪的支座下有插孔及制紧螺旋，可使测距仪牢固地安装在经纬仪的支架上方。旋紧测距仪支架上的竖直制动螺旋后，可调节微动螺旋使测距仪在竖直面内俯仰转动。测距仪发射接收镜的目镜内有十字丝分划板，用以瞄准反射棱镜。

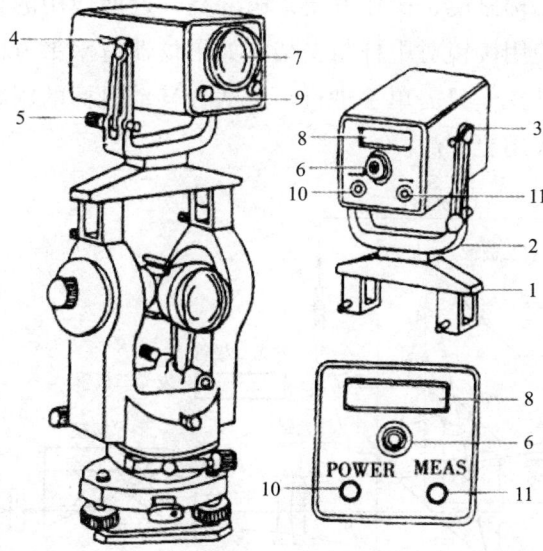

图 2-2-12　组合式全站仪

1—支架座；2—支架；3—主机；4—竖直制动螺旋；5—竖直微动螺旋；6—发射接收镜的目镜；

7—发射接收镜的物镜；8—显示窗；9—电源电缆插座；10—电源开关键(POWER)；11—测量键(MEAS)

图 2-2-13 所示为组合式单块反射棱镜，当测程大于 300 m 时，可换装 3 块棱镜。

另外，测距仪横轴到经纬仪横轴的高度与觇牌中心到反射棱镜中心的高度一致，从而使经纬仪瞄准觇牌中心的视线与测距仪瞄准反射棱镜中心的视线保持平行(图 2-2-14)。

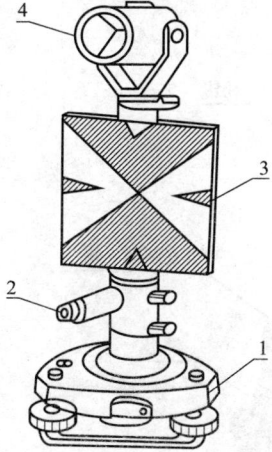

图 2-2-13　组合式单块反射棱镜

1—基座；2—光学对中器目镜；

3—照准觇牌；4—反射棱镜

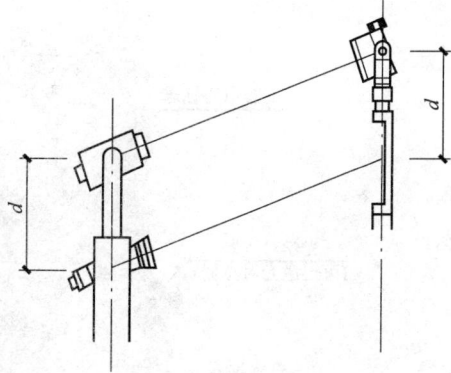

图 2-2-14　仪器站与棱镜站装配示意

(2)整体式全站仪。整体式全站仪是在一个机器外壳内含有电子测距、测角、补偿、记录、计算、存储等部分，将发射、接收、瞄准光学系统设计成同轴，共用一个望远镜(图 2-2-15)，角度和距离测量只需一次瞄准，测量结果能自动显示并能与外围设备双向通信。其优点是体积小、结构紧凑、操作方便、精度高，近期使用的全站仪都采用整体式结构。整体式全站仪配套使用棱镜对中杆与支架，如果仪器有水平方向和竖直方向同轴双速制动及微动手轮，则瞄准操作只需单手进行，更适合移动目标的跟踪测量及空间点三维坐标测量，操作更方便，应用更广泛。

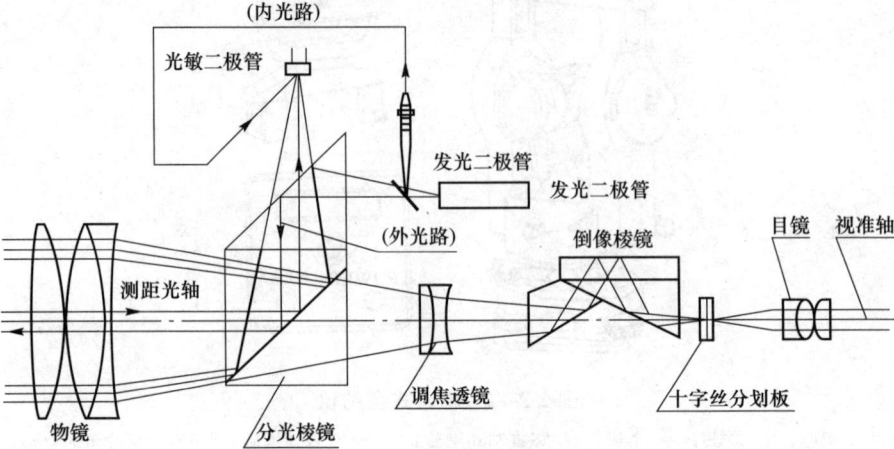

图 2-2-15　整体式全站仪望远镜的光路

各种全站仪在基本操作上略有不同，但基本原理和主要功能基本相同，本书以南方 NTS－660 系列全站仪为例，简要介绍全站仪的有关知识。

如图 2-2-16 所示，南方 NTS－660 系列全站仪的各部件名称如下：

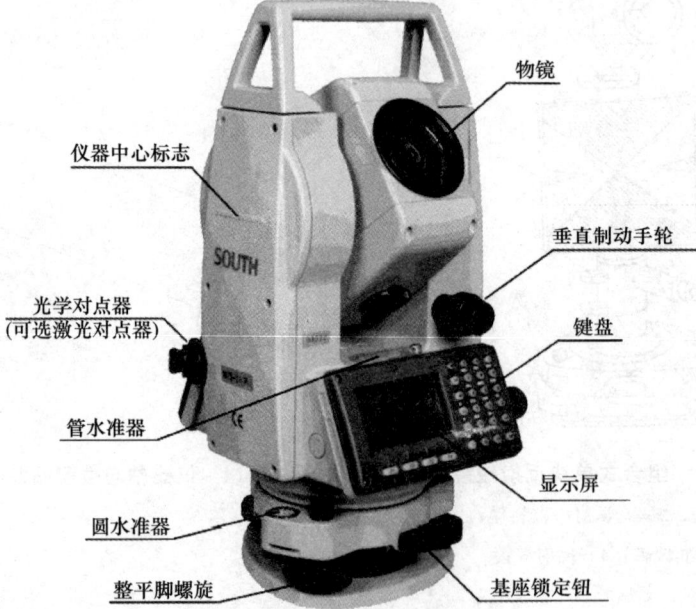

图 2-2-16　全站仪各部件名称

图 2-2-16　全站仪各部件名称(续)

1)显示屏。

①显示内容。一般上面几行显示观测数据,底行显示软键功能,它随测量模式的不同而变化。

②对比度。利用星键(★)可调整显示屏的对比度和亮度。

③显示示例,如图 2-2-17 和图 2-2-18 所示。

图 2-2-17 中显示的内容:垂直角(V):87°56′09″,水平角(HR):180°44′38″。

图 2-2-18 中显示的内容:垂直角(V):87°56′09″,水平角(HR):180°44′38″,斜距(SD):12.345 m。

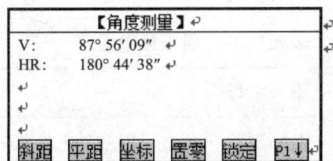

图 2-2-17　角度测量模式

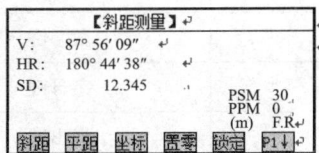

图 2-2-18　斜距测量模式

④显示符号。南方 NTS—660 系列全站仪显示屏上各显示符号的含义见表 2-2-1。

表 2-2-1　各显示符号的含义

符号	含义	符号	含义
V	垂直角	*	电子测距正在进行
V%	百分度	m	以米为单位

符号	含义	符号	含义
HR	水平角(右角)	ft	以英尺①为单位
HL	水平角(左角)	F	精测模式
HD	平距	T	跟踪模式(10 mm)
VD	高差	R	重复测量
SD	斜距	S	单次测量
N	北向坐标	N	N次测量
E	东向坐标	ppm	大气改正值
Z	天顶方向坐标	psm	棱镜常数值

2)操作键。仪器操作键如图 2-2-19 所示。各操作键的功能含义见表 2-2-2。

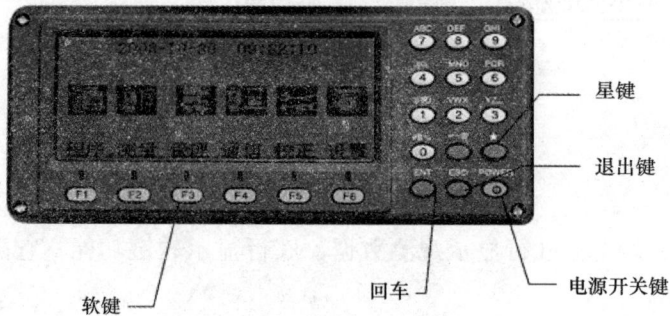

图 2-2-19　仪器操作键

表 2-2-2　各操作键的功能含义

按键	名称	功能
F1～F6	软键	功能参见所显示的信息
0～9	数字键	输入数字,用于预置数值
A～/	字母键	输入字母
ESC	退出键	退回到前一个显示屏或前一个模式
★	星键	用于仪器若干常用功能的操作
ENT	回车键	数据输入结束并认可时按此键
POWER	电源键	控制电源的开/关

3)功能键。软键功能标记在显示屏的底行。其功能随测量模式的不同而改变(图 2-2-20 和表 2-2-3)。

———————————

① 1英尺=0.304 8 m。

```
          【角度测量】
  V:    87° 56′ 09″
  HR:  180° 44′ 38″



  斜距  平距  坐标  置零  锁定  P1↓

 [F1]  [F2]  [F3]  [F4]  [F5]  [F6]
```

```
      【角度测量】                          【斜距测量】
V:    87° 56′ 09″                    V:    87° 56′ 09″
HR:  120° 44′ 38″                    HR:  120° 44′ 38″
                                     SD:                   PSM
                                     30
斜距 平距 坐标 置零 锁定 P1↓          PPM 0
                                     (m) F.R
                                     测量  模式  角度  平距  坐标
记录 置盘 R/L 坡度 补偿 P2↓
                                     记录  放样  均值  m/ft  P2↓
        角度测量                              斜距测量
```

```
      【平距测量】                          【坐标测量】
V:    87° 56′ 09″                    N:    12345.578
HR:  120° 44′ 38″                    E:   −12345.678
HD:                 PSM 30           Z:    10.123         PSM
VD:                 PPM              30
0.                                   PPM 0
     F.R        (m)                  (m) F.R
测量 模式 角度 斜距 坐标              测量  模式  角度  斜距  坐标

记录 放样 均值 m/ft P2↓              记录  放样  均值  m/ft  P2↓
        平距测量                              坐标测量
```

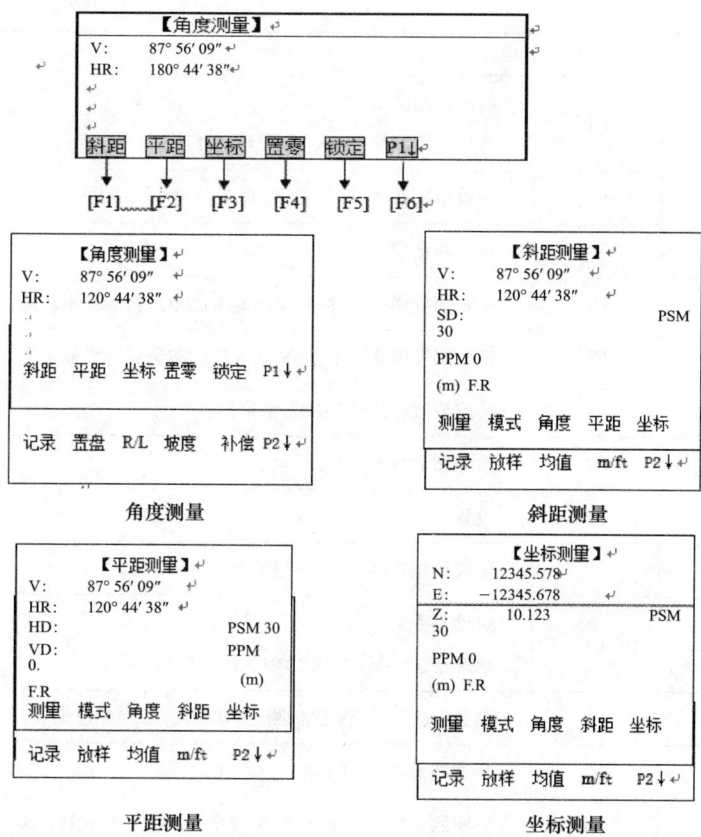

图 2-2-20　功能键

表 2-2-3　各测量模式下各软键的功能

模式	显示	软键	功能
角度测量	斜距	F1	倾斜距离测量
	平距	F2	水平距离测量
	坐标	F3	坐标测量
	置零	F4	水平角置零
	锁定	F5	水平角锁定
	记录	F1	将测量数据传输到数据采集器
	置盘	F2	预置一个水平角
	R/L	F3	水平角右角/左角变换
	坡度	F4	垂直角/百分度的变换
	补偿	F5	设置倾斜改正； 若打开补偿功能，则显示倾斜改正值

模式	显示	软键	功能
斜距测量	测量	F1	启动斜距测量； 选择连续测量/N 次（单次）测量模式
	模式	F2	设置单次精测/N 次精测/重复精测/跟踪测量模式
	角度	F3	角度测量模式
	平距	F4	平距测量模式，显示 N 次或单次测量后的水平距离
	坐标	F5	坐标测量模式，显示 N 次或单次测量后的坐标
	记录	F1	将测量数据传输到数据采集器
	放样	F2	放样测量模式
	均值	F3	设置 N 次测量的次数
	m/ft	F4	距离单位米或英尺的变换
平距测量	测量	F1	启动平距测量； 选择连续测量/N 次（单次）测量模式
	模式	F2	设置单次精测/N 次精测/重复精测/跟踪测量模式
	角度	F3	角度测量模式
	斜距	F4	斜距测量模式，显示 N 次或单次测量后的倾斜距离
	坐标	F5	坐标测量模式，显示 N 次或单次测量后的坐标
	记录	F1	将测量数据传输到数据采集器
	放样	F2	放样测量模式
	均值	F3	设置 N 次测量的次数
	m/ft	F4	米或英尺的变换
坐标测量	测量	F1	启动坐标测量； 选择连续测量/N 次（单次）测量模式
	模式	F2	设置单次精测/N 次精测/重复精测/跟踪测量模式
	角度	F3	角度测量模式
	斜距	F4	斜距测量模式，显示 N 次或单次测量后的倾斜距离
	平距	F5	平距测量模式，显示 N 次或单次测量后的水平距离
	记录	F1	将测量数据传输到数据采集器
	高程	F2	输入仪器高/棱镜高
	均值	F3	设置 N 次测量的次数
	m/ft	F4	米或英尺的变换
	设置	F5	预置仪器测站点坐标

关于仪器星键（★）模式及基本参数的设置可参见"南方 NTS－660 系列全站仪说明书"。

3. 反射棱镜

全站仪在进行距离测量等作业时，需在目标处放置反射棱镜。反射棱镜有单（三）棱镜组，可通过基座连接器将棱镜组与基座连接，再安置到三脚架上，也可直接安置在对中杆上。棱镜组由用户根据作业需要自行配置。南方测绘仪器公司生产的棱镜组如图 2-2-21 所示。

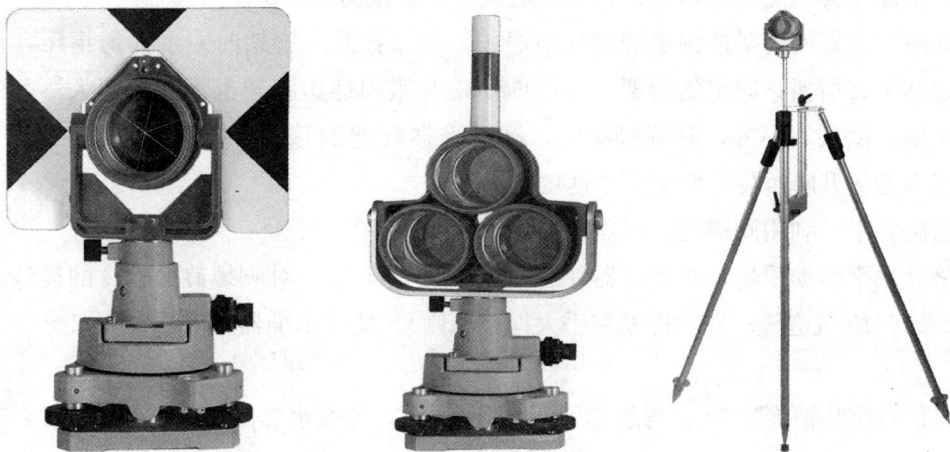

图 2-2-21　反射棱镜

任务3　全站仪的操作

1. 仪器开箱和存放

（1）开箱。轻轻地放下仪器箱，使其盖朝上，打开仪器箱的锁栓，开箱盖，取出仪器。

（2）存放。盖好望远镜镜盖，使照准部的垂直制动手轮和基座的水准器朝上，将仪器平卧（望远镜物镜端朝下）放入箱中，轻轻旋紧垂直制动手轮，盖好箱盖，并关上锁栓。

2. 安置全站仪

将仪器安装在三脚架上，精确整平和对中，以保证测量成果的精度（应使用专用的中心连接螺旋的三脚架），操作步骤如下：

（1）架设全站仪。

1）架设三脚架。

①首先将三脚架打开，使三脚架的 3 条腿近似等距，并使顶面近似水平，拧紧连接螺旋。

②三脚架的中心与测点近似位于同一铅垂线上。

③踏紧三脚架使之牢固地支撑于地面上。

2）将仪器小心地安置到三脚架顶面上，用一只手握住仪器，另一只手松开中心连接螺旋，在架头上轻移仪器，直到垂球对准测站点标志的中心，然后轻轻拧紧连接螺旋。

(2)仪器对中与整平。

1)初步对中。首先，通过光学对点器(或垂球)对已知点。要点是：一只脚架不动，左右手各握一个脚架，眼睛通过对点器对点，基本对好后落实手握脚架踏实。然后，通过仪器角螺旋调整对中偏差。

2)初步整平。利用升降脚架的方式粗平仪器：

①看清圆水准器气泡所在位置，判别应该升高或降低哪个脚架。要领：必须用脚架进行粗平，不能用脚螺旋进行粗平，否则将造成对点器偏离太多。

②升降三脚架的脚架使圆水准器气泡居中。要领：升降脚架时左手大拇指压在活动的脚架上，其余四指抓紧固定的脚架，这样即使松开紧固螺旋脚架也不会大起大落，同时可以控制脚架的微调。另外，升降脚架时，圆水准器气泡的移动范围只能在本位置的±90°内，否则会造成升降过量，影响粗平速度。

3)精确整平。利用脚螺旋将仪器水准管气泡居中：

①松开水平制动手轮，转动仪器使管水准器平行于某一对脚螺旋 A、B 的连线，再旋转脚螺旋 A、B(气泡移动方向遵循左手大拇指原则)，使管水准器气泡居中，如图 2-2-22(a)所示。

②将仪器绕竖轴旋转 90°，再旋转另一个脚螺旋 C，使管水准器气泡居中，如图 2-2-22(b)所示。

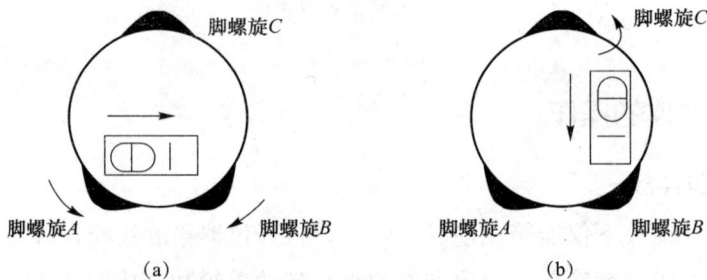

图 2-2-22　利用脚螺旋将仪器水准管气泡居中

(a)左右居中；(b)前后居中

③将仪器旋转至水准管与 AC 边平行，若此时气泡居中，则精确整平完成；反之，则重复步骤①、②、③直到气泡居中为止。

4)精确对中。

①看对点器是否还在点位中心，如不在中心，稍微松开连接螺旋，使仪器能够在架头上移动，轻轻移动仪器，使对点器精确对准点位，拧紧连接螺旋。要领：此时的架头应该水平，否则移动仪器后将造成气泡严重偏离。

②如果移动仪器不能使其对中，将仪器移回架头中心，拧紧连接螺旋，看对点器用三个脚螺旋对中，再重复进行粗平—精平—精确对中操作。

5)再精平。

①重复精平操作，严格使长气泡居中。

②如果此项操作中，任何一个脚螺旋转动超过90°，还需要进行精确对中后再精平。

注意： 全站仪精确对中和精确整平的操作是反复的，目的是让仪器严格地对准点和整平，以保证测量的精度。

3. 瞄准目标

全站仪瞄准目标的步骤与水准仪瞄准目标的步骤类似，详见本书单元2项目1任务2；应用十字丝交点附近的竖丝瞄准目标底部，或用十字丝中心严格与棱镜中心点对齐。

4. 读数与记录

在全站仪电子显示屏上读取相应读数并记录，或直接利用全站仪的数据存储功能存储数据。

任务4 全站仪的基本应用

1. 角度测量

(1)水平角的测量。

📑 *实例教学*

【例 2-2-1】 测回法观测水平角

测回法适用于观测两个方向之间的单角。如图 2-2-23 所示，设 O 为测站点，A、B 为观测目标，用测回法观测 OA 与 OB 两个方向之间的水平角 β，具体施测步骤如下：

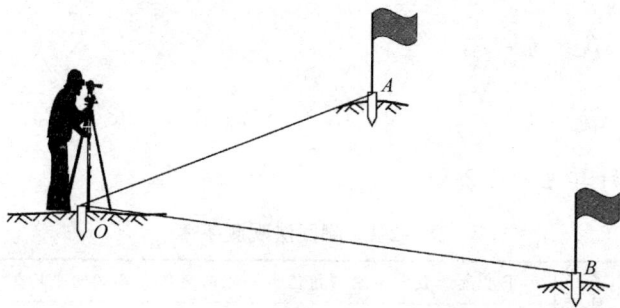

图 2-2-23 测回法观测水平角

1)在测站点 O 安置仪器，在 A、B 两点竖立测杆、测钎、反射棱镜等，作为目标标志。

2)将仪器置于盘左位置，转动照准部，先瞄准左目标 A，读取水平度盘读数 a_L，设读数为 $0°01'30''$，顺时针瞄准右目标 B，读取水平度盘读数 b_L，设读数为 $98°20'48''$，计算 $\beta_L = b_L - a_L = 98°20'48'' - 0°01'30'' = 98°19'18''$，如图 2-2-24 所示。

3)松开照准部制动螺旋，倒转望远镜成盘右位置，先瞄准右目标 B，读取水平度盘读数 b_R，设读数为 $278°21'12''$，逆时针转照准部，瞄准目标 A，读数 a_R，设读数为 $180°01'42''$，计算 $\beta_R = b_R - a_R = 278°21'12'' - 180°01'42'' = 98°19'30''$，如图 2-2-25 所示。

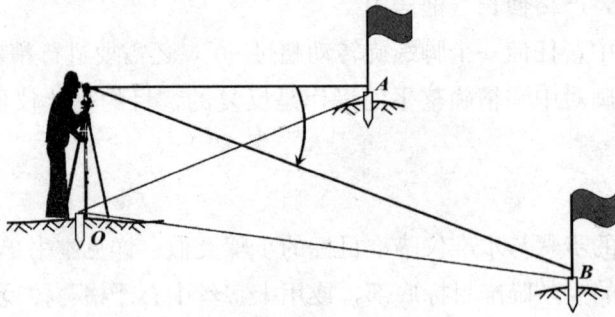

图 2-2-24　测回法观测水平角上半测回

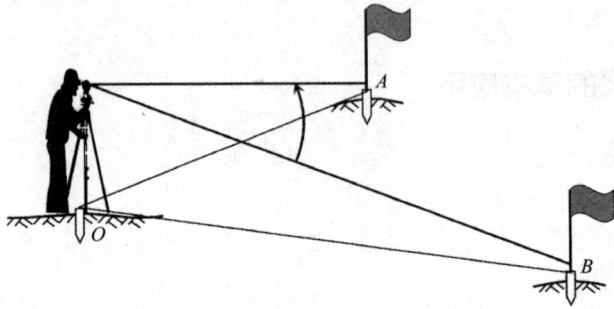

图 2-2-25　测回法观测水平角下半测回

上半测回和下半测回构成一测回，对于 6″的仪器，如果上、下两半测回角值之差不大于±40″，即 $|\beta_L-\beta_R|\leqslant40″$，则认为观测合格。可取上、下两半测回角值的平均值作为一测回角值 β，即 $\beta=\frac{1}{2}(\beta_L+\beta_R)$。

在本例中：$\beta=\frac{1}{2}(\beta_L+\beta_R)=\frac{1}{2}(98°19′18″+98°19′30″)=98°19′24″$

观测数据记录和计算见表 2-2-4。

表 2-2-4　测回法观测手簿

测站	竖盘位置	目标	水平度盘读数 /(° ′ ″)	半测回角值 /(° ′ ″)	一测回角值 /(° ′ ″)	各测回平均值 /(° ′ ″)	备注
第一测回(O)	左	A	0 01 30	98 19 18	98 19 24	98 19 30	
		B	98 20 48				
	右	A	180 01 42	98 19 30			
		B	278 21 12				
第二测回(O)	左	A	90 01 06	98 19 30	98 19 36		
		B	188 20 36				
	右	A	270 00 54	98 19 42			
		B	8 20 36				

注意：由于水平度盘是顺时针刻画和注记的，所以在计算水平角时，总是用右目标的读数减去左目标的读数，如果不够减，则应在右目标的读数上加上360°，再减去左目标的读数，决不可以倒过来减。

当测角精度要求较高时，需要对一个角度观测多个测回，应根据测回数 n，以 $180°/n$ 的差值安置水平度盘读数。例如，当测回数 $n=2$ 时，第一测回的起始方向读数可安置在略大于0°处；第二测回的起始方向读数可安置在略大于 $(180°/2)=90°$ 处。各测回角值互差如果不超过 $\pm40''$（对于DJ6型），则取各测回角值的平均值作为最后角值，记入表2-2-4相应栏内。

全站仪设置水平度盘读数的方法：进入设角功能菜单栏，选择角度定向，输入需要设置的角度即可。

📑 **实例教学**

【**例2-2-2**】 方向观测法观测水平角

方向观测法简称方向法，也称为全圆方向观测法或全圆测回法，适用于在一个测站上观测两个以上的方向。

如图2-2-26所示，设 O 为测站点，A、B、C、D 为观测点。

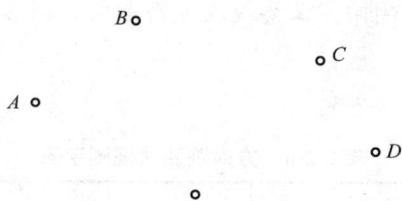

图2-2-26 方向观测法观测水平角

1) 观测的步骤。

①在测站点 O 安置仪器，在 A、B、C、D 观测目标处竖立观测标志。

②盘左位置：选择一个明显目标 A 作为起始方向，瞄准零方向 A，将水平度盘读数安置在稍大于0°处，读取水平度盘读数；顺时针方向依次瞄准 B、C、D 目标，分别读取水平度盘读数；为了校核，再次瞄准零方向 A，称为半测回归零，读取水平度盘读数，如图2-2-27所示。

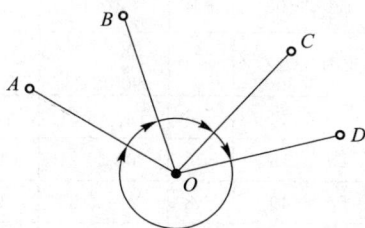

图2-2-27 方向观测法观测水平角上半测回

零方向 A 的两次读数之差的绝对值，称为半测回归零差。归零差不应超过相应的规定，具体规定见表 2-2-5，如果归零差超限，则应重新观测，以上称为上半测回。

表 2-2-5　方向观测法的技术要求

经纬仪型号	半测回归零差/(″)	一测回内 2c 互差/(″)	同一方向值各测回互差/(″)
DJ2	12	18	12
DJ6	18	—	24

③盘右位置：逆时针方向依次照准目标 A、D、C、B、A，并将水平度盘读数由下向上记入观测表中，以上称为下半测回，如图 2-2-28 所示。

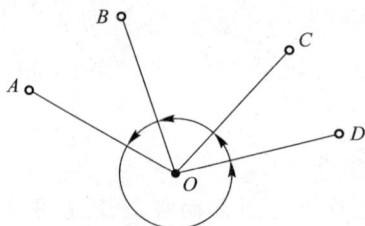

图 2-2-28　方向观测法观测水平角下半测回

上、下两个半测回合称一测回。需要观测 n 个测回，则各测回起始方向仍按 $180°/n$ 的差值，安置水平度盘读数。

观测数据记录及计算见表 2-2-6。

表 2-2-6　方向观测法观测手簿

测站	测回数	目标	水平度盘读数		2c	平均读数	归零后方向值	各测回归零后方向平均值	略图及角值
			盘左	盘右					
			/(° ′ ″)	/(° ′ ″)	/(″)	/(° ′ ″)	/(° ′ ″)	/(° ′ ″)	
1	2	3	4	5	6	7	8	9	10
O	1	A	0 02 12	180 02 00	+12	(0 02 10) 0 02 06	0 00 00	0 00 00	
		B	37 44 15	217 44 05	+10	37 44 10	37 42 00	37 42 04	
		C	110 29 04	290 28 52	+12	110 28 58	110 26 48	110 26 53	
		D	150 14 51	330 14 43	+8	150 14 47	150 12 37	150 12 33	
		A	0 02 18	180 02 08	+10	0 02 13			
	2	A	90 03 30	270 03 22	+8	(90 03 24) 90 03 26	0 00 00		
		B	127 45 34	307 45 28	+6	127 45 31	37 42 07		
		C	200 30 24	20 30 18	+6	200 30 21	110 26 57		
		D	240 15 57	60 15 49	+8	240 15 53	150 12 29		
		A	90 03 25	270 03 18	+7	90 03 22			

2)方向观测法的计算方法。

①计算两倍视准轴误差 $2c$ 值：$2c=$ 盘左读数—(盘右读数$\pm180°$)

以 OA 方向为例：

$$2c=0°02'12''-(180°02'00''-180°)=+12''$$

②计算各方向的平均读数：平均读数又称为各方向的方向值。

$$平均读数=\frac{1}{2}\left[左+(右\pm180°)\right]$$

以 OB 方向为例：

$$平均读数=\frac{1}{2}\left[37°44'15''+(217°44'05''-180°)\right]=37°44'10''$$

起始方向有两个平均读数，故应再取其平均值：

$$起始方向平均的平均值=\frac{1}{2}(0°02'06''+0°02'13'')=0°02'10''$$

将起始方向两个平均读数的平均值，写在起始方向平均读数栏内，并加括号。

③计算归零后的方向值。将各方向的平均读数减去起始方向的平均读数(括号内数值)。起始方向归零后的方向值为零。

$$OB \text{ 的零后方向值}=37°44'10''-0°02'10''=37°42'00''$$
$$OC \text{ 的零后方向值}=110°28'58''-0°02'10''=110°26'48''$$
$$OD \text{ 的零后方向值}=150°14'47''-0°02'10''=150°12'37''$$

④计算各测回归零后方向值的平均值。

多测回观测时，同一方向值各测回互差，符合规定，则取各测回归零后方向值的平均值。

各测回归零后方向值的平均值：

$$OB \text{ 方向}=\frac{1}{2}(37°42'00''+37°42'07'')=37°42'04''$$

⑤计算各目标间水平角角值。

(2)竖直角的测量。

1)竖直度盘构造。竖直度盘构造的特点是：当望远镜视线水平，竖盘指标水准管气泡居中时，盘左位置的竖盘读数为 $90°$，盘右位置的竖盘读数为 $270°$。

2)垂直角计算公式。由于竖盘注记形式不同，垂直角计算的公式也不一样。顺时针注记(图 2-2-29)的竖盘垂直角计算的公式：

盘左位置：视线水平时，竖盘读数为 $90°$。当瞄准一目标时，竖盘读数为 L，则盘左垂直角 α_L 为

$$\alpha_L=90°-L \tag{2.2.6}$$

盘右位置：视线水平时，竖盘读数为 $270°$。当瞄准原目标时，竖盘读数为 R，则盘右垂直角 α_R 为

$$\alpha_R=R-270° \tag{2.2.7}$$

一测回垂直角：

$$\alpha = \frac{1}{2}(\alpha_L + \alpha_R) \tag{2.2.8}$$

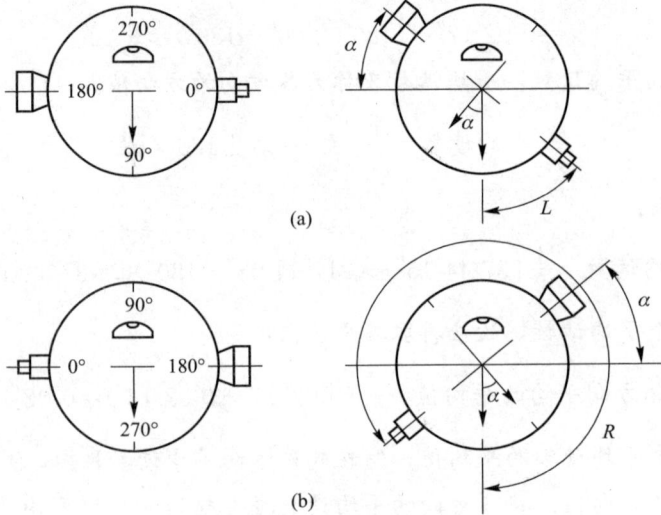

图 2-2-29 竖盘顺时针注记

(a)盘左位置；(b)盘右位置

逆时针注记的竖盘垂直角的计算公式为

$$\left. \begin{aligned} \alpha_L &= L - 90° \\ \alpha_R &= 270° - R \end{aligned} \right\} \tag{2.2.9}$$

一测回垂直角：

$$\alpha = \frac{1}{2}(\alpha_L + \alpha_R) \tag{2.2.10}$$

在观测垂直角之前，将望远镜大致放置水平，观察竖盘读数，首先确定视线水平时的读数，然后上仰望远镜。

若读数增加，则垂直角的计算公式为

$$\alpha = 瞄准目标读数 - 水平读数$$

若读数减少，则垂直角的计算公式为

$$\alpha = 水平读数 - 瞄准目标读数$$

这个规定适合任何竖直度盘注记形式和盘左盘右观测。

3)竖盘指标差。在垂直角计算公式中，认为当视准轴水平、竖盘指标水准管气泡居中时，竖盘读数应是 90°的整数倍。但是实际上这个条件往往不能满足，竖盘指标常常偏离正确位置，这个偏离的差值 x 称为竖盘指标差。竖盘指标差 x 本身有正负号，一般规定当竖盘指标偏移方向与竖盘注记方向一致时，x 取正号，反之 x 取负号。

竖盘指标差的计算公式为

$$x = \frac{1}{2}(\alpha_R - \alpha_L) = \frac{1}{2}(L + R - 360) \tag{2.2.11}$$

在垂直角测量时，用盘左、盘右观测，取平均值作为垂直角的观测结果，可以消除竖盘指标差的影响。

指标差互差的限差，DJ2 型仪器不得超过 $\pm 15''$；DJ6 型仪器不得超过 $\pm 25''$。

4）竖直角的观测。

实例教学

【例 2-2-3】 如图 2-2-30 所示，O 为测站点，欲观测目标 A、B 的竖直角。

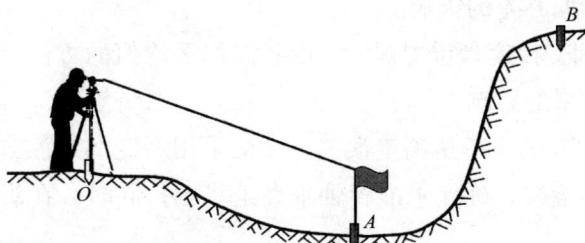

图 2-2-30　竖直角的观测

A 目标的观测步骤如下：

①在测站点 O 安置仪器，在目标点 A 竖立观测标志，确定该仪器垂直角计算公式，设该仪器竖盘为顺时针注记。

②盘左位置：瞄准目标 A，使水准管气泡严格居中，然后读取竖盘读数 L 为 $95°22'00''$。

③盘右位置：重复步骤②，R 读数为 $264°37'48''$。

根据垂直角计算公式计算，得

$$\alpha_L = 90° - L = 90° - 95°22'00'' = -5°22'00''$$

$$\alpha_R = R - 270° = 264°37'48'' - 270° = -5°22'12''$$

竖盘指标差为

$$x = \frac{1}{2}(\alpha_R - \alpha_L) = \frac{1}{2}(-5°22'12'' + 5°22'00'') = -6''$$

那么一测回垂直角为

$$\alpha = \frac{1}{2}(\alpha_L + \alpha_R) = \frac{1}{2}(-5°22'00'' - 5°22'12'') = -5°22'06''$$

观测数据及计算见表 2-2-7。

表 2-2-7　竖直角观测记录手簿

测站	目标	竖盘位置	竖盘读数 /(° ′ ″)	半测回垂直角 /(° ′ ″)	指标差 /(″)	一测回垂直角 /(° ′ ″)	备注
1	2	3	4	5	6	7	8
O	A	盘左	95　22　00	−5　22　00	−6	−5　22　06	
		盘右	264　37　48	−5　22　12			
O	B	盘左	81　12　36	+8　47　24	+5	+8　47　29	
		盘右	278　47　34	+8　47　34			

B 目标的观测步骤与计算和 *A* 目标一致。

5）角度测量误差与注意事项。

①仪器误差。仪器误差是指仪器不能满足设计理论要求而产生的误差。其主要是由仪器制造和加工不完善，以及仪器检校不完善而引起的误差。消除或减弱仪器误差的具体方法如下：

a. 采用盘左、盘右观测取平均值的方法，可以消除视准轴不垂直于水平轴、水平轴不垂直于竖轴和水平度盘偏心差的影响。

b. 采用在各测回间变换度盘位置观测，取各测回平均值的方法，可以减弱由于水平度盘刻画不均匀给测角带来的影响。

c. 仪器竖轴倾斜引起的水平角测量误差，无法采用一定的观测方法来消除。因此，在经纬仪使用之前应严格检校，确保水准管轴垂直于竖轴；同时，在观测过程中，应特别注意仪器的严格整平。

②观测误差。

a. 仪器对中误差。在安置仪器时，由于对中不准确，使仪器中心与测站点不在同一铅垂线上，称为对中误差。

对中误差对水平角的影响有以下特点：

$\Delta\beta$ 与偏心距 e 成正比，e 越大，$\Delta\beta$ 越大；

$\Delta\beta$ 与测站点到目标的距离 D 成反比，距离越短，误差越大；

$\Delta\beta$ 与水平角 β' 和偏心角 θ 的大小有关，当 $\beta'=180°$，$\theta=90°$时，$\Delta\beta$ 最大。

对中误差引起的角度误差不能通过观测方法消除，所以，观测水平角时应仔细对中，当边长较短或两目标与仪器接近在一条直线上时，要特别注意仪器的对中，避免引起较大的误差。一般规定对中误差不超过 3 mm。

b. 目标偏心误差。在水平角观测时，常用测钎、测杆或觇牌等立于目标点上作为观测标志，当观测标志倾斜或没有立在目标点的中心时，将产生目标偏心误差。

目标偏心误差对水平角观测的影响与偏心距 e 成正比，与距离成反比。为了减小目标偏心差，瞄准测杆时，测杆应立直，并尽可能瞄准测杆的底部。当目标较近，又不能瞄准目标的底部时，可采用悬吊垂线或选用专用觇牌作为目标。

c. 整平误差。整平误差是指安置仪器时竖轴不竖直的误差。倾角越大，影响也越大。一般规定在观测过程中，水准管偏离零点不得超过一格。

d. 瞄准误差。瞄准误差主要与人眼的分辨能力和望远镜的放大倍率有关，人眼分辨两点的最小视角一般为 $60''$。设经纬仪望远镜的放大倍率为 v，则用该仪器观测时，其瞄准误差为

$$m_v = \pm\frac{60''}{v}$$

一般 DJ6 型光学经纬仪望远镜的放大倍率 v 为 25～30 倍，因此，瞄准误差 m_v 一般为

2.0″~2.4″。另外，瞄准误差与目标的大小、形状、颜色和大气的透明度等也有关。因此，在观测中应尽量消除视差，选择适宜的照准标志，熟练操作仪器，掌握瞄准方法，并仔细瞄准以减小误差。

e. 读数误差。读数误差主要取决于仪器的读数设备，同时也与照明情况和观测者的经验有关。对于 DJ6 型光学经纬仪，用分微尺测微器读数，一般估读误差不超过分微尺最小分划的 1/10，即不超过±6″；对于 DJ2 型光学经纬仪一般不超过±1″。如果反光镜进光情况不佳、读数显微镜调焦不好，以及观测者的操作不熟练，则估读的误差可能会超过上述数值。因此，读数时必须仔细调节读数显微镜，使度盘与测微尺影像清晰，也要仔细调整反光镜，使影像亮度适中，然后仔细读数。使用测微轮时，一定要使度盘分划线位于双指标线的正中央。

③外界条件的影响。外界条件的影响很多，如大风、松软的土质会影响仪器的稳定，地面的辐射热会引起物象的跳动，观测时大气透明度和光线的不足会影响瞄准精度，温度变化影响仪器的正常状态等，这些因素都会直接影响测角的精度。因此，要选择有利的观测时间和避开不利的观测条件，使这些外界条件的影响降低到较小的程度。

2. 距离测量

全站仪距离测量是利用光电测距的原理，见本项目任务 1 中相关内容。利用全站仪进行距离测量，要进行必要的参数设置。

(1)大气改正的设置。设置大气改正时，须量取温度和气压，由此即可求得大气改正值。

光在空气中传播的速度并非常数，而是随大气的温度和压力而改变。仪器一旦设置了大气改正值即可自动对观测结果实施大气改正。当温度为 20 ℃/68 ℉时，气压值为 1 013.25 hPa/760 mmHg/29.9 inHg①，即使仪器关机，大气改正值仍会被保存。

大气改正的计算方式如下(计算单位：m)：

$$ppm = 273.8 - \frac{0.290\,0 \times 气值(hPa)}{1 + 0.003\,66 \times 度值(℃)}$$

若使用的气压单位是 mmHg 时，按 1 hPa=0.75 mmHg 进行换算。

不顾及大气改正时，将 ppm 值设为零，如南方 NTS 系列全站仪标准气象条件(即仪器气象改正值为 0 时的气象条件)：

气压：1 013 hPa；

温度：20 ℃。

(2)棱镜常数的设置。南方的棱镜常数为−30，因此，棱镜常数应设置为−30。如果使用的是另外厂家的棱镜，则应预先设置相应的棱镜常数。

(3)距离测量模式的选择。测量前根据测量需求选择距离测量模式，全站仪距离测量模式如下：

F：精测模式　　　　　　T：跟踪模式　　　　　　R：连续(重复)测量模式

---

① 1 inHg=25.4 mmHg。

S：单次测量模式　　　　　N：N次测量模式

3. 坐标测量

在进行坐标测量时，通过输入仪器高和棱镜高，即可直接测定未知点的相对坐标。

(1)设置测站点坐标。在坐标测量模式界面，设置好测站点(仪器位置)相对于原点的坐标，关机后(若参数设置中"坐标记忆"设置为"开")测站点坐标仍可恢复。

(2)设置仪器高/棱镜高。坐标测量须输入仪器高与棱镜高，以便直接测定未知点坐标。

(3)坐标测量的操作。在进行坐标测量时，通过输入测站坐标、仪器高和棱镜高，即可直接测定未知点的坐标。

未知点坐标的计算和显示过程如下：

测站点坐标：$(N0, E0, Z0)$

仪器中心至棱镜中心的坐标差：(n, e, z)

未知点坐标：$(N1, E1, Z1)$

$N1 = N0 + n$

$E1 = E0 + e$

$Z1 = Z0 + 仪器高 + z - 棱镜高$

全站仪还可以通过测站设置和后视设置来测量未知点的三维绝对坐标，因此，当需要做绝对坐标的简单测量时，可以通过在坐标测量模式中设置后视点来测量目标点的三维绝对坐标。可以通过以下3种方式来设置后视：

1)直接输入坐标数据(NE)。

2)调用内存里的坐标数据点。

3)直接输入方位角(AZ)。

注意：当后视点设置完毕后，一般需要对后视点进行定测，确认仪器定向无误。

4. 全站仪在工程中的应用

在工程中，全站仪应用广泛。例如，在工程项目规划设计阶段，利用全站仪进行地形图测绘工作(根据地形图计算土方量、坡度、建筑物位置确定等)；在工程项目建设施工阶段，进行各种坐标放样工作(基坑位置、工程桩位、轴线传递等)；同时为了保证施工安全，还需要进行各种安全监测工作(变形监测)。对于全站仪在工程中应用的具体操作，本书不作详细介绍。

项目 3　GPS 的使用

能力目标

1. 知道 GPS 系统的工作原理。

2. 知道 GPS 在工程建设中应用的具体方法及注意事项。

任务 1 GPS 系统

1. GPS 的概念

GPS 是英文 Global Positioning System(全球定位系统)的简称。GPS 是由美国国防部研制建立的一种具有全方位、全天候、全时段、高精度的卫星导航系统，能为全球用户提供低成本、高精度的三维位置、速度和精确定时等导航信息，是卫星通信技术在导航领域的应用典范。它极大地提高了地球社会的信息化水平，有力地推动了数字经济的发展。

GPS 系统主要由空间卫星群和地面控制系统两大部分组成。其中，地面控制系统包括 1 个主控站、3 个注入站和 5 个监测站，这 3 个方面的作用各不相同。注入站的作用在于将主控站所计算的数据导入卫星。监测站的作用是接收卫星信号，监测卫星工作状态。主控站的作用是根据各监测站对 GPS 的观测数据计算卫星的星历和卫星钟的改正参数等，并将这些数据通过注入站注入卫星。

2. GPS 工作原理

GPS 实施的是"到达时间差(时延)"技术：利用每一颗 GPS 卫星的精确位置和连续发送的星上原子钟生成的导航信息获得从卫星至接收机的到达时间差。

GPS 卫星在空中连续发送带有时间和位置信息的无线电信号，供 GPS 接收机接收。由于传输的距离因素，接收机接收到信号的时刻要比卫星发送信号的时刻延迟，通常称为时延，因此，也可以通过时延来确定距离。卫星和接收机同时产生同样的伪随机码，一旦两个码实现时间同步，接收机便能测定时延；将时延乘以光速，便能得到距离。图 2-3-1 中显示了 GPS 系统的时延原理。

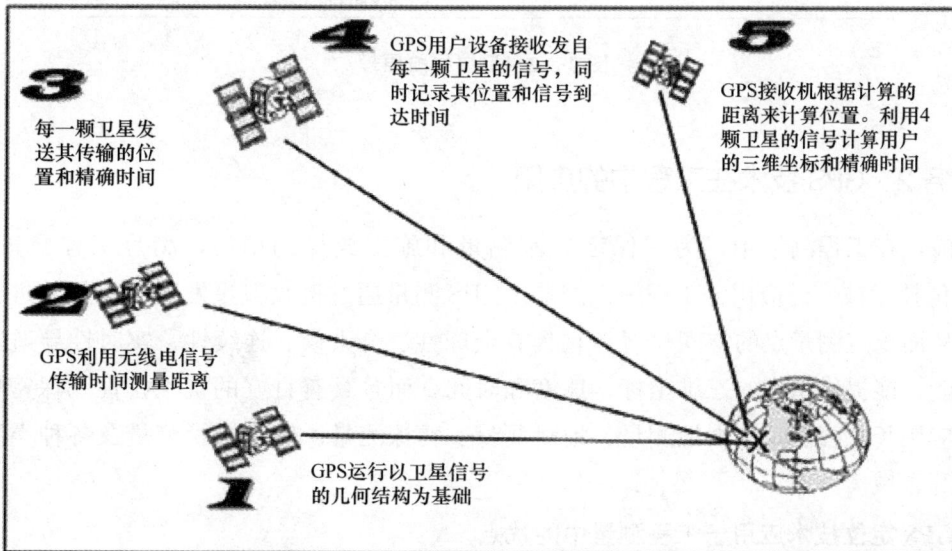

3 每一颗卫星发送其传输的位置和精确时间

4 GPS用户设备接收发自每一颗卫星的信号，同时记录其位置和信号到达时间

5 GPS接收机根据计算的距离来计算位置。利用4颗卫星的信号计算用户的三维坐标和精确时间

2 GPS利用无线电信号传输时间测量距离

1 GPS运行以卫星信号的几何结构为基础

图 2-3-1 GPS 系统的时间到达差原理

每颗 GPS 卫星上的计算机和导航信息发生器非常精确地了解其轨道位置和系统时间，而全球监测站网则保持连续跟踪卫星的轨道位置和系统时间。位于科罗拉多州施里弗 (Schriever) 空军基地内的主控站与其运控段一起，至少每天对每颗 GPS 卫星注入一次校正数据。注入数据包括星座中每颗卫星的轨道位置测定和星上时钟的校正，这些校正数据是在复杂模型的基础上计算得出的，可在几个星期内保持有效。

GPS 系统时间是由每颗卫星上原子钟的铯和铷原子频标来保持的。这些星钟一般来讲可以精确到世界协调时 (UTC) 的几纳秒以内。UTC 是由海军观象台的"主钟"保持的，每台主钟的稳定性为若干个 10^{-13} s。GPS 卫星早期采用两部铯频标和两部铷频标，后来逐步改变为更多地采用铷频标。通常，在任一指定时间内，每颗卫星上只有一台频标在工作。

卫星导航原理：卫星至用户间的距离测量是基于卫星信号的发射时间与到达接收机的时间之差，称为伪距。为了计算用户的三维位置和接收机时钟偏差，伪距测量要求至少接收来自 4 颗卫星的信号。卫星导航原理如图 2-3-2 所示。

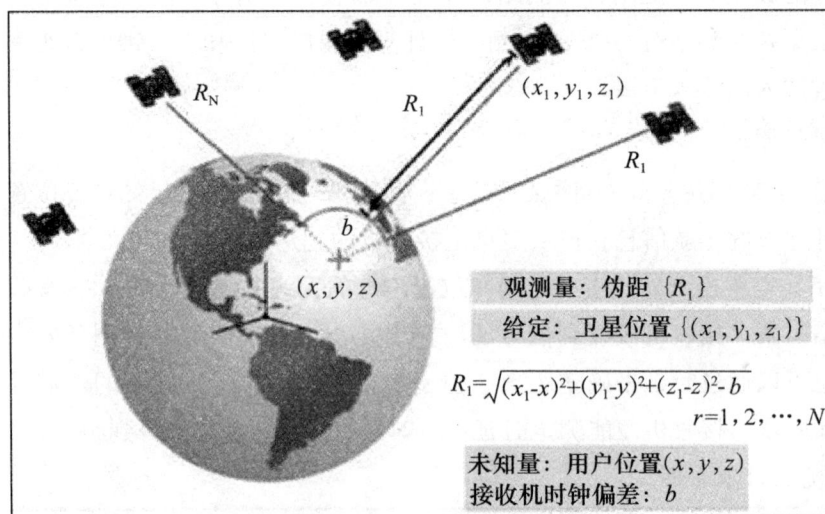

图 2-3-2　卫星导航原理

任务 2　GPS 技术在工程中的应用

目前，在工程测量中，为了保证控制测量和施工放样的精度，满足工程质量要求，GPS 定位技术被广泛应用于工程施工测量。GPS 测量通过接收卫星发射的信号并进行数据处理，从而求定测量点的空间位置。它具有全球性、全天候、连续性、实时性导航定位和定时功能，能提供精密的三维坐标、速度和时间，而且具有良好的抗干扰性和保密性，现已成功应用于工程测量、大地测量、地籍测量、物探测量、航空摄影测量及各种类型的变形监测等领域。

1. GPS 定位技术应用于工程测量中的优点

相对于常规的测量方法来讲，GPS 定位技术应用于工程测量中有以下优点：

(1)观测不需要通视，测量时选点灵活。不需要建立觇标，这样可以大大减少测量观测时间和经费。GPS技术测设方格网，比常规方法适应性更强，并且作业不受环境和距离的限制，非常适合地形条件困难地区、局部重点工程地区等。

(2)定位精度高，误差分布均匀。GPS测量中，在精确测定观测站平面位置的同时，可以精确测定观测站的大地高程。一般双频接收机基线解精度为5 mm+1 ppm，红外仪标称精度为5 mm+5 ppm。实践证明，在小于50 km的基线上，其相对定位精度可达12×10^{-6}，而在100~500 km的基线上可达$10^{-6} \sim 10^{-7}$，不但能够满足规范要求，而且具有较大的精度储备。

(3)观测时间短。GPS方法布设大地控制网，因其图形强度系数高，能够有效地提高点位趋近速度。采用布设控制网时每个测站上的观测时间一般为1~2 h，其观测时间只需1~2 min。

(4)抗干扰能力强，保密性好，可以实现全天候连续测量定位。GPS定位技术性能稳定，可在任何地点进行全天候工作，一般不受天气状况的影响，大大方便了测量作业。

(5)自动化程度高，操作简便。GPS定位系统具有自动记录数据、自动平差计算、跟踪观测等功能，操作简单，提高了工作效率。

(6)采用GPS—RTK测量法与常规测量法相比，效率可提高一倍以上，并能大幅度降低作业人员的劳动强度。

2. 工程测量中应用GPS定位技术的基本原理

GPS定位系统主要由空间卫星星座、地面监控站及用户设备3部分构成。

(1)空间卫星星座由24颗卫星均匀分布在6个轨道平面内，GPS卫星用L波段的两个无线电载波向使用者连续不断地发送导航定位信号，信号中含有卫星的位置坐标信息，使卫星成为一个动态的已知点。在地球的任何地点、任何时刻，在高度角15°以上，平均可同时观测到6颗卫星，最多可达9颗。

(2)地面监控站主要由分布在全球的1个主控站、3个注入站和5个监测站组成。主控站收集各监测站的观测数据，计算各卫星的轨道参数、钟差参数等，并将这些数据传送到注入站，再由注入站将主控站发来的导航信息数据注入相应卫星的存储器。

(3)用户设备由GPS接收机、数据处理软件及终端设备(如计算机)等组成。GPS接收机接收待测卫星的信号，对信号进行一系列的处理，再通过相应软件计算待测点的三维坐标。

GPS系统采用了距离交会法，根据已知的卫星瞬时坐标$(x_0、y_0、z_0)$，确定用户天线所对应观测点的位置。设接收机天线的相位中心坐标为(x, y, z)，则GPS卫星和用户接收天线之间的几何距离为

$$\rho = \sqrt{(x-x_o)^2 + (y-y_o)^2 + (z-z_o)^2} \tag{2.3.1}$$

式(2.3.1)中有x、y、z三个未知量，只要同时接收3颗GPS卫星，就能解出测站点坐标(x, y, z)。如前所述，由于用户可以平均同时观测到6颗卫星，所以可以经基线解

算、网平差，求出 GPS 接收机中心(测站点)的三维坐标。

3. GPS 定位技术在工程施工中应用的具体方法

(1)准备工作。

1)对待测区进行勘察，并收集相关资料。主要调查当地控制点的分布情况、交通情况、水文分布情况、植被情况，以及当地的风俗民情等。相关资料包括待测区的地形图，各类控制点成果及与之有关的地质、交通、气象、通信等方面的资料。

2)拟订观测计划。观测计划的主要内容如下：

①设计精度：例如，要求平均边长小于 1 km，最弱边相对误差小于 1/10 000，GPS 接收机标称精度的固定误差 $a \leqslant 15$ mm，比例误差系数 $b \leqslant 20 \times 10^{-6}$。

②编制 GPS 卫星的可见性预报图，选择卫星的几何图形强度。

③选择最佳的观测时段。根据卫星可见预报和天气预报选择最佳观测时段，卫星的几何分布越好，定位精度就越高。

④观测区域的设计与划分。设计基准和控制网，一般采用 3 台 GPS 接收机进行观测，网形布设成边连式。

⑤设计 GPS 网与地面的联测方案。尤其对信号接收不好的待测区，应做好联测方案的设计，以保证其精度。

⑥编排作业调度表，以保证测量任务按时完成。

3)选择接收机型号并检验。一般小于 20 km 点位情况良好，宜采用单频接收机；反之，选用双频接收机。接收机性能的检验主要有一般检验，主要检查接收机各部件及其附件是否完好、使用手册等相关资料是否齐全等；通电检验，主要是检验接收机通电后有关信号灯、按键、显示系统和仪表的工作情况；实测检验，主要检验方法为标准基线检验、已知坐标边长检验、零基线检验、相位中心偏移量检验。

(2)外业测量工作。

1)合理选点。GPS 观测点的选取虽然比较灵活，但也要遵循 GPS 测量的一些原则。

①每点最好能与其中某一点通视。

②应选择在上空开阔、视场内周围障碍物的高度角小于 15°，以免信号被遮挡或吸收，影响观测质量。

③要远离大功率无线电发射源和高压电线等，其距离应大于 200 m，以避免电磁场对信号的干扰。

④避免大面积水域对电磁波反射和吸收。

⑤选择交通方便的地方，以利于与其他观测手段联测。

2)埋设标志。GPS 网点应埋设具有标志的标石，以精确标志点位，点的埋设必须坚固以利于长久保存与利用，并做好记录。

3)外业观测。外业观测工作主要包括安装天线、观测作业和观测记录等。天线利用三脚架安置，天线底板上的圆水准器气泡必须居中，天线的定向标志应指北，3 次测量互差小于 3 mm 取平均值。观测作业就是获取所需的定位信息和观测数据。观测记录由 GPS 接收机自动进行，观测者应做好记录。在测量的过程中，应严格限制高频及对讲机等无线电波的使用，避免环境对信号的干扰；从而提高 GPS 本身的定位精度。

4. GPS 定位技术应用于工程测量中的缺点及相关处理措施

GPS 定位技术应用于工程测量也存在不足之处，主要缺点和相关处理措施如下：

(1)GPS 测量系统中信号传播受环境的影响，计算时会引入一定的误差。因此，选待测点时一定要保证点位上空视角范围内应尽量避免有障碍物，向上角度≥15°；远离大功率无线电发射源和远离高压输电线路；避开大面积的水域。

(2)在市政工程测量中，GPS 测量常出现接收不到信号，或一直处于浮动状态，出现假固定或不能固定。因此，GPS 在市政工程测量时，为保证工程测量控制点精度满足要求，应进一步使用常规仪器进行水准联测。

(3)不同型号 GPS 工程测量成果之间存在差异。因此，GPS 网在进行平差计算时应注意：归算至大地水准面上；归算到高斯投影面上。

(4)GPS 定位技术尚没有统一规范。因此，相关部门应进一步完善规范标准，统一地理信息标准。

5. GPS 定位技术在工程施工测量中的误差分析及改进措施

(1)空间卫星误差。空间卫星误差主要有卫星星历误差、卫星钟的误差、卫星轨道误差和卫星设备延迟误差。其中卫星轨道误差是主要误差来源之一。改进措施如下：

1)忽略轨道误差：此方法不考虑卫星轨道实际存在的误差，用于精度较低的工程测量。

2)模型改正法：利用模型计算出误差影响的大小，直接对观测值进行修正。适用对误差的特性、机制及产生原因有较深刻了解，能建立理论或经验公式的情况。

3)引进改正参数法：此方法是在处理数据时引进轨道改进参数，采用参数估计的方法，将系统性偏差求定出来，一般情况都适用。

4)同步求差法：通过观测值之间一定方式的相互求差，消去或消弱求差观测值中所包含的相同或相似的误差影响，适用误差具有较强的空间、时间或其他类型的相关性。

5)合理选择软硬件及测量地点和方法。

(2)空间传播误差。空间传播误差主要有电离层传播延迟、对流层折射误差、多路径效应误差等。其中多路径效应误差的影响可达到厘米级，是不容忽视的。改进措施如下：

1)避开较强的反射面，如水面、平坦光滑的地面及平整的建筑物表面等。

2)选择良好的接收机，减少干扰，提高精度。

(3)施工操作误差。在施工中，存在作业人员配合不默契及测量时操作程序不规范等人为因素，对工程测量产生一定误差。改进措施如下：

1)加强操作人员的技术培养。

2)规范相应的管理制度。

一、选择题

1. 绝对高程的起算面是（　　）。

A. 水平面　　　　　　　B. 大地水准面　　　　　C. 假定水准面

2. 某段距离的平均值为 100 mm，其往返距离之差为＋20 mm，则相对误差为（　　）。

A. 0.02/100　　　　　　B. 0.002　　　　　　　　C. 1/5 000

3. 在距离丈量中衡量精度的方法是用（　　）。

A. 往返较差　　　　　　B. 相对误差　　　　　　C. 闭合差

4. 在水准测量中转点的作用是传递（　　）。

A. 方向　　　　　　　　B. 高程　　　　　　　　C. 距离

5. 高差闭合差的分配原则为（　　）成正比例进行分配。

A. 与测站数　　　　　　B. 与高差的大小　　　　C. 与距离或测站数

6. 附和水准路线高差闭合差的计算公式为（　　）。

A. $f_h = |h_{往}| - |h_{返}|$　　B. $f_h = \Sigma_h$　　C. $f_h = \Sigma_h - (H_{终} - H_{始})$

7. 水准测量中，同一测站，当后尺读数大于前尺读数时，说明后尺点（　　）。

A. 高于前尺点　　　　　B. 低于前尺点　　　　　C. 高于侧站点

8. 水准测量中要求前后视距离相等，其目的是消除（　　）的误差影响。

A. 水准管轴不平行于视准轴

B. 圆水准轴不平行于仪器竖轴

C. 十字丝横丝不水平

9. 采用盘左、盘右的水平角观测方法，可以消除（　　）误差。

A. 对中　　　　　　　　B. 十字丝的竖丝不铅垂　　C. 2c

10. 用测回法观测水平角，若右方目标的方向值 $\alpha_右$ 小于左方目标的方向值 $\alpha_左$，则水平角 β 的计算方法是（　　）。

A. $\beta = \alpha_左 - \alpha_右$　　B. $\beta = \alpha_右 - 180° - \alpha_左$　　C. $\beta = \alpha_右 + 360° - \alpha_左$

11. 经纬仪的竖盘按顺时针方向注记，当视线水平，盘左竖盘读数为 90°时用该仪器观测一高处目标，盘左读数为 75°10′24″，则此目标的竖角为（　　）。

A. 57°10′24″　　　　　B. −14°49′36″　　　　　C. 14°49′36″

12. 下面是 3 个小组丈量距离的结果，只有（　　）组测量的相对误差不低于 1/5 000。

A. 100 m±0.025 m　　B. 200 m±0.040 m　　C. 150 m±0.035 m

13. 在全圆测回法中，同一测回不同方向之间的 2c 值为 −18″、＋2″、0＋10″，其 2c 互差应为（　　）。

A. 28″　　　　　　　　B. −18″　　　　　　　　C. 1.5″

14. 在测量内业计算中，其闭合差按反号分配的有(　　)。
     A. 高差闭合差 　　　B. 闭合导线角度闭合差 　　C. 附合导线角度闭合差
     D. 坐标增量闭合差 　E. 导线全长闭合差中
15. 四等水准测量一测站的作业限差有(　　)。
     A. 前、后视距差 　　　B. 高差闭合差 　　　　　C. 红、黑面读数差
     D. 红、黑面高差之差 　E. 视准轴不平行水准管轴的误差
16. 全站仪由(　　)组成。
     A. 光电测距仪 　　　　B. 电子经纬仪 　　　　　C. 微处理器
     D. 高精度的光学经纬仪 E. 存储器
17. 全站仪除能自动测距、测角外，还能快速完成一个测站所需完成的工作，包括(　　)。
     A. 计算平距、高差 　　　　　　　　　　　B. 计算三维坐标
     C. 按水平角和距离进行放样测量 　　　　　D. 按坐标进行放样
     E. 将任一方向的水平角置为 $0°00'00''$

二、填空题

1. 地面点到_____铅垂距离称为该点的相对高程。
2. 一测站的高差 h_{AB} 为负值时，表示_____高、_____低。
3. 微倾式水准仪由_____、_____、_____ 3 部分组成。
4. 用水准仪望远镜筒上的准星和照门照准水准尺后，在目镜中看到图像不清晰，应该_____螺旋，若十字丝不清晰，应旋转_____螺旋。
5. 水准测量的测站校核，一般用_____法或_____法。
6. 从 A 到 B 进行往返水准测量，其高差为：往测 3.625 m，返测 -3.631 m，则 A、B 之间的高差_____。
7. A 点在大地水准面上，B 点在高于大地水准面 100 m 的水准面上，则 A 点的绝对高程是_____，B 点的绝对高程是_____。
8. 经纬仪由_____、_____、_____ 3 部分组成。
9. 经纬仪安置过程中，整平的目的是使_____，对中的目的是使仪器_____与_____点位于同一铅垂线上。
10. 用盘左盘右的测回法测定某目标的竖直角，可消除_____误差的影响。
11. 竖直角就是在同一竖直面内，_____与_____之夹角。
12. 竖直角有正、负之分，仰角为_____，俯角为_____。
13. 一对双面水准尺的红面、黑面的零点差应为_____、_____。
14. 在方向观测法中，2c 互差是_____，各方向之间是_____。
15. 用测回法观测水平角，可以消除仪器误差中的_____、_____、_____。

三、问答题与计算题

1. 什么是绝对高程、相对高程、高差?

2. 什么是直线定线?

3. 绘图说明水准测量的基本原理。

4. 水平角观测时应注意哪些事项?

5. 对中和整平的目的是什么?试述仅有一个水准管的经纬仪的整平操作方法。

6. 用钢尺丈量一条直线,往测丈量的长度为 217.30 m,返测丈量的长度为 217.38 m,今规定其相对误差不应大于 1/2 000,试问:

(1)此测量成果是否满足精度要求?

(2)按此规定,若丈量 100 m,则往返丈量最大可允许相差多少毫米?

7. 如图 1 所示,在水准点 BM_1 至 BM_2 之间进行水准测量,试在水准测量记录表(表 1)中进行记录与计算,并做计算校核(已知 $BM_1 = 138.952$ m,$BM_2 = 142.110$ m)。

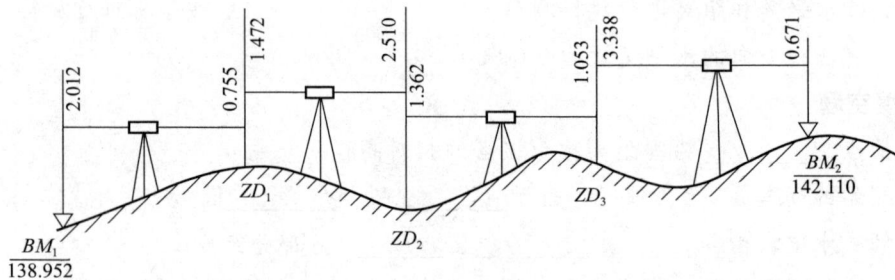

图 1　题 7 图

表 1　水准测量记录表

测点	后视读数/m	前视读数/m	高差/m		高程/m
Σ					

8. 在水准点 BM_A 和 BM_B 之间进行水准测量，所测得的各测段的高差和水准路线长如图 2 所示。已知 BM_A 的高程为 5.612 m，BM_B 的高程为 5.400 m。试将有关数据填在水准测量高差调整表（表 2）中，最后计算水准点 1 和 2 的高程。

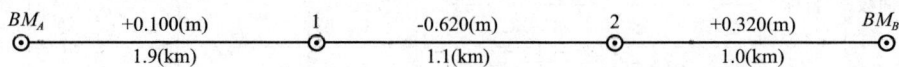

图 2　题 8 图

表 2　水准测量高程调整表

点号	路线长/km	实测高差	改正数	改正后高差	高程/m	
BM_A					5.612	
1						
2						
BM_B					5.400	
$\sum$						
$H_B-H_A=$						
$f_H=$		$f_{H允}=$				

9. 某台经纬仪的竖盘构造：盘左位置当望远镜水平时，指标指在 90°，竖盘逆时针注记，物镜端为 0°。用这台经纬仪对一高目标 P 进行观测，测得其盘右的读数为 263°18′25″，试确定盘右的竖直角计算公式，并求出其盘右时的竖直角。

10. 在 B 点上安置经纬仪观测 A 和 C 两个方向，盘左位置先照准 A 点，后照准 C 点，水平度盘的读数为 6°23′30″和 95°48′00″；盘右位置照准 C 点，后照准 A 点，水平度盘读数分别为 275°48′18″和 186°23′18″，试记录在测回法测角记录表（表 3）中，并计算该测回角值。

表 3　测回法测角记录表

测站	盘位	目标	水平度盘读数 /(° ′ ″)	半测回角值 /(° ′ ″)	一测回角值 /(° ′ ″)	备注

11. 在方向观测法的记录表(表 4)中完成其记录的计算工作。

表 4　方向观测法记录表

测站	测回数	目标	水平度盘读数		2c/(″)	方向值 /(° ′ ″)	归零方向值 /(° ′ ″)	角值 /(° ′ ″)
			盘左/(° ′ ″)	盘右/(° ′ ″)				
M	1	A	00　01　06	180 01 24	−18	(00 01 15) 00 01 15	0 00 00	
		B	69　20　30	249 20 24	+6	69 20 27	69 19 12	69 19 12
		C	124　51　24	304 51 30	−6	124 51 27	124 50 12	55 31 00
		A	00　01　12	180 01 18	−6	00 01 15	0 00 00	

单元 3　施工控制测量

学会测图控制网和施工控制网的建立方法；学会平面控制测量和高程控制测量的施测及数据处理。

学习内容

测图控制网和高程控制网的布设形式；导线的外业工作和内业计算；交会测量；施工平面控制网和高程控制网的布设形式和布设方法。

控制网是指在测区范围内选择若干有控制意义的点（称为控制点），按一定的规律和要求构成网状几何图形。

控制网可分为平面控制网和高程控制网。在勘测设计阶段所建立的测图控制网，由于它是为测图而建立的，未考虑施工的要求，因此，控制点的分布、密度和精度都难以满足施工测量要求。为了满足施工放样的要求，一般以测图控制点为定向条件建立施工控制网。施工控制网的布设应作为整个施工设计的一部分，布网时，必须考虑施工程序、方法，以及施工场地的布置情况。施工控制网的设计点位标在施工设计的总平面图上。

施工控制网也可分为平面控制网和高程控制网两种。平面控制网通常采用三角网（山区或条件复杂地区）、导线、建筑基线或建筑方格网（大范围平坦地区），要根据具体情况选用；高程控制网则采用水准测量。与勘测设计阶段的测图控制网相比，施工控制网具有以下特点：

（1）控制范围小，控制点的密度大，精度要求较高。

（2）受施工干扰较大。

（3）布网等级宜采用两级布设。

项目 1　预备知识

能力目标

1. 知道各等级测图平面控制网和高程控制网的布设形式及要求。

2. 能够根据工程情况布设不同形式的导线，并利用全站仪进行导线的外业观测和内业数据处理。

3. 知道高程控制测量的方法。

4. 能够根据工程实地情况采用合适的测量工具进行交会测量。

任务1 了解测图控制网

测定控制点位置的工作，称为控制测量。测定控制点平面位置(x, y)的工作，称为平面控制测量；测定控制点高程(H)的工作，称为高程控制测量。

测图控制网有国家控制网、城市控制网和小地区控制网等。

1. 国家控制网

在全国范围内建立的控制网，称为国家控制网。它是全国各种比例尺测图的基本控制，并为确定地球形状和大小提供了研究资料。

国家平面控制网主要布设成三角网，采用三角测量的方法，如图3-1-1所示。

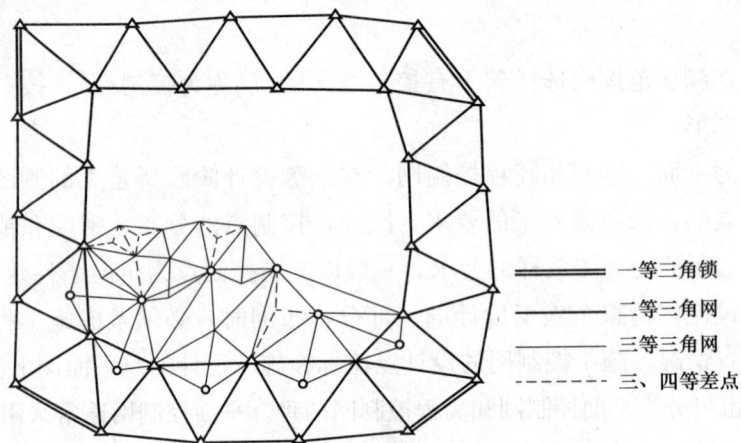

图 3-1-1　国家三角网

国家高程控制网布设成水准网，采用精密水准测量的方法，如图3-1-2所示。

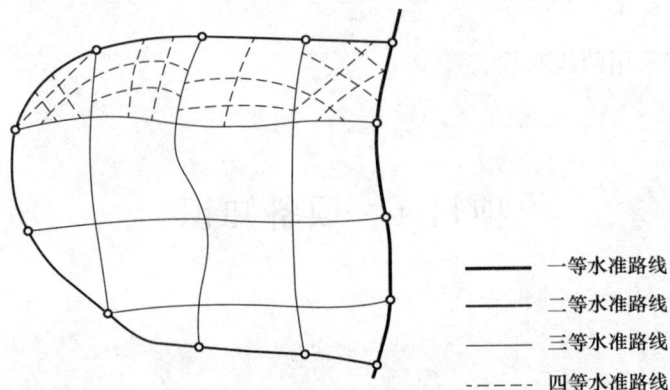

图 3-1-2　国家水准网

2. 城市控制网

在城市地区，为测绘大比例尺地形图、进行市政工程和建筑工程放样，在国家控制网的控制下建立的控制网，称为城市控制网。

城市平面控制网一般布设为导线网。城市高程控制网一般布设为二、三、四等水准网。

直接供地形测图使用的控制点，称为图根控制点，简称图根点。测定图根点位置的工作，称为图根控制测量。图根控制点的密度（包括高级控制点），取决于测图比例尺和地形的复杂程度。平坦开阔地区图根点的密度一般不低于表 3-1-1 的规定。

表 3-1-1　图根点密度要求

测图比例尺	1∶500	1∶1 000	1∶2 000	1∶5 000
图根点密度/(点·km^{-2})	150	50	15	5

地形复杂地区、城市建筑密集区和山区，可适当加大图根点的密度。

3. 小地区控制网

在面积小于 15 km^2 范围内建立的控制网，称为小地区控制网。建立小地区控制网时，应尽量与国家（或城市）的高级控制网连测，将高级控制点的坐标和高程，作为小地区控制网的起算和校核数据。如果不便连测，则可以建立独立控制网。

小地区平面控制网，应根据测区面积的大小按精度要求分级建立。在全测区范围内建立的精度最高的控制网，称为首级控制网；直接为测图而建立的控制网，称为图根控制网。首级控制网和图根控制网的关系见表 3-1-2。

表 3-1-2　首级控制网和图根控制网的关系

测区面积/km^2	首级控制网	图根控制网
1～10	一级小三角 或一级导线	两级图根
0.5～2	二级小三角 或二级导线	两级图根
0.5 以下	图根控制	—

小地区高程控制网，也应根据测区面积大小和工程要求采用分级的方法建立。先在全测区范围内建立三、四等水准路线和水准网，再以三、四等水准点为基础，测定图根点的高程。

任务2　导线测量的外业工作

将测区内相邻控制点用直线连接而构成的折线图形，称为导线，如图 3-1-3 所示。构成导线的控制点，称为导线点。

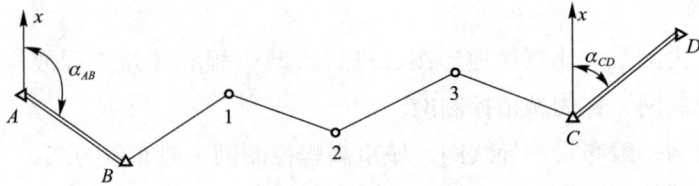

图 3-1-3　导线构成

导线测量就是依次测定各导线边的长度和各转折角值，再根据起算数据，推算出各边的坐标方位角，从而求出各导线点的坐标。

用经纬仪测量转折角，用钢尺测定导线边长的导线，称为经纬仪导线；若用光电测距仪测定导线边长，则称为光电测距导线。

1. 导线的布设形式

在工程中，导线常布设成闭合导线、附合导线和支导线 3 种形式

(1)闭合导线。从已知控制点 B 和已知方向 BA 出发，经过 1、2、3、4，最后仍回到起点 B，形成一个闭合多边形，这样的导线称为闭合导线，如图 3-1-4 所示。

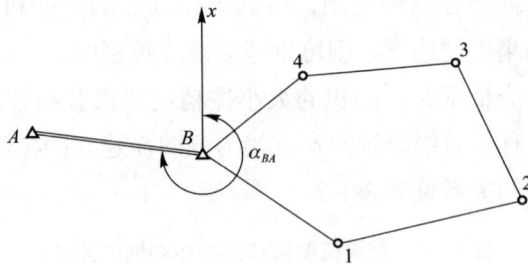

图 3-1-4　闭合导线

闭合导线本身存在着严密的几何条件，具有检核作用。

(2)附合导线。从已知控制点 B 和已知方向 BA 出发，经过 1、2、3 点，最后附合到另一已知点 C 和已知方向 CD 上，这样的导线称为附合导线，如图 3-1-5 所示。

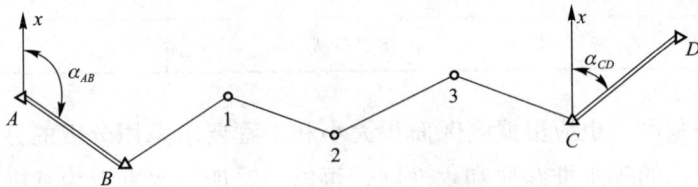

图 3-1-5　附合导线

这种布设形式，具有检核观测成果的作用。

(3)支导线。由一已知点 B 和已知方向 BA 出发，既不附合到另一已知点，又不回到原起始点的导线，称为支导线，如图 3-1-6 所示。

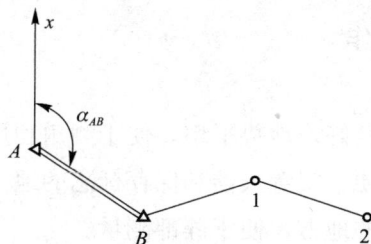

图 3-1-6　支导线

支导线不具备检核条件，因此工程中常要求支导线的点数不能超过 3 个。

2. 导线测量的等级与技术要求

表 3-1-3 和表 3-1-4 分别为经纬仪导线和光电测距导线的主要技术要求。

表 3-1-3　经纬仪导线的主要技术要求

等级	测图比例尺	附合导线长度/m	平均边长/m	往返丈量差相对误差	测角中误差/(″)	导线全长相对闭合差	测回数 DJ2	测回数 DJ6	方位角闭合差/(″)
一级		2 500	250	≤1/20 000	≤±5	≤1/10 000	2	4	≤±10″$\sqrt{n}$
二级		1 800	180	≤1/15 000	≤±8	≤1/7 000	1	3	≤±16″$\sqrt{n}$
三级		1 200	120	≤1/10 000	≤±12	≤1/5 000	1	2	≤±24″$\sqrt{n}$
图根	1:500	500	75			≤1/2 000		1	≤±60″$\sqrt{n}$
图根	1:1 000	1 000	110			≤1/2 000		1	≤±60″$\sqrt{n}$
图根	1:2 000	2 000	180			≤1/2 000		1	≤±60″$\sqrt{n}$

注：n 为测站数。

表 3-1-4　光电测距导线的主要技术要求

等级	测图比例尺	附合导线长度/m	平均边长/m	测距中误差/mm	测角中误差/(″)	导线全长相对闭合差	测回数 DJ2	测回数 DJ6	方位角闭合差/(″)
一级		3 600	300	≤±15	≤±5	≤1/14 000	2	4	≤±10″$\sqrt{n}$
二级		2 400	200	≤±15	≤±8	≤1/10 000	1	3	≤±16″$\sqrt{n}$
三级		1 500	120	≤±15	≤±12	≤1/60 000	1	2	≤±24″$\sqrt{n}$
图根	1:500	900	80			≤1/4 000		1	≤±40$\sqrt{n}$
图根	1:1 000	1 800	150			≤1/4 000		1	≤±40$\sqrt{n}$
图根	1:2 000	3 000	250			≤1/4 000		1	≤±40$\sqrt{n}$

注：n 为测站数。

3. 图根导线测量的外业工作

(1)踏勘选点。

1)相邻点之间应相互通视良好，地势平坦，便于测角和量距。

2)点位应选在土质坚实、便于安置仪器和保存标志的地方。

3)导线点应选在视野开阔的地方，便于碎部测量。

4)导线边长应大致相等，其平均边长应符合技术要求。

5)导线点应有足够的密度，分布均匀，便于控制整个测区。

(2)建立标志。标志可分为临时性标志和永久性标志，如图 3-1-7 和图 3-1-8 所示。

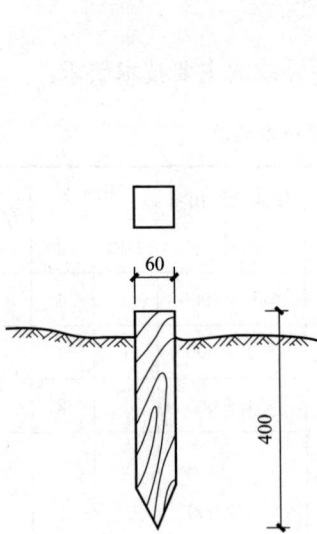

图 3-1-7　临时性标志　　　　　　图 3-1-8　永久性标志

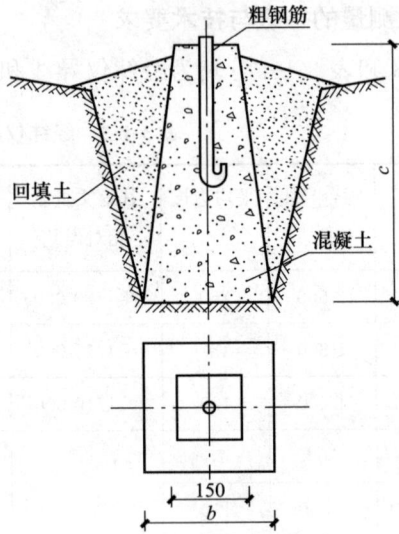

(3)导线点应统一编号。为了便于寻找，应测量出导线点与附近明显地物的距离，并绘制出草图，注明尺寸，该图称为点之记，如图 3-1-9 所示。

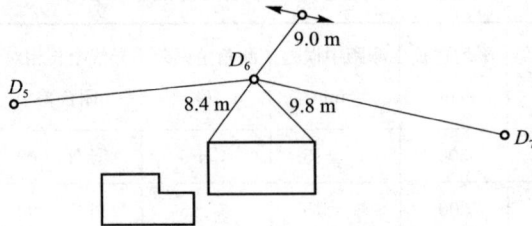

图 3-1-9　点之记

4. 导线边长测量

导线边长可用钢尺直接测量，或用光电测距仪直接测定。

5. 转折角测量

导线转折角的测量一般采用测回法观测。

图根导线，一般采用 DJ6 经纬仪测一测回，当盘左、盘右两半测回角值的较差不超过 $\pm 40''$ 时，取其平均值。

6. 连接测量

导线与高级控制点进行连接，以取得坐标和坐标方位角的起算数据，称为连接测量，测量内容为连接边和连接角，如图 3-1-10 所示。

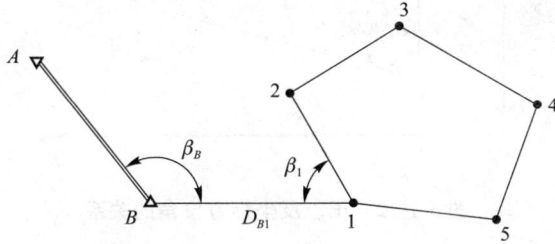

图 3-1-10 连接测量

任务 3　导线测量的内业计算

导线测量内业计算的目的是计算各导线点的平面坐标 x、y。

计算之前，应先全面检查导线测量外业记录、数据是否齐全，有无记错、算错，成果是否符合精度要求，起算数据是否准确等。然后绘制计算略图，将各项数据标注在图上的相应位置。

1. 方位角

确定直线与标准方向之间的关系，称为直线定向。在测量学中，标准方向有真子午线方向、磁子午线方向和坐标纵轴方向。

测量工作常采用方位角表示直线的方向。从直线起点的标准方向北端起，顺时针方向量至该直线的水平夹角，称为该直线的方位角，如图 3-1-11 所示。方位角取值范围为 $0°\sim 360°$。因标准方向有真子午线方向、磁子午线方向和坐标纵轴方向之分，故对应的方位角分别称为真方位角(用 A 表示)、磁方位角(用 A_{m} 表示)和坐标方位角(用 α 表示)。

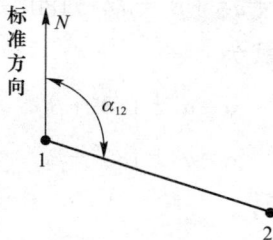

图 3-1-11 坐标方位角

（1）正、反坐标方位角。如图 3-1-12 所示，以 A 为起点、B 为终点的直线 AB 的坐标方位角 α_{AB}，称为直线 AB 的坐标方位角。而直线 BA 的坐标方位角 α_{BA}，称为直线 AB 的反坐标方位角。由图 3-1-12 中可以看出正、反坐标方位角之间的关系为

$$\alpha_{AB} = \alpha_{BA} \pm 180° \tag{3.1.1}$$

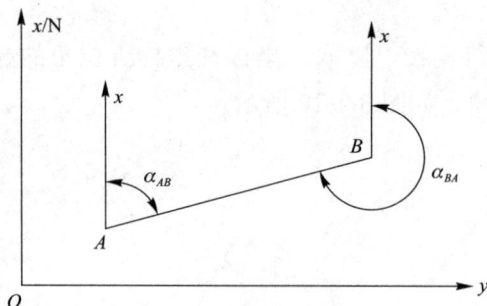

图 3-1-12　正、反坐标方位角的关系

（2）方位角的推算。在实际工作中并不需要测定每条直线的坐标方位角，而是通过与已知坐标方位角的直线连测后，推算出各直线的坐标方位角。如图 3-1-13 所示，已知直线 12 的坐标方位角 α_{12}，观测了水平角 β_2 和 β_3，要求推算直线 23 和直线 34 的坐标方位角。

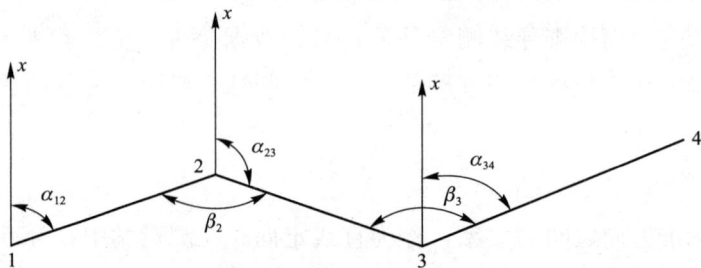

图 3-1-13　方位角推算

由图 3-1-13 可知：

$$\alpha_{23} = \alpha_{21} - \beta_2 = \alpha_{12} + 180° - \beta_2 \tag{3.1.2}$$

$$\alpha_{34} = \alpha_{32} + \beta_3 = \alpha_{23} - 180° + \beta_3 \tag{3.1.3}$$

由此推算坐标方位角的一般公式为

$$\alpha = \alpha' \pm 180° + \beta_L \tag{3.1.4}$$

$$\alpha = \alpha' \pm 180° - \beta_R \tag{3.1.5}$$

式中　α——前一条边的坐标方位角；

　　　α'——后一条边的坐标方位角。

如果 $\alpha > 360°$，应自动减去 360°；如果 $\alpha < 0°$，则自动加上 360°。

2. 坐标计算的基本公式

(1)坐标正算。根据直线起点的坐标、直线长度及其坐标方位角计算直线终点的坐标，称为坐标正算。如图 3-1-14 所示，已知直线 AB 起点 A 的坐标为$(x_A，y_A)$，AB 边的边长及坐标方位角分别为D_{AB} 和α_{AB}，需计算直线终点 B 的坐标。

直线两端点 A、B 的坐标值之差，称为坐标增量，用 Δx_{AB}、Δy_{AB} 表示。由图 3-1-14 可看出坐标增量的计算公式为

$$\Delta x_{AB} = x_B - x_A = D_{AB}\cos\alpha_{AB} \tag{3.1.6}$$

$$\Delta y_{AB} = y_B - y_A = D_{AB}\sin\alpha_{AB} \tag{3.1.7}$$

则 B 点坐标的计算公式为

$$x_B = x_A + \Delta x_{AB} = x_A + D_{AB}\cos\alpha_{AB} \tag{3.1.8}$$

$$y_B = y_A + \Delta y_{AB} = y_A + D_{AB}\sin\alpha_{AB} \tag{3.1.9}$$

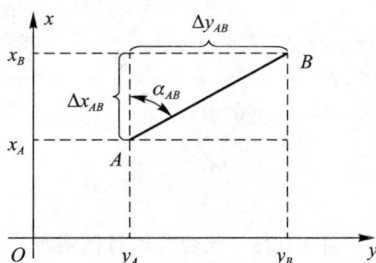

图 3-1-14　坐标正算

计算坐标增量时，sin 和 cos 函数值随着 α 角所在象限而有正负之分，由此算得的坐标增量同样具有正、负号。坐标增量正、负号的规律见表 3-1-5。

表 3-1-5　坐标增量正、负号的规律

象限	坐标方位角 α	Δx	Δy
Ⅰ	0°～90°	+	+
Ⅱ	90°～180°	−	+
Ⅲ	180°～270°	−	−
Ⅳ	270°～360°	+	−

(2)坐标反算。根据直线起点和终点的坐标，计算直线的边长和坐标方位角，称为坐标反算。如图 3-1-14 所示，已知直线 AB 两端点的坐标分别为$(x_A，y_A)$和$(x_B，y_B)$，则直线边长 D_{AB} 和坐标方位角α_{AB}的计算公式为

$$D_{AB} = \sqrt{\Delta x_{AB}^2 + \Delta y_{AB}^2} \tag{3.1.10}$$

$$\alpha_{AB} = \arctan \frac{\Delta y_{AB}}{\Delta x_{AB}} \tag{3.1.11}$$

按上式计算坐标方位角时，计算出的是象限角，因此，应根据坐标增量 Δx、Δy 的正、负号，按表 3-1-5 决定其所在象限，再将象限角换算成相应的坐标方位角。

3. 闭合导线内业计算实例

现以图 3-1-15 所注的数据为例（该例为图根导线），结合"闭合导线坐标计算表"的使用，说明闭合导线坐标计算的步骤。

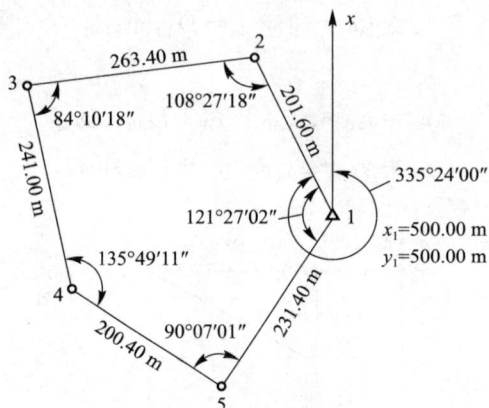

图 3-1-15 闭合导线算例图示

（1）准备工作。将校核过的外业观测数据及起算数据填入"闭合导线坐标计算表"，起算数据用单线标明。

（2）角度闭合差的计算与调整。

1）计算角度闭合差。如图 3-1-15 所示，n 边形闭合导线内角和的理论值为

$$\sum \beta_{th} = (n-2) \times 180° \tag{3.1.12}$$

式中 n——导线边数或转折角数。

由于观测水平角不可避免地含有误差，致使实测的内角之和 $\sum \beta_m$ 不等于理论值 $\sum \beta_{th}$，两者之差称为角度闭合差，用 f_β 表示，即

$$f_\beta = \sum \beta_m - \sum \beta_{th} = \sum \beta_m - (n-2) \times 180° \tag{3.1.13}$$

2）计算角度闭合差的容许值。角度闭合差的大小反映了水平角观测的质量。各级导线角度闭合差的容许值 $f_{\beta p}$ 见表 3-1-3，其中，图根导线角度闭合差的容许值 $f_{\beta p}$ 的计算公式为

$$f_{\beta p} = \pm 60'' \sqrt{n} \tag{3.1.14}$$

$|f_\beta| > |f_{\beta p}|$，说明所测水平角不符合要求，应对水平角重新检查或重测。

$|f_\beta| \leqslant |f_{\beta p}|$，说明所测水平角符合要求，可对所测水平角进行调整。

3）计算水平角改正数。如角度闭合差不超过角度闭合差的容许值，则将角度闭合差

反符号平均分配到各观测水平角中，也就是每个水平角加相同的改正数 v_β，v_β的计算公式为

$$v_\beta = -\frac{f_\beta}{n} \tag{3.1.15}$$

计算检核：水平角改正数之和应与角度闭合差大小相等符号相反，即 $\sum v_\beta = -f_\beta$。

在本例中：

$$v_\beta = -\frac{f_\beta}{n} = -\frac{+50''}{5} = -10''$$

$$\sum v_\beta = -10'' - 10'' - 10'' - 10'' - 10'' = -50'' = -f_\beta$$

4)计算改正后的水平角。改正后的水平角 β'_i等于所测水平角加上水平角改正数，即

$$\beta'_i = \beta_i + v_\beta \tag{3.1.16}$$

计算检核：改正后的闭合导线内角之和应为$(n-2) \times 180°$，本例为$540°$。

(3)推算各边的坐标方位角。根据起始边的已知坐标方位角及改正后的水平角，按方位角推算公式推算其他各导线边的坐标方位角，例如：

$$\alpha_{23} = \alpha_{12} + 180° + \beta'_2 = 335°24'00'' + 180° + 108°27'08''$$
$$= 623°51'08'' - 360° = 263°51'08''$$

依次推算出所有边的方位角。

计算检核：最后推算出起始边坐标方位角，它应与原有的起始边已知坐标方位角相等，否则应重新检查计算。

$$\alpha_{12(推算)} = \alpha_{51} + 180° + \beta'_1 = 33°57'08'' + 180° + 121°26'52''$$
$$= 335°24'00'' = \alpha_{12(已知)}$$

(4)坐标增量的计算及其闭合差的调整。

1)计算坐标增量。根据已推算出的导线各边的坐标方位角和相应边的边长，计算各边的坐标增量。例如，导线边 1—2 的坐标增量为

$$\Delta x_{12} = D_{12} = 201.60 \times \cos335°24'00'' = +183.30(\text{m})$$
$$\Delta y_{12} = D_{12}\sin\alpha_{12} = 201.60 \times \sin335°24'00'' = -83.92(\text{m})$$

用同样的方法，计算出其他各边的坐标增量值。

2)计算坐标增量闭合差(图 3-1-16)。闭合导线，纵、横坐标增量代数和的理论值应为零，即

$$\left.\begin{array}{l} \sum \Delta x_{\text{th}} = 0 \\ \sum \Delta y_{\text{th}} = 0 \end{array}\right\} \tag{3.1.17}$$

实际计算所得的 $\sum \Delta x_{\text{m}}$、$\sum \Delta y_{\text{m}}$ 不等于零，从而产生纵坐标增量闭合差 W_x 和横坐标增量闭合差 W_y，即

$$\left.\begin{array}{l} W_x = \sum \Delta x_{\text{m}} \\ W_y = \sum \Delta y_{\text{m}} \end{array}\right\} \tag{3.1.18}$$

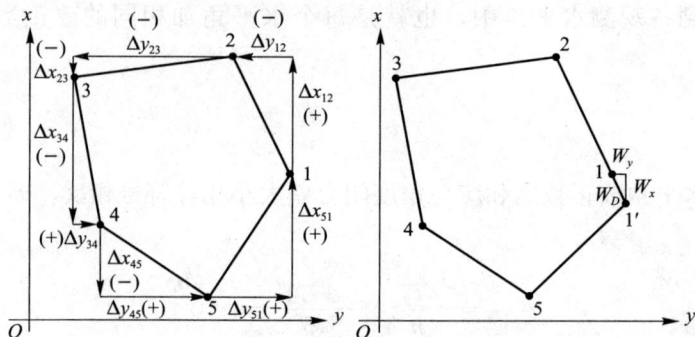

图 3-1-16 坐标增量闭合差

3)计算导线全长闭合差 W_D 和导线全长相对闭合差 W_K。由于坐标增量闭合差 W_x、W_y 的存在,使导线不能闭合,W_D 称为导线全长闭合差,并用下式计算:

$$W_D = \sqrt{W_x^2 + W_y^2} \tag{3.1.19}$$

将 W_D 与导线全长相比,以分子为 1 的分数表示,称为导线全长相对闭合差 W_K,即

$$W_K = \frac{W_D}{\sum D} = \frac{1}{\dfrac{\sum D}{W_D}} \tag{3.1.20}$$

不同等级的导线,其导线全长相对闭合差的容许值 W_{KP} 不同,图根导线的 W_{KP} 为 1/2 000。

如果 $W_K > W_{KP}$,说明成果不合格,此时,应对导线的内业计算和外业工作进行检查,必要时须重测。

如果 $W_K \leqslant W_{KP}$,说明测量成果符合精度要求,可以进行调整。

4)调整坐标增量闭合差。调整的原则是将 W_x、W_y 反号,并按与边长成正比的原则分配到各边对应的纵、横坐标增量中去。

以 v_{xi}、v_{yi} 分别表示第 i 边的纵、横坐标增量改正数,即

$$\left. \begin{array}{l} v_{xi} = -\dfrac{W_x}{\sum D} \cdot D_i \\[4mm] v_{yi} = -\dfrac{W_y}{\sum D} \cdot D_i \end{array} \right\} \tag{3.1.21}$$

在本例中,导线边 $1-2$ 的坐标增量改正数为

$$v_{x_{12}} = -\frac{W_x}{\sum D} D_{12} = -\frac{-0.30}{1\ 137.80} \times 201.60 = +0.05(\text{m})$$

$$v_{y_{12}} = -\frac{W_y}{\sum D} D_{12} = -\frac{-0.09}{1\ 137.80} \times 201.60 = +0.02(\text{m})$$

计算检核:纵、横坐标增量改正数之和应满足下式:

$$\left.\begin{array}{l} \sum v_x = -W_x \\ \sum v_y = -W_y \end{array}\right\}\qquad(3.1.22)$$

5)计算改正后的坐标增量。各边坐标增量计算值加上相应的改正数,即得各边改正后的坐标增量。

$$\left.\begin{array}{l} \Delta x_i' = \Delta x_i + v_{xi} \\ \Delta y_i' = \Delta y_i + v_{yi} \end{array}\right\}\qquad(3.1.23)$$

在本例中,导线边 1—2 改正后的坐标增量为

$$\Delta x_{12}' = \Delta x_{12} + v_{x_{12}} = +183.30 + 0.05 = +183.35(\text{m})$$
$$\Delta y_{12}' = \Delta y_{12} + v_{y_{12}} = -83.92 + 0.02 = -83.90(\text{m})$$

计算检核:改正后纵、横坐标增量之代数和应分别为零。

$$\left.\begin{array}{l} \sum \Delta x' = 0 \\ \sum \Delta y' = 0 \end{array}\right\}\qquad(3.1.24)$$

(5)计算各导线点的坐标。根据起始点 1 的已知坐标和改正后各导线边的坐标增量,按下式依次推算出各导线点的坐标:

$$\left.\begin{array}{l} x_i = x_{i-1} + \Delta x_{i-1}' \\ y_i = y_{i-1} + \Delta y_{i-1}' \end{array}\right\}\qquad(3.1.25)$$

$$x_2 = x_1 + \Delta x_{12}' = 500.00 + 183.35 = 683.35(\text{m})$$
$$x_3 = x_2 + \Delta x_{23}' = 683.35 + (-28.13) = 655.22(\text{m})$$
$$x_4 = x_3 + \Delta x_{34}' = 655.22 + (-235.69) = 419.53(\text{m})$$
$$x_5 = x_4 + \Delta x_{45}' = 419.53 + (-111.54) = 307.99(\text{m})$$

计算检核:推算起始点 1 的坐标,其值应与原有的已知值相等。

$$x_{1(推算)} = x_5 + \Delta x_{51} = 307.99 + 192.01 = 500.00(\text{m}) = x_{1(已知)}$$

计算结果见表 3-1-6。

表 3-1-6　闭合导线坐标计算

点号	观测角（左角）	改正数	改正角 4=2+3	坐标方位角	距离/m	增量计算值 Δx/m	增量计算值 Δy/m	改正后增量 Δx/m	改正后增量 Δy/m	坐标值 x/m	坐标值 y/m	点号
1	2	3	4	5	6	7	8	9	10	11	12	13
1	180°27′18″	−10″	180°27′08″									13
				335°24′00″	201.60	+0.05　+183.30	+0.02　−83.92	+183.35	−83.90	500.00	500.00	1
2	84°10′18″	−10″	84°10′08″									
				263°51′08″	263.40	+0.08　−28.21	+0.02　−261.89	−28.13	−261.87	683.35	416.10	2
3	135°49′11″	−10″	135°49′01″									
				168°01′16″	241.00	+0.06　−235.75	+0.02　+50.02	−235.69	+50.04	655.22	154.23	3
4	90°07′01″	−10″	90°06′51″									
				123°50′17″	200.40	+0.05　−111.59	+0.01　+166.46	−111.54	+166.47	419.53	204.27	4
5	121°27′02″	−10″	121°26′52″									
				33°57′08″	231.40	+0.06　+191.95	+0.02　+129.24	+192.01	+129.26	307.99	370.74	5
1										500.00	500.00	1
				335°24′00″								2
Σ	540°00′50″	−50″	540°00′00″		1 137.80	−0.30	−0.09	0	0			

辅助计算

$$f_\beta = \sum \beta_测 - (n-2) \times 180° = 540°00'50'' - (5-2) \times 180° = +50''$$

$$f_容 = \pm 60''\sqrt{n} = \pm 60''\sqrt{5} = \pm 134''$$

$$|f_\beta| < |f_容|$$

$$W_x = \sum \Delta x_测 = -0.30\ \text{m} \qquad W_y = \sum \Delta y_测 = -0.09\ \text{m}$$

$$W_D = \sqrt{W_x^2 + W_y^2} = \sqrt{(-0.30)^2 + (-0.09)^2} = 0.31\ (\text{m})$$

$$W_K = \frac{W_D}{\sum D} = \frac{0.31}{1\,137.80} \approx \frac{1}{3\,670} < W_{Kp} = \frac{1}{2\,000}$$

4. 附合导线内业计算实例

附合导线的坐标计算步骤与闭合导线一样，只有角度改正和坐标增量闭合差的计算有所不同，现以图 3-1-17 所注的图根导线数据为例，结合"附合导线坐标计算表"，说明附合导线坐标计算的步骤。

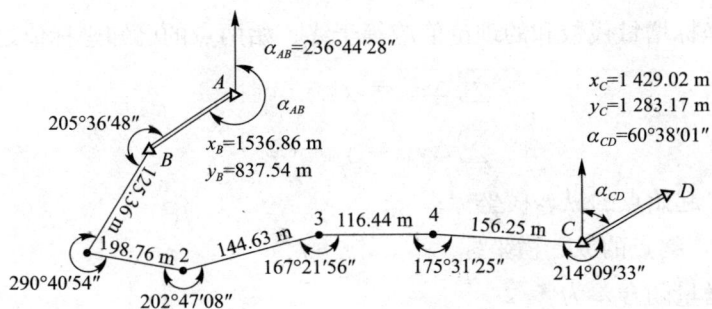

图 3-1-17　附合导线算例图示

(1)准备工作。同闭合导线。

(2)角度闭合差的计算与调整。

1)计算角度闭合差。根据起始边 AB 的坐标方位角及观测的各右角，推算 CD 边的坐标方位角。

$$\alpha_{B1} = \alpha_{AB} + 180° - \beta_B$$
$$\alpha_{12} = \alpha_{B1} + 180° - \beta_1$$
$$\alpha_{23} = \alpha_{12} + 180° - \beta_2$$
$$\alpha_{34} = \alpha_{23} + 180° - \beta_3$$
$$\alpha_{4C} = \alpha_{34} + 180° - \beta_4$$
$$\alpha'_{CD} = \alpha_{4C} + 180° - \beta_C$$

将以上各式相加，则

$$\alpha'_{CD} = \alpha_{AB} + 6 \times 180° - \sum \beta_m$$

写成一般公式为

$$\alpha'_{fin} = \alpha_0 + n \times 180° - \sum \beta_m \tag{3.1.26}$$

式中　α_0——起始边的坐标方位角；

$\quad\quad \alpha'_{fin}$——终边的推算坐标方位角。

若观测左角，则

$$\alpha'_{fin} = \alpha_0 + n \times 180° + \sum \beta_m \tag{3.1.27}$$

附合导线的角度闭合差 f_β 为

$$f_\beta = \alpha'_{fin} - \alpha_{fin}$$

2)调整角度闭合差。如果观测的是左角，则将角度闭合差反号平均分配到各左角上；

如果观测的是右角，则将角度闭合差同号平均分配到各右角上。

3)改正后的角度计算。同闭合导线。

（3）推算各边的坐标方位角。同闭合导线。

（4）坐标增量的计算及其闭合差的调整。除坐标增量闭合差的计算有所不同外，其他同闭合导线。

附合导线的坐标增量代数和的理论值应等于终、始两点的已知坐标值之差，即

$$
\left.
\begin{aligned}
\sum \Delta x_{\text{th}} &= x_{\text{fin}} - x_0 \\
\sum \Delta y_{\text{th}} &= y_{\text{fin}} - y_0
\end{aligned}
\right\}
\tag{3.1.28}
$$

式中　x_0，y_0——起始点的纵、横坐标；

　　　x_{fin}，y_{fin}——终点的纵、横坐标。

纵、横坐标增量闭合差为

$$
\left.
\begin{aligned}
W_x &= \sum \Delta x - \sum \Delta x_{\text{th}} = \sum \Delta x - (x_{\text{fin}} - x_0) \\
W_y &= \sum \Delta y - \sum \Delta y_{\text{th}} = \sum \Delta y - (y_{\text{fin}} - y_0)
\end{aligned}
\right\}
\tag{3.1.29}
$$

（5）计算各导线点的坐标（见表 3-1-7、表 3-1-8）。同闭合导线。

表 3-1-7　附合导线坐标计算（1）

点号	观测角（右角）	改正数	改正角	坐标方位角
1	2	3	4＝2＋3	5
A				236°44′28″
B	205°36′48″	13″	205°36′35″	
				221°07′53″
1	290°40′54″	12″	290°40′42″	
				100°27′11″
2	202°47′08″	13″	202°46′55″	
				77°40′16″
3	167°21′56″	13″	167°21′43″	
				90°18′33″
4	171°35′25″	13″	175°31′12″	
				94°47′21″
C	214°09′33″	13″	214°09′20″	
D				60°38′01″
$\sum$	1 256°07′44″	−77″	1 256°06′27″	
辅助计算	$\alpha'_{CD} = \alpha_{AB} + 6 \times 180° - \sum \beta_{\text{m}} = 60°36′44″$ $f_\beta = \alpha'_{CD} - \alpha_{CD} = 60°36′44″ - 60°38′01″ = -1′17″$ $f_{\beta p} = \pm 60″ \sqrt{n} = \pm 60 \sqrt{6} = \pm 147″$ $\lvert f_\beta \rvert < \lvert f_{\beta p} \rvert$			

表 3-1-8　附合导线坐标计算(2)

点号	坐标方位角	距离/m	增量计算值/m		改正后增量/m		坐标值/m		点号
			Δx	Δy	Δx	Δy	x	y	
1	5	6	7	8	9	10	11	12	13
A									A
	236°44′28″								
B							1 536.86	837.54	B
	211°07′53″	125.36	+4 −107.31	−2 −64.81	−107.27	−64.83			
1							1 429.59	772.71	1
	100°27′11″	98.76	+3 −17.92	−2 +97.12	−17.89	+97.10			
2							1 411.70	869.81	2
	77°40′16″	144.63	+4 +30.88	−2 +141.29	+30.92	+141.27			
3							1 442.62	1 011.08	3
	90°18′33″	116.44	+3 −0.63	−2 +116.44	−060	+116.42			
4							1 442.02	1 127.50	4
	94°47′21″	156.25	+5 −13.05	−3 +155.70	−13.00	+155.67			
C							1 429.02	1 283.17	C
	60°38′01″								
D									D
∑		641.44	−108.03	+445.74	−107.84	+445.63			

辅助计算	$\sum\Delta x_{\mathrm{m}}=-108.03\ \mathrm{m}$　$\dfrac{-)x_C-x_B=-107.84\ \mathrm{m}}{W_x=-0.19\ \mathrm{m}}$　　$\sum\Delta y=+445.74\ \mathrm{m}$　$\dfrac{-)y_C-y_B=+445.63\ \mathrm{m}}{W_y=+0.11\ \mathrm{m}}$　　$W_D=\sqrt{W_x^2+W_y^2}$ $=0.22\ \mathrm{m}$
	$W_K=\dfrac{W_D}{\sum D}=\dfrac{0.22}{641.44}\approx\dfrac{1}{2\,900}<W_{Kp}=\dfrac{1}{2\,000}$

5. 支导线的坐标计算

(1)根据观测的转折角推算各边的坐标方位角。

(2)根据各边坐标方位角和边长计算坐标增量。

(3)根据各边的坐标增量推算各点的坐标。

任务 4　交会测量

1. 角度前方交会

A、B 为坐标已知的控制点，P 为待定点。在 A、B 点上安置经纬仪，观测水平角 α、

β，根据 A、B 两点的已知坐标和 α、β 角，通过计算可得出 P 点的坐标，这就是角度前方交会，如图 3-1-18 所示。

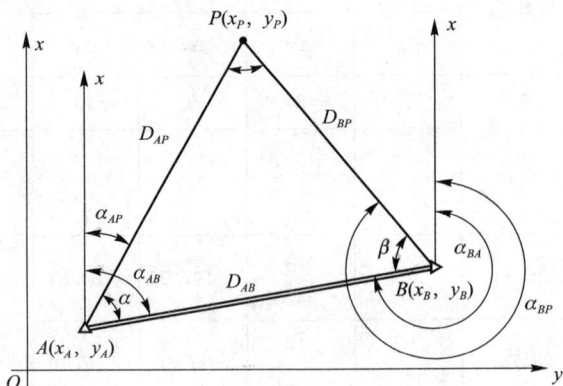

图 3-1-18　角度前方交会

(1)计算。

1)计算已知边 AB 的边长和方位角。

根据 A、B 两点坐标$(x_A，y_A)$、$(x_B，y_B)$，按坐标反算公式计算两点之间边长 D_{AB} 和坐标方位角 α_{AB}。

2)计算待定边 AP、BP 的边长。按三角形正弦定律，得

$$\left.\begin{array}{l} D_{AP}=\dfrac{D_{AB}\sin\beta}{\sin\gamma} \\[2mm] D_{BP}=\dfrac{D_{AB}\sin\alpha}{\sin\gamma} \end{array}\right\} \xrightarrow{\sin\gamma=\sin[180°-(\alpha+\beta)]=\sin(\alpha+\beta)} \left.\begin{array}{l} D_{AP}=\dfrac{D_{AB}\sin\beta}{\sin(\alpha+\beta)} \\[2mm] D_{BP}=\dfrac{D_{AB}\sin\alpha}{\sin(\alpha+\beta)} \end{array}\right\} \tag{3.1.30}$$

3)计算待定边 AP、BP 的坐标方位角。

$$\alpha_{AP}=\alpha_{AB}-\alpha \tag{3.1.31}$$

$$\alpha_{BP}=\alpha_{BA}+\beta=\alpha_{AB}\pm180°+\beta \tag{3.1.32}$$

4)计算待定点 P 的坐标。

由点 A 推算点 P 坐标：

$$\left.\begin{array}{l} x_P=x_A+\Delta x_{AP}=x_A+D_{AP}\cos\alpha_{AP} \\ y_P=y_A+\Delta y_{AP}=y_A+D_{AP}\sin\alpha_{AP} \end{array}\right\} \tag{3.1.33}$$

由点 B 推算点 P 坐标：

$$\left.\begin{array}{l} x_P=x_B+\Delta x_{BP}=x_B+D_{BP}\cos\alpha_{BP} \\ y_P=y_B+\Delta y_{BP}=y_B+D_{BP}\sin\alpha_{BP} \end{array}\right\} \tag{3.1.34}$$

适用于计算器计算的公式为

$$\left.\begin{array}{l} x_P=\dfrac{x_A\cot\beta+x_B\cot\alpha+(y_B-y_A)}{\cot\alpha+\cot\beta} \\[3mm] y_P=\dfrac{y_A\cot\beta+y_B\cot\alpha+(x_B-x_A)}{\cot\alpha+\cot\beta} \end{array}\right\} \tag{3.1.35}$$

在应用上式时，要注意已知点和待定点必须按 A、B、P 逆时针方向编号，在 A 点观测角编号为 α，在 B 点观测角编号为 β。

（2）检核。从 3 个已知点 A、B、C 分别向 P 点观测水平角 α_1、β_1、α_2、β_2，做两组前方交会，如图 3-1-19 所示。

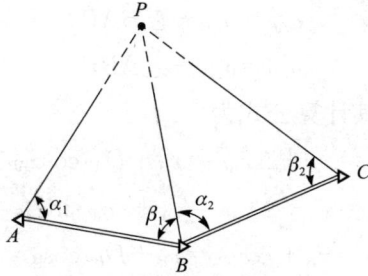

图 3-1-19　前方交会法检核

计算出 P 点的两组坐标：$P'(x_P'$、$y_P')$，$P''(x_P''$、$y_P'')$，当两组坐标较差符合规定要求时，取其平均值作为 P 点的最后坐标。

一般规范规定，两组坐标较差 e 不大于两倍比例尺精度，用公式表示为

$$e=\sqrt{\delta_x^2+\delta_y^2}\leqslant e_P=2\times 0.1M\ \text{mm} \tag{3.1.36}$$

式中，$\delta_x=x_P'-x_P''$，$\delta_y=y_P'-y_P''$，M 为测图比例尺分母。

2. 距离交会

A、B 为已知控制点，P 为待定点，测量了边长 D_{AP} 和 D_{BP}，根据 A、B 点的已知坐标及边长 D_{AP} 和 D_{BP}，通过计算求出 P 点坐标，即距离交会，如图 3-1-20 所示。

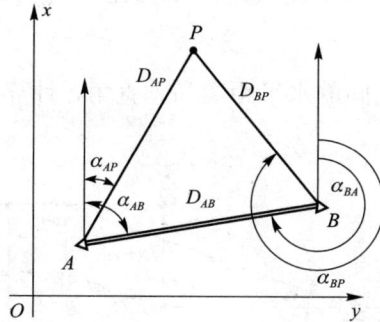

图 3-1-20　距离交会

（1）计算。

1）计算已知边的边长和坐标方位角。根据已知点 A、B 的坐标，按坐标反算公式计算边长 DAB 和坐标方位角 α_{AB}。

2）计算 $\angle BAP$ 和 $\angle ABP$。按三角形余弦定理，得

$$\left.\begin{array}{l} \angle BAP = \arccos \dfrac{D_{AB}^2 + D_A^2P - D_{BP}^2}{2D_{AB}D_{AP}} \\[4mm] \angle ABP = \arccos \dfrac{D_{AB}^2 + D_{BP}^2 - D_{AP}^2}{2D_{AB}D_{BP}} \end{array}\right\} \tag{3.1.37}$$

3)计算待定边 AP、BP 的坐标方位角。其计算公式为

$$\alpha_{AP} = \alpha_{AB} - \angle BAP \tag{3.1.38}$$

$$\alpha_{BP} = \alpha_{BA} + \angle ABP \tag{3.1.39}$$

4)计算待定点 P 的坐标。其计算公式为

$$\left.\begin{array}{l} x_P = x_A + \Delta x_{AP} = x_A + D_{AP}\cos\alpha_{AP} \\[2mm] y_P = y_A + \Delta y_{AP} = y_A + D_{AP}\sin\alpha_{AP} \end{array}\right\} \tag{3.1.40}$$

$$\left.\begin{array}{l} x_P = x_B + \Delta x_{BP} = x_B + D_{BP}\cos\alpha_{BP} \\[2mm] y_P = y_B + \Delta y_{BP} = y_B + D_{BP}\sin\alpha_{BP} \end{array}\right\} \tag{3.1.41}$$

（2）检核。从 3 个已知点 A、B、C 分别向 P 点测量三段水平距离 D_{AP}、D_{BP}、D_{CP}，做两组距离交会。

计算出 P 点的两组坐标。

当两组坐标较差满足 $e = \sqrt{\delta_x^2 + \delta_y^2} \leqslant e_P = 2 \times 0.1M$ mm 要求时，取其平均值作为 P 点的最后坐标。

任务 5　高程控制测量

高程控制测量常用的方法有水准测量和三角高程测量两种。小地区高程控制的水准测量主要有三、四等水准测量及图根水准测量，其方法见单元 2 中项目 1 水准仪的使用。当地形高低起伏较大而不便于实施水准测量时，可采用三角高程测量方法。

1. 测量原理

三角高程测量是根据两点之间的水平距离和垂直角，计算两点之间的高差，如图 3-1-21 所示。

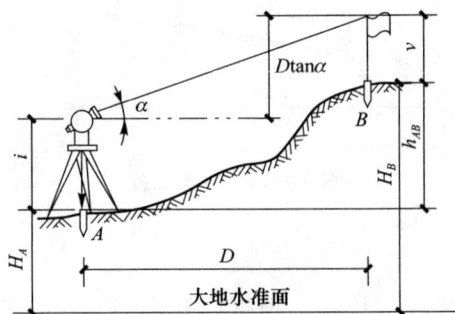

图 3-1-21　三角高程测量

A、B 两点之间的高差 h_{AB} 为

$$h_{AB}=D_{AB}\tan\alpha+i-v \tag{3.1.42}$$

B 点的高程 H_B 为

$$H_B=H_A+h_{AB}=H_A+D_{AB}\tan\alpha+i-v \tag{3.1.43}$$

2. 对向观测

三角高程测量一般应进行对向观测，也称直、反觇观测。三角高程测量对向观测，所求得的高差较差不应大于 $0.4D$(m)。其中，D 为水平距离，以"km"为单位。若符合要求，则取两次高差的平均值作为最终高差。

3. 施测

(1)将经纬仪安置在测站 A 上，量仪器高 i 和觇标高 v。

(2)用十字丝的中丝瞄准 B 点觇标顶端，盘左、盘右观测，读取竖直度盘读数 L 和 R，计算出垂直角 α。

(3)将经纬仪搬至 B 点，使用相同的方法对 A 点进行观测。

4. 计算

外业观测结束后，检查无误，然后按照式(3.1.42)和式(3.1.43)计算。

5. 精度等级

(1)用测距仪或全站仪测定 A、B 两点之间的水平距离(或斜距)，称为光电测距三角高程，其精度可达到四等水准测量的精度要求。

(2)用钢尺测定 A、B 两点之间的水平距离，称为经纬仪三角高程，其精度一般只能满足图根高程的精度要求。

6. 三角高程控制测量

用三角高程测量方法测定平面控制点的高程时，可组成闭合或附合的三角高程路线。

用对向观测所得高差平均值，计算闭合或附合路线的高差闭合差的容许值为

$$W_{Kp}=\pm0.05\sqrt{[D^2]}\text{ m} \tag{3.1.44}$$

式中　D——各边的水平距离(km)。

当 W_h 不超过 W_{hp} 时，按与边长成正比原则，将 W_h 反符号分配到各段高差之中，再用改正后的高差从起算点推算各点高程。

项目 2　施工现场平面控制网的建立

能力目标

1. 知道施工现场平面控制网的布设形式和布设要求。

2. 能够根据工程施工现场情况，布设合适的施工平面控制网。

任务 1 施工坐标系的建立

如果直接利用测量控制点进行建筑物定位存在两个缺点：一是点位较少，不便进行也难以保证定位精度；二是利用测量控制点进行定位需要做大量计算工作。因此，在面积不大，且不十分复杂的建筑场地，布设建筑基线；面积大、较复杂的建筑场地，布设建筑方格网。

1. 施工坐标系

施工坐标系也称建筑坐标系，其坐标轴与主要建筑物主轴线平行或垂直，以便用直角坐标法进行建筑物的放样。

施工坐标系的原点设置于总平面图的西南角上，以便使所有建（构）筑物的设计坐标均为正值。纵轴记为 A 轴，横轴记为 B 轴，因此，施工坐标也称 A、B 坐标。设计人员在设计总平面图上给出的建筑物的设计坐标，均为施工坐标。例如，某厂房角点 A 的施工坐标为 $\dfrac{2A+20}{3B+24}$，即 A 点的纵坐标为 220.00 m，横坐标为 324.00 m。设计施工坐标的 A 轴和 B 轴应与厂区主要建筑物或主要道路、管线方向平行。

施工控制测量的建筑基线和建筑方格网一般采用施工坐标系，而施工坐标系与测量坐标系往往不一致，因此，施工测量前常常需要进行施工坐标系与测量坐标系的坐标换算。

2. 施工坐标系与测量坐标系的转换

如图 3-2-1 所示，已知 P 点的施工坐标，则可按下式将其换算为测量坐标：

$$\begin{cases} x_P = x_e + x'_P \cos\alpha - y'_P \sin\alpha \\ y_P = y_e + y'_P \cos\alpha - y'_P \sin\alpha \end{cases} \tag{3.2.1}$$

已知 P 点的测量坐标，则可按下式将其换算为施工坐标：

$$\begin{cases} x'_P = (x_P - x_0)\cos\alpha + (y_P - y_0)\sin\alpha \\ y'_P = (x_P - x_0)\cos\alpha + (y_P - y_0)\cos\alpha \end{cases} \tag{3.2.2}$$

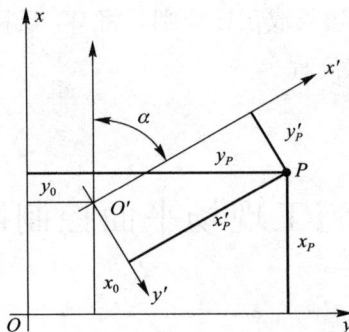

图 3-2-1 施工坐标系与测量坐标系的转换

任务 2 建筑基线布设

建筑基线是建筑场地的施工控制基准线,即在建筑场地布置一条或几条轴线。它适用建筑设计总平面图布置比较简单的小型建筑场地。

1. 布设形式

建筑基线的布设形式,应根据建筑物的分布、施工场地地形等因素来确定。常用的布设形式有一字形、L 形、十字形和 T 形,如图 3-2-2 所示。

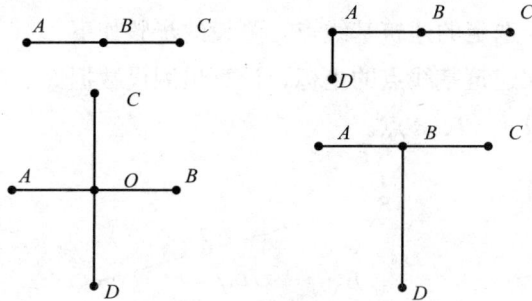

图 3-2-2 建筑基线的布设形式

2. 布设要求

(1)建筑基线应尽可能靠近拟建的主要建筑物,并与其主要轴线平行,以便使用比较简单的直角坐标法进行建筑物的定位。

(2)建筑基线上的基线点应不少于 3 个,以便相互检核。

(3)建筑基线应尽可能与施工场地的建筑红线相连系。

(4)基线点位应选在通视良好和不易被破坏的地方,为了能够长期保存,要埋设永久性的混凝土桩。

3. 建筑基线的测设

(1)根据建筑红线测设建筑基线。在老建筑区,建筑用地的边界线(建筑红线)是由城市测绘部门测设的,可作为建筑基线放样的依据。如图 3-2-3 所示,AB、AC 是建筑红线,1、2、3 是建筑基线点。

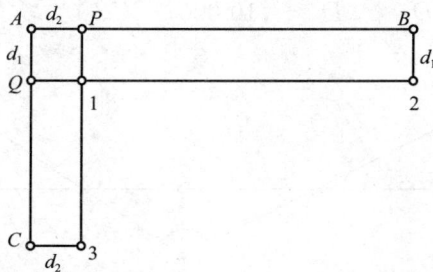

图 3-2-3 根据建筑红线测设建筑基线

利用建筑红线测设建筑基线的步骤如下：

1）从 A 点沿 AB 方向量取 d_2 定出 P 点，沿 AC 方向量取 d_1 定出 Q 点。

2）过 B 点作 AB 的垂线，沿垂线方向量取 d_1 定出 2 点，并作标志。

3）过 C 点作 AC 的垂线，沿垂线方向量取 d_2 定出 3 点，并作标志。

4）用细线拉出直线 $P3$ 和 $Q2$，两条直线的交点为 1 点，并作标志。

检核：在 1 点安置经纬仪/全站仪，观测 $\angle 213$，其与 $90°$ 的差值应小于 $\pm 20''$。

（2）根据附近已有控制点测设建筑基线。在新建筑区，可以利用建筑基线的设计坐标和附近已有控制点的坐标，用极坐标法测设建筑基线。如图 3-2-4 所示，点 A、B 为附近已有的控制点，点 1、2、3 为选定的建筑基线点，测设的步骤如下：

1）根据已知控制点和建筑基线点的坐标，计算出测设数据 β_1、D_1，β_2、D_2，β_3、D_3；

2）采用极坐标法测设 1、2、3 点。

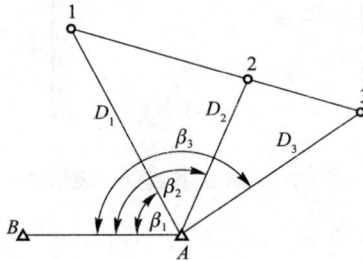

图 3-2-4　根据附近已有控制点测设建筑基线

测设的基线点往往不在同一直线上，且点与点之间的距离与设计值也不完全相符，因此，需要精确测出已测设直线的折角 β' 和距离 D'，并与设计值相比较。如图 3-2-5 所示，若 $\Delta\beta = \beta' - 180°$ 超过 $\pm 15''$，则应对点 $1'$、$2'$、$3'$ 在与基线垂直的方向上进行等量调整，调整量为

$$\delta = \frac{ab}{a+b} \times \frac{\Delta\beta}{2\rho} \tag{3.2.3}$$

式中　δ——各点的调整值（m）；

　　　a，b——12、23 的长度（m）。

如果测设距离超限，如 $\dfrac{\Delta D}{D} = \dfrac{D'-D}{D} > \dfrac{1}{10\ 000}$，则以 $2'$ 点为准，按设计长度沿基线方向调整 $1'$、$3'$ 点。

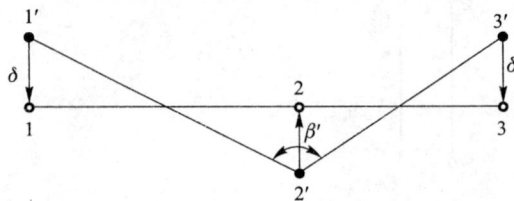

图 3-2-5　基线点的调整

任务 3　建筑方格网布设

由正方形或矩形组成的施工平面控制网，称为建筑方格网（矩形网）。建筑方格网适用按矩形布置的建筑群或大型建筑场地。

1. 布设形式

布设方格网时，应根据建（构）筑物、道路、管线的分布，结合场地的地形情况，先选定方格网的主轴线（如图 3-2-6 中，以 A、O、B、C、D 为主轴线点），再全面布设方格网。方格网的主轴线应布设在建筑区的中部，与主要建筑轴线平行或垂直。

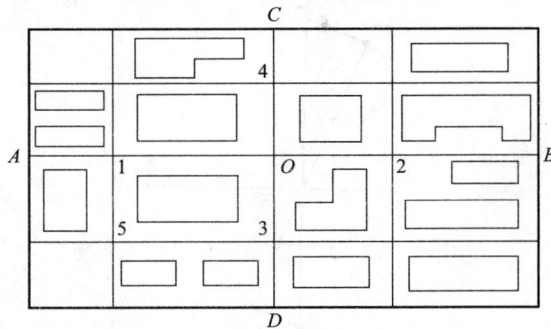

图 3-2-6　建筑方格网

2. 布设要求

与建筑基线基本相同，另需考虑下列几点：

(1)方格网的主轴线应选在建筑区的中部，并与总平面图上所设计的主要建筑物轴线平行。

(2)纵横主轴线应严格正交成 90°，误差应在 ±5″以内。

(3)主轴线长度以能控制整个长度为宜，一般为 300~500 m，以保证定向精度。

(4)方格网的边长一般为 100~300 m，边长的相对精度视工程要求而定，一般为 1/10 000~1/30 000。相邻方格网点之间应保证通视，以便于量距和测角，点位应选在不受施工影响并能长期保存的地方。

在设计方格网时，可将方格网绘制在透明纸上，再覆盖到总平面图上移动，以求得一个合适的布网方案，最后转绘到总平面图上。

3. 建筑方格网的测设

(1)主轴线的测设。

1)根据原有控制点坐标与主轴线点坐标计算出测设数据，再测设主轴线点。如图 3-2-7 所示先测设长主轴线 AOB，其方法与建筑基线测设相同。

2)如图 3-2-7 所示，测设与长主轴线相垂直的另一主轴线 COD，此时安置经纬仪/全站仪于 O 点，瞄准 A 点，依次旋转 90°和 270°，以精密量距初步定出点 C'、D'，然后，精确测定$\angle AOC'$、$\angle AOD'$，如果角值与90°之差ε_1和ε_2超限，再按式(3.2.4)计算点C'、D'的改正数l_1和l_2。

$$l_i = L_i \frac{\varepsilon_i}{\rho} \tag{3.2.4}$$

式中　L_i——OC'的距离L_1，OD'的距离L_2。

　　由C'、D'分别沿OC'与OD'的垂直方向改正l_1和l_2，得调整后的主点C和D。精密丈量OC、OD的距离，精度应达到要求。各轴线点应埋设混凝土桩，桩顶设置一块10 cm×10 cm的铁板，供调整点位用。建筑方格网的主要技术要求见表3-2-1。

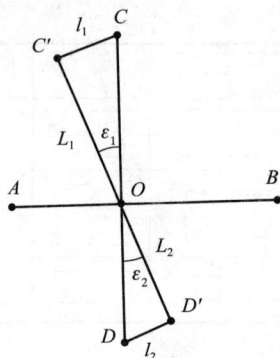

图 3-2-7　主轴线的测设

表 3-2-1　建筑方格网技术要求

等级	边长/m	测角中误差/(″)	边长相对中误差	测角检测限差/(″)	边长检测限差
一级	100~300	5	1/30 000	10	1/15 000
二级	100~300	8	1/20 000	16	1/10 000

　　(2)方格网点的测设。测设出主轴线后，如图3-2-6所示，从点O沿主轴线方向进行精密丈量，定出1、2、3、4等点，定点5的方法：经纬仪分别安置在1、3两点，以点O为起始方向精密测设90°角，用角度交会法定出点5。同样方法测设其余网点位置。所有方格网点均应埋设永久性标志。

　　建筑方格网轴线与建筑物轴线平行或垂直，可用直角坐标法进行建筑物的定位，计算简单，测设也方便，精度高。其缺点是必须按照总平面图布设，点位容易被破坏，且测设工作量较大，因此，可以委托专业测量单位进行。

项目 3　施工现场高程控制网的建立

1. 知道施工现场高程控制网的布设形式和布设要求。
2. 能够根据工程施工现场情况，布设合适的施工高程控制网。

任务 1　水准点布设

1. 基本水准点

基本水准点应布设在土质坚实、不受施工影响、无振动和便于施测的地方，并埋设永久性标志。在一般情况下，按四等水准测量的方法测其高程，而对于为连续性生产车间或地下管道测设所建立的基本水准点，则需按三等水准测量的方法测其高程。

2. 施工水准点

施工水准点是用来直接测设建筑高程的。为了方便测设和减少误差，施工水准点应靠近建筑物。

另外，由于设计建筑物常以底层室内地坪标高±0.000 作为高程起算面，为了施工引测方便，常在建筑物内部或附近测设±0.000 水准点。±0.000 水准点的位置一般选在稳定的建筑物墙、柱的侧面，用红色的油漆绘成顶为水平线的"▽"形，其顶端表示±0.000 位置。

在施工场地上，水准点的密度应尽可能满足安置一次仪器即可测设出所需的高程。在测图所布设的水准点往往是不够的，因此，还需要增设一些水准点。在一般情况下，建筑基线点、建筑方格网点或是导线点也可以兼作高程控制点，只需要在平面控制点的桩面上中心点旁边设置一个凸出的半球形金属标志即可。

任务 2　高程控制测量

建筑施工场地的高程控制测量一般采用水准测量方法，应根据施工场地附近的国家或城市已知水准点，测定施工场地水准点的高程，以便纳入统一的高程系统。水准测量的方法见单元 2 中项目 1 中水准仪的使用。

对于小型施工场地，高程控制网可一次性布设，当场地面积较大时，高程控制网可分为首级网和加密网两级布设，相应的水准点称为基本水准点和施工水准点。

一、选择题

1. 已知直线 AB 的坐标方位角为 186°，则直线 BA 的坐标方位角为（　　）。

   A. 96° 　　　　　　B. 276° 　　　　　　C. 6°

2. 坐标方位角是以（　　）为标准方向，顺时针转到测线的夹角。

   A. 真子午线方向　　B. 磁子午线方向　　　C. 坐标纵轴方向

3. 某基线丈量若干次计算得到平均长度为 540 m，平均值的中误差为 0.05 m，则该基线的相对误差为（　　）。

   A. 0.000 092 5　　B. 1/11 000　　　　C. 1/10 000

4. 用导线全长相对闭合差来衡量导线测量精度的公式是（　　）。

   A. $K = \dfrac{M}{D}$　　　　B. $K = \dfrac{1}{(D/|\Delta D|)}$　　　C. $K = \dfrac{1}{\left(\sum D/f_D\right)}$

5. 导线的坐标增量闭合差调整后，应使纵、横坐标增量改正数之和等于（　　）。

   A. 纵、横坐标增值量闭合差，其符号相同

   B. 导线全长闭合差，其符号相同

   C. 纵、横坐标增量闭合差，其符号相反

6. 导线的布置形式有（　　）。

   A. 一级导线、二级导线、图根导线

   B. 单向导线、往返导线、多边形导线

   C. 闭合导线、附合导线、支导线

7. 导线坐标计算的基本方法是（　　）。

   A. 坐标正算　　　B. 坐标反算　　　　C. 方位角推算

   D. 高差闭合差调整　E. 导线全长闭合差计算

8. 确定直线方向的标准方向有（　　）。

   A. 坐标纵轴方向　　B. 真子午线方向　　　C. 指向正北的方向

   D. 磁子午线方向直线方向

二、填空题

1. 导线的布置形式有_____、_____、_____。

2. 闭合导线的纵横坐标增量之和理论上应为_____，但由于有误差存在，故实际不为_____，应为_____。

3. 小区域平面控制网一般采用_____和_____。

4. 设有闭合导线 $ABCD$，算得 $\Delta x_{CD} = -100.03$ m，纵坐标增量 $\Delta x_{AB} = +100.00$ m，$\Delta x_{BC} = +50.02$ m，$\Delta x_{CB} = -50.00$ m，$\Delta x_{AD} = +50.01$ m，则纵坐标增量闭合差 $f_x = $_____。

5. 导线测量的外业工作是_____、_____、_____、_____。

6. 在施工测量中测设点的平面位置，根据地形条件和施工控制点的布设，可采用_____法、_____法、_____法和_____法。

7. 建筑场地的平面控制，主要有_____、_____和导线等形式；在一般情况下，高程控制采用_____等水准测量方法。

三、问答题与计算题

1. 闭合导线的内业计算有几步？有哪些闭合差？

2. 导线布置的形式有哪几种？为敷设经纬仪导线，在选点时应考虑哪些问题？

3. 已知四边形闭合导线内角的观测值见表 1，试在表中计算：角度闭合差；改正后角度值；推算出各边的坐标方位角。

表 1　四边形闭合导线内角的观测值

点号	角度观测值(右角)/(° ′ ″)	改正数/(° ′ ″)	改正后角值/(° ′ ″)	坐标方位角/(° ′ ″)
1	112　15　23			123　10　21
2	67　14　12			
3	54　15　20			
4	126　15　25			
$\sum$				
$\sum \beta =$		$f_\beta =$		

4. 如图 1 所示的附合导线。已知点 A、B 的坐标分别为 $x_A = 376.584$ m，$y_A = 1\ 126.771$ m，$x_B = 365.192$ m，$y_B = 624.763$ m。现测得各转折角为 $\beta_A = 330°12'36''$，$\beta_1 = 73°08'40''$，$\beta_2 = 68°39'56''$，$\beta_3 = 86°14'42''$，$\beta_B = 300°30'20''$，若 $f = \pm 40\sqrt{n}\,('')$，试求此附合导线的角度闭合差是否超限。

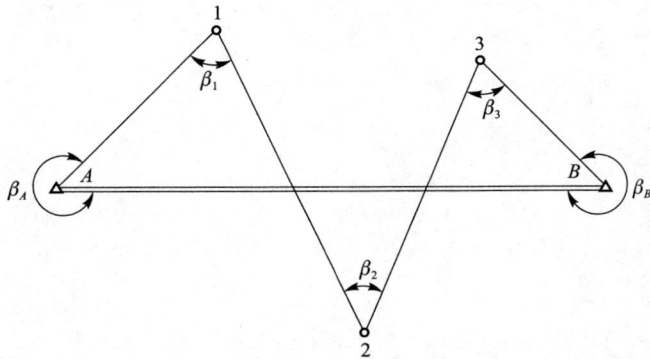

图 1　题 4 图

5. 从地形图上量得 A、B 两点的坐标和高程为：$x_A = 1\,237.52$ m，$y_A = 976.03$ m，$H_A = 163.574$ m；$x_B = 1\,176.02$ m，$y_B = 1\,017.35$ m，$H_B = 159.634$ m。试求 AB 水平距离、AB 边的坐标方位角、AB 直线坡度。

单元4　建筑物的定位与放线

学会已知水平角、已知水平距离、已知高程、点平面位置的测设方法；学会建筑定位和放线的方法；了解工程施工前的准备工作。

已知水平角、水平距离、高程、点平面位置的测设；工程施工前的准备工作；建筑的定位测量；建筑的放线测量。

项目1　预备知识

1. 能够利用钢尺和全站仪完成已知水平距离的测设。

2. 能够利用全站仪或经纬仪根据精度需求选取合适的测设方法完成已知水平角的测设。

3. 能够利用水准仪完成已知高程的测设，并配合钢尺进行高程向上或向下的传递。

4. 能够利用全站仪、经纬仪、钢尺等测量仪器，根据施工现场控制网布设情况选用合适的测设方法完成点平面位置的测设。

任务1　已知水平距离的测设

已知水平距离的测设，是从地面上一个已知点出发，沿给定的方向，量出已知(设计)的水平距离，在地面上定出这段距离另一端点的位置。

1. 钢尺测设

(1)一般方法。当测设精度要求不高时，从已知点开始，沿给定的方向，用钢尺直接丈量出已知水平距离，定出这段距离的另一端点。

为了校核，应改变起点读数再丈量一次，若两次丈量的相对误差在1/3 000～1/5 000，则取平均位置作为该端点的最后位置，如图 4-1-1 所示。

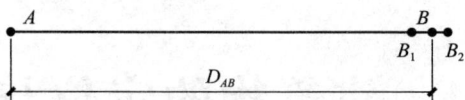

图 4-1-1　钢尺一般方法测设水平距离

(2)精确方法。当测设精度要求较高时，应使用检定过的钢尺，用经纬仪定线，根据已知水平距离 D，经过尺长改正、温度改正和倾斜改正后，计算出实地测设长度 L。

$$L=D-\Delta l_d-\Delta l_t-\Delta l_h \tag{4.1.1}$$

然后再根据计算结果，用钢尺进行测设，测设方法与一般方法相同。

📄 实例教学

【例 4-1-1】　如图 4-1-2 所示，从 A 点沿 AC 方向测设 B 点，使水平距离 $D=25.000$ m，所用钢尺的尺长方程式为 $l_t=30$ m$+0.003$ m$+1.25\times10^{-5}\times30$ m$\times(t-20\ ℃)$，测设时温度为 $t=30\ ℃$，测设时拉力与检定钢尺时拉力相同。

解：1)测设之前通过概量定出终点 B'，并测得两点之间的高差。

$$h_{AB'}=+1.000\ \text{m}$$

2)计算 L 的长度。

$$\Delta l_d=\frac{\Delta l}{l_0}\cdot D=\frac{0.003}{30}\times25=+0.002(\text{m})$$

$$\Delta l_t=\alpha(t-t_0)D=1.25\times10^{-5}\times(30-20)\times25=+0.003(\text{m})$$

$$\Delta l_h=-\frac{h_{AB'}^2}{2D}=-\frac{(+1.000)^2}{2\times25}=-0.20(\text{m})$$

$$L=D-\Delta l_d-\Delta l_t-\Delta l_h=25.000-0.002-0.003-(-0.020)=25.015(\text{m})$$

3)在地面上从 A 点沿 AC 方向用钢尺实量 25.015 m 定出 B 点，则 AB 两点之间的水平距离正好是已知值 25.000 m，操作如图 4-1-2 所示。

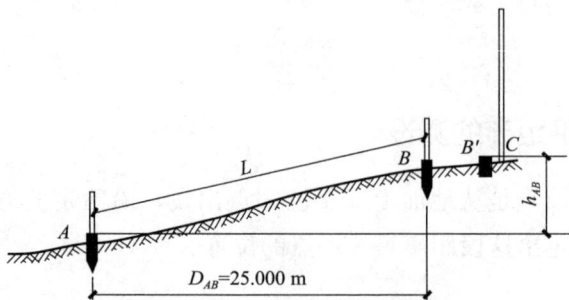

图 4-1-2　钢尺精密方法测设距离

2. 光电测距仪测设法

当测设精度要求较高时，一般采用光电测距仪测设法。测设步骤如下（图 4-1-3）：

(1)在 A 点安置光电测距仪，反光棱镜在已知方向上前后移动，使仪器显示值略大于测设的距离，定出 C_1 点。

(2)在 C_1 点安置反光棱镜，测出水平距离 D'，求出 D' 与应测设的水平距离 D 之差 $\Delta D = D - D'$。

(3)根据 ΔD 的数值在实地用钢尺沿测设方向将 C_1 改正至 C 点，并用木桩标定其点位。

(4)将反光棱镜安置于 C 点，再实测 AC 距离，其不符值应在限差之内，否则应再次进行改正，直至符合限差为止。

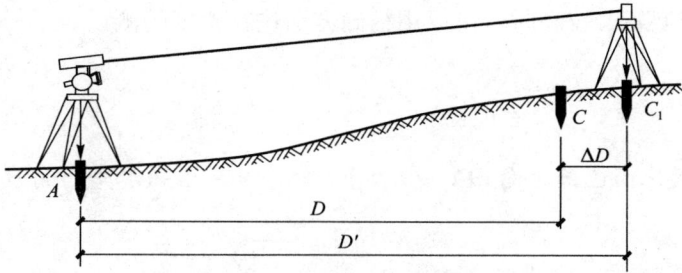

图 4-1-3　光电测距仪距离测设示意

任务2　已知水平角的测设

已知水平角的测设，就是在已知角顶点根据一个已知边方向，标定出另一边方向，使两方向的水平夹角等于已知水平角角度值。

1. 一般方法

当测设水平角的精度要求不高时，可采用盘左、盘右分中的方法测设。

📖 **实例教学**

【例 4-1-2】　设地面已知方向 OA，O 为角顶点，β 为已知水平角角度值，OB 为欲测定的方向线。

解：如图 4-1-4 所示，测设步骤如下：

(1)在 O 点安置经纬仪，盘左位置瞄准 A 点，使水平度盘读数为 $0°0'0''$。

(2)转动照准部，使水平度盘读数为 β 值，在此视线上定出 B_1 点。

(3)盘右位置，重复上述步骤，再测设一次，定出 B_2 点。

(4)取 B_1 和 B_2 的中点 B，则 $\angle AOB$ 就是要测设的 β 角。

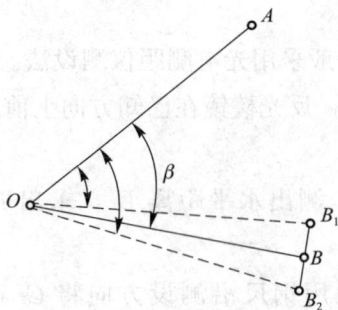

图 4-1-4 一般方法测设水平角

2. 精确方法

当角度测设精度要求较高时，可以用精确方法进行角度的测设。

📖 实例教学

【例 4-1-3】 设地面已知方向 OA，O 为角顶点，β 为已知水平角角度值，OB 为欲测定的方向线。

解： 如图 4-1-5 所示，测设步骤如下：

(1)先用一般方法测设出 B_1 点。

(2)用测回法对 $\angle AOB_1$ 观测若干个测回，求出各测回平均值 β_1，并计算出 $\Delta\beta=\beta-\beta_1$。

(3)量取 OB_1 的水平距离。

(4)计算改正距离。

$$BB_1 = OB_1\tan\Delta\beta \approx OB_1\,\frac{\Delta\beta}{\rho}$$

(5)自 B_1 点沿 OB_1 的垂直方向量出距离 BB_1，定出 B 点，则 $\angle AOB$ 就是要测设的角度。

量取改正距离时，如 $\Delta\beta$ 为正，则沿 OB_1 的垂直方向向外量取；如 $\Delta\beta$ 为负，则沿 OB_1 的垂直方向内量取。

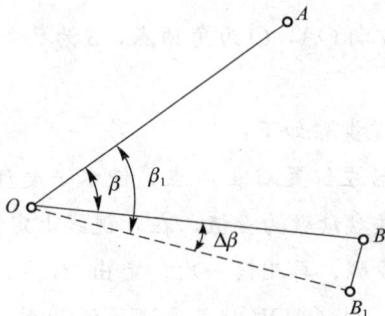

图 4-1-5 水平角测设精确方法

任务 3 已知高程的测设

已知高程的测设，是利用水准测量的方法，根据已知水准点，将设计高程测设到现场作业面上。

1. 高程测设的基本方法

例如，已知施工现场的水准点 R 的高程为 H_R，在设计图纸上查得某构筑物的高程为 $H_设$，现要求在木桩 A 上确定 $H_设$ 的位置，如图 4-1-6 所示。在 R、A 两点的中间位置安置水准仪，照准 R 点上的水准尺，精平后读出 a，利用 $b=H_R+a-H_设$ 计算出 b 值，将 R 点水准尺移至 A 点位置，水准尺立直，并紧靠在桩的侧面，水准仪精平后，指挥扶尺者上、下移动水准尺，当视线方向上的读数刚好等于 b 时，指挥立尺者沿水准尺的底部在 A 点木桩的侧面画一道线，此线即为测设的位置，也就是 $H_设$ 的高程。

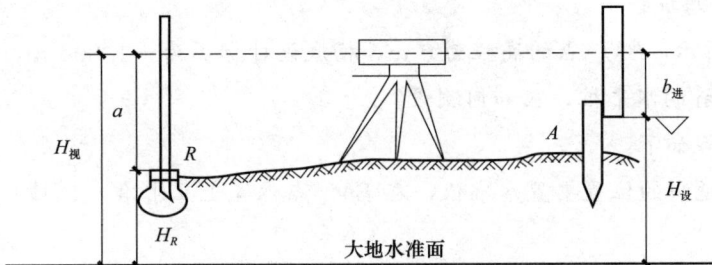

图 4-1-6 建筑物高程测设

📖 实例教学

【例 4-1-4】 已知高程的测设

如图 4-1-6 所示，已知水准点 R 的高程 $H_R=21.370\ \text{m}$，测设于 A 桩上的 ±0.000 的已知设计高程 $H_设=22.400\ \text{m}$。水准仪在 R 点的后视读数 $a=1.783\ \text{m}$，请在 A 桩上画一条 ±0.000 水平线，使该线高程正好等于 $H_设$。

解：设 A 桩的前视读数为 $b_进$，则 $b_进$ 应满足关系式：

$$H_设=H_R+a=H_设+b_进$$

即

$$b_进=H_R+a-H_设=21.370+1.783-22.400=0.753(\text{m})$$

测设时，将水准尺沿 A 桩的侧面上下移动，当水准尺上的读数刚好为 0.753 m 时，紧靠水准尺底部在 A 桩上画一条红线，该红线的绝对高程 $H_设$ 即为 22.400 m。

2. 基础施工中基槽(坑)的抄平测量

工程中的标高测量是依据施工进度，按照施工图的要求测设并标出建筑的标高位置来指导施工的，标高测量工作总是走在施工的前面，否则会影响施工，所以，掌握施工进度、熟悉工种环节是很重要的。

建(构)筑物轴线放样完毕后,按照基础平面图上的设计尺寸,在地面放出灰线的位置上进行开挖。为了控制基槽(坑)开挖深度,当快挖到基底设计标高时,可用水准仪根据地面上 BM_a 的桩点在槽壁上测设一些水平小木桩,如图 4-1-7 所示,使木桩的表面距离槽底的设计标高为一固定值(一般为 0.500 m),用以控制挖槽深度。为了施工时使用方便,一般在槽壁各拐角处、深度变化处和基槽壁上每隔 3～4 m 测设一水平桩,并沿桩顶面拉直线绳作为清理基底和打基础垫层时控制标高的依据。

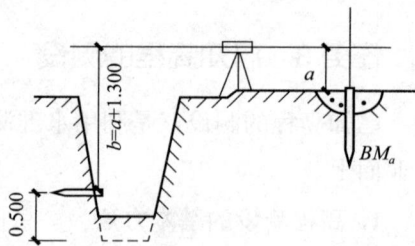

图 4-1-7　水平桩的测设

📖 实例教学

【例 4-1-5】 基坑抄平

如图 4-1-7 所示,BM_a 点的高程为 0 m,槽底设计标高为 -1.800 m,欲测设比槽底设计标高高 0.500 m 的水平桩,应如何测设?

解: 测设步骤如下:

第一步,在适当的位置安置水准仪,在 BM_a 点位置上立水准尺,精平后读出后视读数 a:$a=1.324$ m。

第二步,计算出测设水平桩时,应读的前视读数为

$$b=1.324+(1.800-0.500)=2.624(\text{m})$$

第三步,在槽内一侧立水准尺,水准仪精平后,指挥扶尺者上、下移动水准尺,使之对准读数值为 2.624 的位置,并沿水准尺的底部在槽壁上打入一小木桩。

则该处的水平桩便测设好了,用同样的方法测设其他位置的水平桩。

3. 高程的上下传递

当向较深的基坑和较高的建筑物上测设已知高程时,除用水准尺外,还需借助钢尺采用高程上下传递的方法来进行。

(1)向基坑测设高程。深基坑施工中,需要由地面向基坑底部传递高程,由于水准尺不够长,此时,可用悬吊钢尺代替水准尺进行高程测设工作。

如图 4-1-8(a)所示,欲根据地面水准点 A,在坑内测设点 B,使其高程为 H_B。为此,在坑边架设一吊杆,杆顶用一根零点向下的钢尺,尺的下端挂一质量相当于钢尺检定时拉力的重物,在地面上和坑内各安置一台水准仪,分别在水准尺上和钢尺上读取读数得 a_1、a_2、b_1,则 B 点水准尺读数 b_2 应为 $b_2=(H_A+a_1)-(b_1-a_2)-H_B$,然后按相同的方法由坑底的仪器操作者指挥 B 点的立尺者在桩上画出测设点的高度位置。

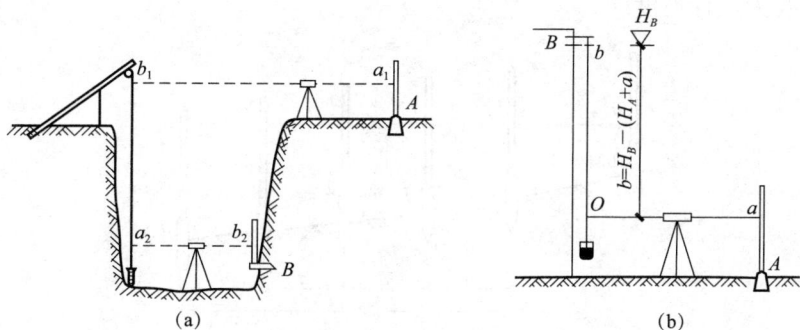

图 4-1-8　高程传递

(a)向基坑测设高程；(b)向高处建筑物测设高程

📖 *实例教学*

【例 4-1-6】　基坑测设

如图 4-1-8(a)所示，设已知水准点 A 的高程 $H_A = 21.370$ m，要在坑内侧测出高程 $H_B = 12.500$ m 的 B 点位置。现悬挂一根带有重锤的钢卷尺，零点在下端。先在地面上安置水准仪，后视 A 点读数 $a_1 = 1.573$ m，前视钢尺读数 $b_1 = 10.826$ m；再在坑内安置水准仪，后视钢尺读数 $a_2 = 1.387$ m，问此时如何测设出 B 点的高程。

解： 设 B 桩的前视读数为 b_2，则 b_2 应满足关系式：

$$H_A + a_1 = H_B + b_2 + (b_1 - a_2)$$

即

$$b_2 = H_A + a_1 - (b_1 - a_2) - H_B = 1.004 \text{（m）}$$

计算出前视读数 b_2 后，沿坑壁树立水准标尺，上下移动水准标尺，当其读数正好为 b_2 时，沿水准标尺底面向基坑壁钉设木桩，则木桩顶面的高程即为 H_B。

(2)向高处建筑物测设高程。如图 4-1-8(b)所示，向高处建筑物 B 处测设高程 H_B，则可于该处悬吊钢尺，钢卷尺零点在下端，使水准仪的中丝对准钢尺零端(0 分划线)，则当钢尺上端分划读数为 b 时，$b = H_B - (H_A + a)$，该分划线所对的位置即测设的高程 H_B。为了校核，可采用改变悬吊位置后，再用上述方法测设，两次较差不应超过 ±3 mm。

4. 坡度线的测设

测设指定的坡度线，在道路建设、敷设上下水管道及排水沟等工程施工中应用广泛。坡度线的测设是根据附近的已知水准点的高程、设计坡度和坡度线端点的设计高程，用已知高程的测设方法将坡度线上各点的设计高程标定在地面上。测设方法有水平视线法和倾斜视线法两种，现介绍如下。

(1)水平视线法。水平视线法是采用水准仪来测设的。如图 4-1-9 所示，A、B 为设计坡度线的两端点，其设计高程均已知，同时，两点之间的平距 D 和设计坡度 i_{AB} 也已知，为使施工方便，要在 AB 方向上每隔距离 d 定一木桩，并在每个木桩上标线，目的是使所有木桩标线的连线为设计坡度线。

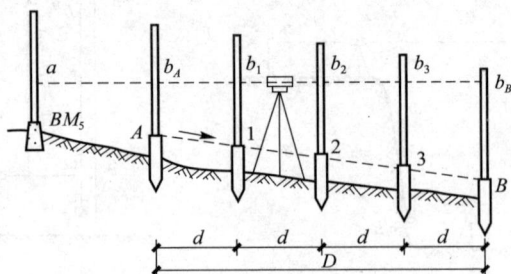

图 4-1-9　水平视线法放坡

📖实例教学

【例 4-1-7】　水平视线法放坡

如图 4-1-9 所示，已知水准点 BM_5 的高程为 $H_5 = 10.283$ m，设计坡度线两端点 A、B 的设计高程分别为 $H_A = 9.800$ m，$H_B = 8.840$ m，AB 两点之间的平距为 $D = 80$ m，AB 设计坡度为 $i_{AB} = -2.2\%$，为使施工方便，要在 AB 方向上每隔距离 20 m 定一木桩，试在各木桩上标定出坡度线。

解：第一步，沿 AB 方向，用钢尺定出间距为 $d = 20$ m 的中间点 1、2、3 的位置，并打下木桩。

第二步，计算各桩点的设计高程：

第 1 点的设计高程　　　　　$H_1 = H_A + i_{AB} \cdot d = 9.560$（m）

第 2 点的设计高程　　　　　$H_2 = H_1 + i_{AB} \cdot d = 9.320$（m）

第 3 点的设计高程　　　　　$H_3 = H_2 + i_{AB} \cdot d = 9.080$（m）

B 点的设计高程　　　　　$H_1 = H_3 + i_{AB} \cdot d = 8.840$（m）

或　　　　　　　　　　$H_B = H_A + i_{AB} \cdot D = 8.840$（m）（检核）

注意：坡度 i 有正有负，计算测设高程时，坡度应连同符号一并运算。

第三步，安置水准仪于水准点 BM_5 附近，设后视读数 $a = 0.855$ m，则可计算出仪器视线高程：$H_i = H_5 + a = 12.138$ m。然后根据各点设计高程计算测设各点的应读前视尺读数，依次计算得 $b_A = 2.138$ m，$b_1 = 1.578$ m，$b_2 = 1.818$ m，$b_3 = 2.058$ m，$b_B = 2.298$ m。

第四步，水准尺分别贴靠在各木桩的侧面，上、下移动水准尺，直至尺读数为 b_j 时，便可沿水准尺底面画一横线，各木桩上横线的连线即 AB 设计坡度线。

(2)倾斜视线法。倾斜视线法测设坡度线一般是用经纬仪，坡度不大时也可采用水准仪。

如图 4-1-10 所示，A、B 为坡度线的两端点，其水平距离为 D，A 点的高程为 H_A，要沿 AB 方向测设一条坡度为 i_{AB} 的坡度线。

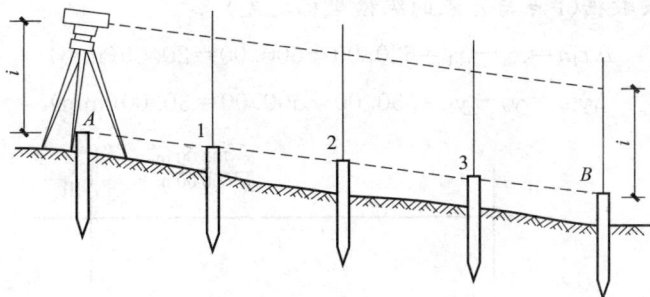

图 4-1-10　倾斜视线法放坡

下面介绍用水准仪来测设坡度线的倾斜视线法的方法。

第一步，根据 A 点的高程、坡度 i_{AB} 及 A、B 两点之间的水平距离计算出 B 点的设计高程。

第二步，按测设已知高程的方法，将 A、B 两点的高程测设在地面的木桩上。

第三步，将水准仪安置在 A 点上，使基座上一个脚螺旋在 AB 方向上，其余两个脚螺旋的连线与 AB 方向垂直，量取仪器高 i，再转动 AB 方向上的脚螺旋和微倾螺旋，使十字丝中丝对准 B 点水准尺上的读数等于仪器高 i。此时，仪器的视线与设计坡度视线与设计坡度线平行。

第四步，在 AB 方向的中间各点 1、2、3、…的木桩侧面立尺，上、下移动水准尺，直至尺上读数等于仪器高 i 时，沿尺子底面在木桩上画一红线，则各桩红线的连线就是设计坡度线。

注意： 如果设计坡度较大，超出水准仪脚螺旋所能调节的范围，则要用经纬仪测设，其方法相同。

任务4　点平面位置的测设

1. 直角坐标法

直角坐标法是根据直角坐标原理，利用纵横坐标之差，测设点的平面位置。

直角坐标法适用于施工控制网为建筑方格网或建筑基线的形式，且量距方便的建筑施工场地。

实例教学

【例 4-1-8】　如图 4-1-11 所示，施工现场控制网为建筑方格网，要求在现场将建筑物的 4 个角点 a、b、c、d 标定出来。

解：（1）计算测设数据。

$$建筑物的长度 = y_c - y_a = 580.00 - 530.00 = 50.00(m)$$
$$建筑物的宽度 = x_c - x_a = 650.00 - 620.00 = 30.00(m)$$

测设 a 点的测设数据(I 点与 a 点的纵横坐标之差):

$$\Delta x_{Ia}=x_a-x_I=620.00-600.00=20.00(\text{mm})$$

$$\Delta y_{Ia}=y_a-y_I=530.00-500.00=30.00(\text{mm})$$

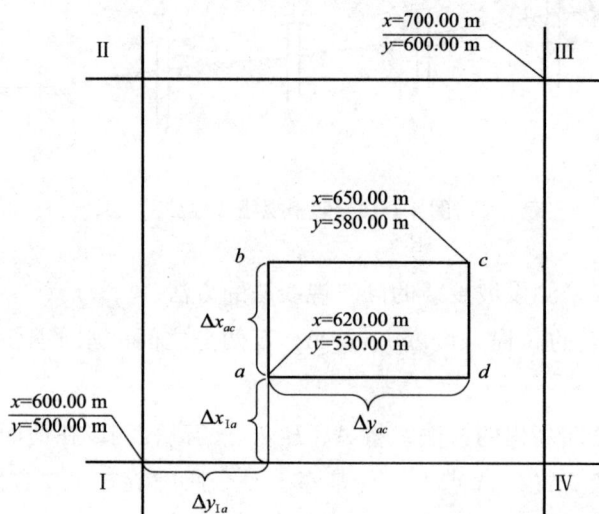

图 4-1-11　直角坐标法测设点平面位置

(2)点的测设。测设步骤如图 4-1-12 所示。

1)在 I 点安置经纬仪或全站仪,IV 点立观测标志,瞄准 IV 点。

2)在 IIV 方向上测设距离 30.00 m 标定出 m 点,然后向前测设 50.00 m 标定出 n 点。

3)在 m 点安置经纬仪或全站仪瞄准 IV 点,逆时针转 90°,然后沿此方向测设距离 20.00 m 标定出 a 点,再向前测设 30.00 m 标定出 b 点。

4)在 n 点安置经纬仪或全站仪瞄准 I 点,顺时针转 90°,而后沿此方向测设距离 20.00 m 标定出 d 点,再向前测设 30.00 m 标定出 c 点。

5)检查建筑物四角是否等于 90°,各边长是否等于设计长度,其误差均应在限差以内。

测设距离和角度时,可根据精度要求分别采用一般方法或精密方法。

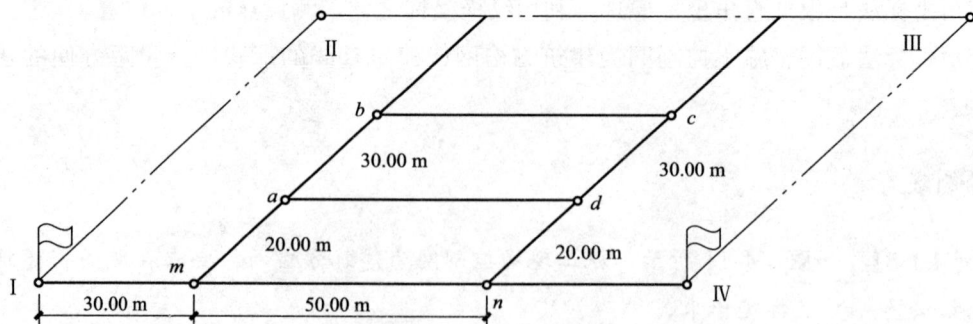

图 4-1-12　点位测设步骤

2. 极坐标法

极坐标法是根据一个水平角和一段水平距离，测设点的平面位置。

极坐标法适用于量距方便，且待测设点距离控制点较近的建筑施工场地。

📄 实例教学

【例 4-1-9】 如图 4-1-13 所示，A、B 点是施工现场控制点，坐标已知，建筑物 $PQRS$ 4 个角点坐标已知，将 P、Q、R、S 点在现场标定出来。

解： 以 P 点为例，测设步骤为：

(1)计算测设数据。

计算 AB、AP 边的坐标方位角：

$$\alpha_{AB} = \arctan \frac{\Delta y_{AB}}{\Delta x_{AB}}$$

$$\alpha_{AP} = \arctan \frac{\Delta y_{AP}}{\Delta x_{AP}}$$

计算 AP 与 AB 之间的夹角：

$$\beta = \alpha_{AB} - \alpha_{AP}$$

计算 A、P 两点之间的水平距离：

$$D_{AP} = \sqrt{(x_P - x_A)^2 + (y_P - y_A)^2} = \sqrt{\Delta x_{AP}{}^2 + \Delta y_{AP}{}^2}$$

(2)P 点的测设。

1)在 A 点安置经纬仪或全站仪，B 点立观测标志，瞄准 B 点，以 AB 方向为准，逆时针方向测设水平角 β。

2)沿水平角 β 的测设方向测设距离 D_{AP} 标定出 P 点。

同理可测设出 Q、R、S 点，而后检查建筑物四角是否等于 90°，各边长是否等于设计长度，其误差均应在限差以内。

测设距离和角度时，可根据精度要求分别采用一般方法或精密方法。

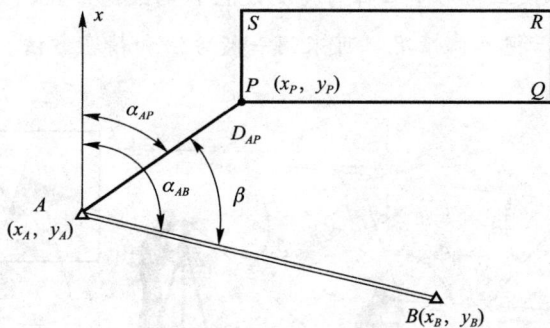

图 4-1-13 极坐标法点平面位置测设

3. 角度交会法

角度交会法是在两个或多个控制点上安置经纬仪，通过测设两个或多个已知水平角角度，交会得出点的平面位置。

角度交会法适用于待测设点距控制点较远，且量距较困难的建筑施工场地。

实例教学

【例 4-1-10】 如图 4-1-14 所示，A、B、C 为施工现场控制点，坐标已知，欲测设已知坐标点 P。

解：（1）测设数据计算：按坐标反算公式，分别计算出 α_{AB}、α_{AP}、α_{BP}、α_{CB} 和 α_{CP}。

计算水平角 β_1、β_2 和 β_3，如图 4-1-14 所示。

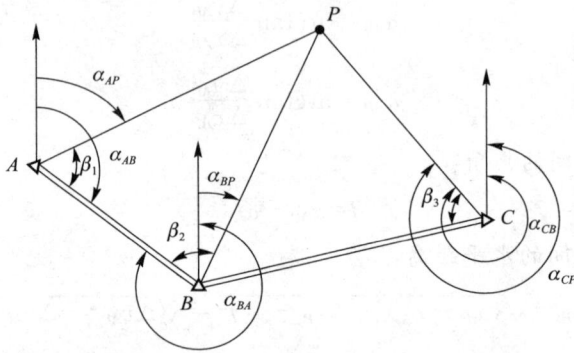

图 4-1-14　角度交会法点位测设

（2）角度交会法测设 P 点，如图 4-1-15 所示，步骤如下：

1）分别在 A、B、C 三点安置经纬仪或全站仪，立观测标志。

2）分别以 AB 为基准方向逆时针测设角度 β_1；以 BA 为基准方向顺时针测设角度 β_2；以 CB 为基准方向逆时针测设角度 β_3。测设出的 3 个方向相交成一个示误三角形，若示误三角形边长在限差以内，则取示误三角形重心作为待测设点 P 的最终位置，如图 4-1-14 所示。

测设 β_1、β_2 和 β_3 时，视具体情况，可采用一般方法和精密方法。

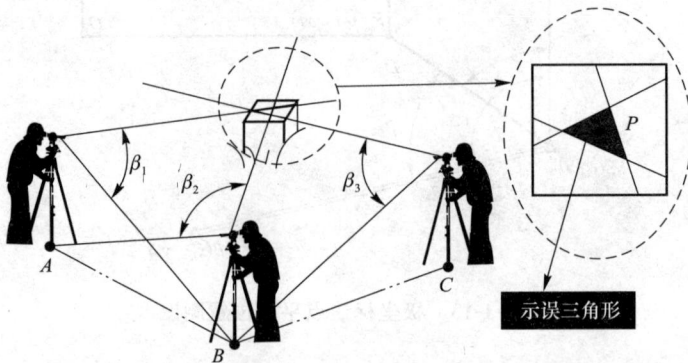

示误三角形

图 4-1-15　角度交会测设 P 点

4. 距离交会法

距离交会法是由两个控制点测设两段已知水平距离，交会定出点的平面位置。

距离交会法适用于待测设点至控制点的距离不超过一尺段长，且地势平坦、量距方便的建筑施工场地。

实例教学

【例 4-1-11】 如图 4-1-16 所示，A、B 为施工现场控制点，建筑 $PQRS$ 的 4 个角点坐标已知，且与两控制点的距离都在一段钢尺的量程范围内，用距离交会法测设建筑角点。

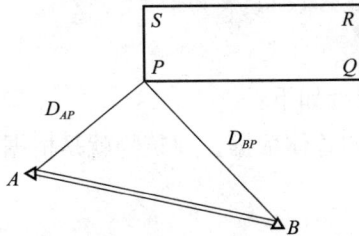

图 4-1-16　距离交会法测设

解： 以 P 点为例，测设步骤如下：

(1)计算测设数据。根据 A、B、P 3 点的坐标值，分别计算出 D_{AP} 和 D_{BP}。

(2)P 点测设。用钢尺零点对齐 A 点，以 D_{AP} 为半径在地面画弧，然后再用钢尺零点对齐 B 点，以 D_{BP} 为半径在地面画弧，两弧交点即 P 点，如图 4-1-17 所示。

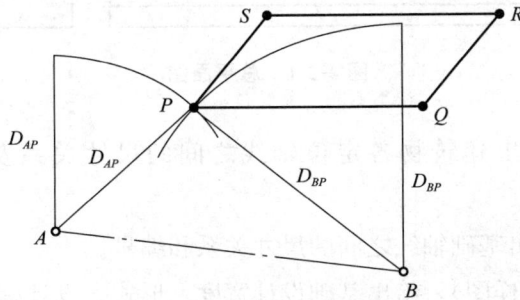

图 4-1-17　距离交会法测设 P 点

同理可测设出 Q、R、S 3 点。

丈量建筑物长、宽，与测设值进行比较，其误差应在限差以内。

5. 全站仪坐标测设法

利用全站仪进行坐标测设，首先要进行测站坐标设置和后视定向，输入需要测设的点位坐标，配合棱镜根据全站仪角度和距离的提示找到放样点。

项目2 施工测量前准备工作

知道工程施工前需要做的准备工作。

任务1 准备图纸

施工测量前，需要准备的图纸如下：

(1)总平面图，是施工测量的总体依据。建筑物就是根据总平面图上所给的尺寸关系进行定位的，如图4-2-1所示。

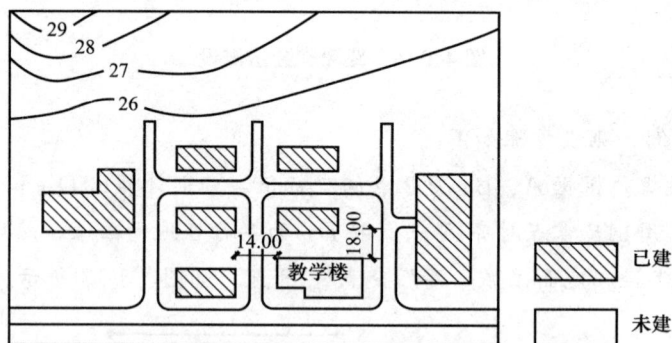

图4-2-1 总平面图

(2)建筑平面图，给出建筑物各定位轴线之间的尺寸关系及室内地坪标高等，如图4-2-2所示。

(3)基础平面图，给出基础轴线之间的尺寸关系和编号。

(4)基础详图(基础大样图)，给出基础设计宽度、形式、设计标高及基础边线与轴线的尺寸关系，是基础施工的依据。

(5)立面图和剖面图，给出基础、地坪、门窗、楼板、屋架和屋面等设计高程，是高程测设的主要依据。

测量放线人员应该仔细查看图纸，熟悉建筑物的设计图纸，了解施工建筑物与相邻建筑物的相互关系，以及建筑物的尺寸和施工要求等，并仔细核对各设计图纸的有关尺寸。

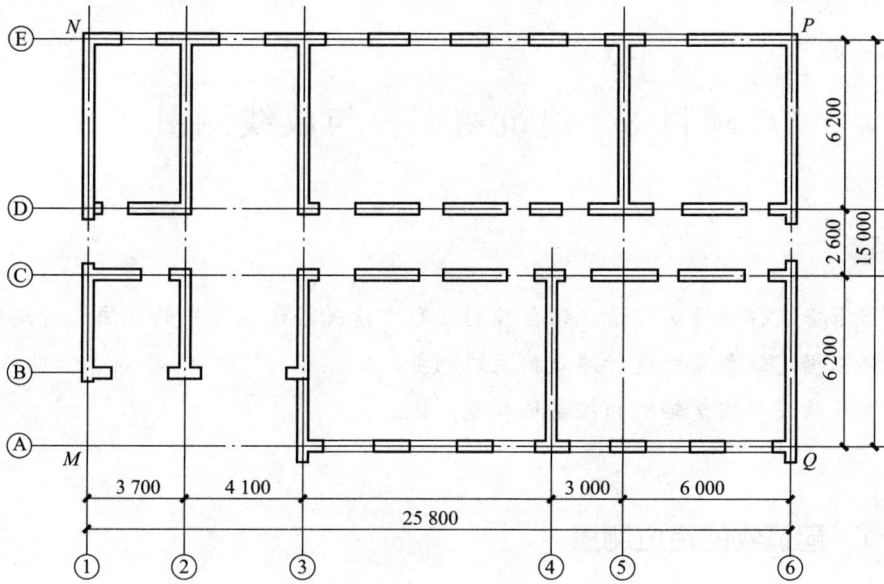

图 4-2-2　建筑平面图

任务 2　现场准备

1. 踏勘现场

了解施工现场周围地物及测量控制点的分布情况，并对测量控制点的点位进行检核，以取得正确的起始数据。

2. 施工场地整平

利用地形图按照设计要求平整施工现场，并清理干净。

任务 3　确定测设方案

根据总平面图给定的建筑物位置及现场控制点情况，拟订放样方案并绘制放样略图。在放样略图上标出建筑物轴线之间的主要尺寸及有关的放样数据，供现场放样时使用，如图 4-2-3 所示。

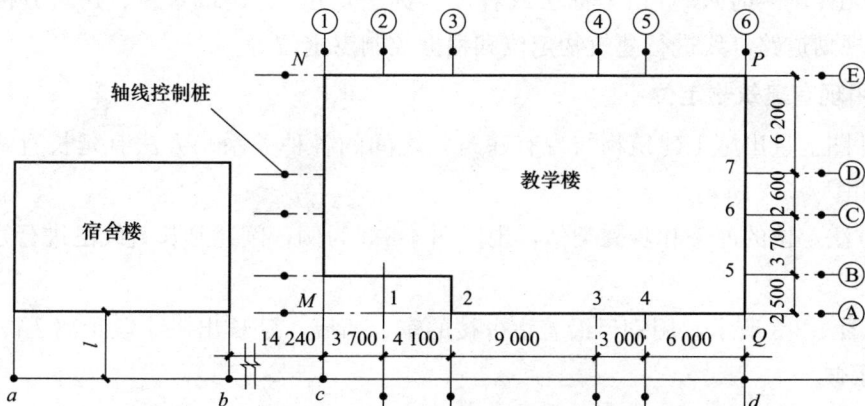

图 4-2-3　建筑物定位放线

项目3 建筑物定位与放线测量

能力目标

1. 能够根据工程现场实际情况结合控制点布设情况，选取适当的方法进行建筑物定位。
2. 能够根据建筑角点桩进行建筑物放线测量。
3. 能够正确设置恢复轴线的控制桩和龙门板。

任务1 建筑物的定位测量

建筑物定位测量，是指将建筑物外轮廓各轴线交点测设在地面上，作为基础放样和细部放样的依据。建筑物外轮廓各轴线的交点，工程上又称为角桩，如图 4-3-1 中的 M、N、P、Q 点。

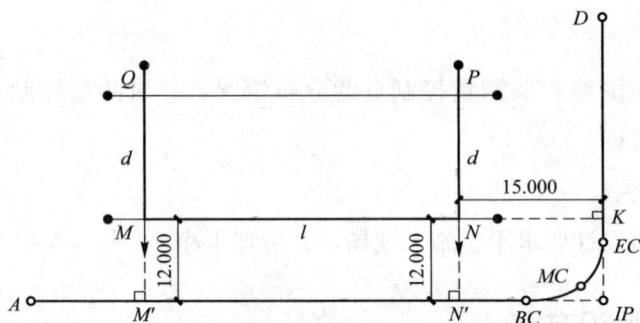

图 4-3-1 根据建筑红线测设建筑物轴线

因为定位条件不同，定位方法也不同，工程中常用的建筑物定位的方法包括根据已有建筑定位（无控制网时）、直角坐标法或者极坐标法定位（有建筑基线、建筑方格网或导线网）、根据规划道路红线进行建筑物定位和根据控制点定位等。

1. 利用现有建筑物定位

在设计图上量出施工建筑物与现有建筑物之间的各种关系，方法有延长直线法和直角坐标法，如图 4-3-2 所示。

两种方法定位的原理和步骤类似，现以图 4-2-3 为例，阐述延长直线法进行建筑物定位的步骤：

(1)如图 4-2-3 所示，用钢尺沿着宿舍楼的东、西墙，延长出一小段距离 l 得到 a、b 两点，做出标志。

(2)在 a 点安置经纬仪/全站仪，对准 b 点，沿 ab 方向量取 14.240 m（考虑建筑物外墙

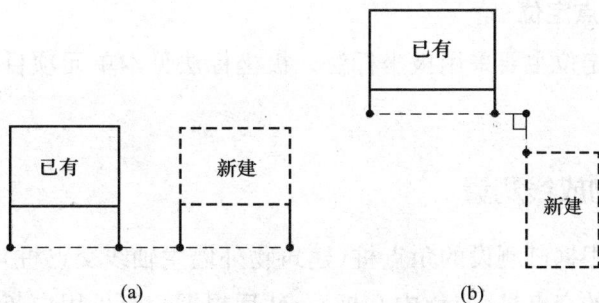

图 4-3-2　利用现有建筑物定位方法

(a)延长直线法；(b)直角坐标法

为 370 mm，轴线偏里，距外墙皮 240 mm），定出 c 点，做出标志；继续沿 ab 方向从 c 点量取 25.800 m，定出 d 点，做出标志。cd 线就是教学楼平面位置的建筑基线。

(3)分别在 c、d 两点安置经纬仪/全站仪，瞄准 a 点，顺时针方向测设 90°，沿此视线方向量取距离 $l+0.24$ m，定出 M、Q 两点，做出标志，再继续量取 N、P 两点，做出标志。M、N、P、Q 点即教学楼的外轮廓定位轴线的交点。

(4)检查 NP 的距离是否等于 25.800 m，$\angle N$ 和 $\angle P$ 是否等于 90°，其误差应在允许范围内。

注意：测设时，要考虑待建建筑物墙的厚度。

2. 直角坐标法、极坐标法进行定位

布设有建筑基线或建筑方格网的建筑场地，可根据建筑基线或建筑方格网网点和建筑物各角点的设计坐标，采用直角坐标法测设建筑物的位置。如地形条件不允许时，可采用极坐标法。

采用直角坐标法、极坐标法进行建筑物定位见本单元项目 1 任务 4 点平面位置的测设。

3. 根据规划道路红线进行建筑物定位

建筑红线又称规划红线，是经规划部门审批并由国土管理部门在现场直接放样出来的建筑用地边界点的连线，规划红线具有法律效力。

如图 4-3-1 所示，A、BC、MC、EC、D 为城市规划道路红线点，IP 为两直线段的交点，转角为 90°，BC、MC、EC 为圆曲线上的 3 点，设计建筑物 $MNPQ$ 与城市规划道路红线间的距离注于图上。测设时，可根据设计建筑物与道路红线的位置关系，利用建筑用地边界点测设，步骤如下：

(1)在道路红线上从 IP 点沿 $IP—A$ 的方向量 15 m 得到 N' 点，再量建筑物长度得到 M' 点。

(2)分别在 M' 和 N' 点安置经纬仪或全站仪，测设 90°并量 12 m 得到 M、N 两点，再量建筑物宽度 d 分别得到 Q、P 两点。

(3)检查角度和边长是否符合限差要求。采用经纬仪测设时：距离相对精度小于 1/5 000；角度差值±1′。

4. 根据测量控制点定位

根据测量控制点定位主要采用极坐标法。极坐标法见本单元项目 1 任务 4 点平面位置的测设相关内容。

任务 2　建筑物放线测量

建筑物放线就是根据已测设的角点桩(建筑物外墙主轴线交点桩)及建筑物平面图,详细测设建筑物各轴线的交点桩(或称中心桩),然后根据交点桩用白灰撒出基槽开挖的边界线。放线的方法如下:

(1)在外墙轴线边上测设中心桩位置。如图 4-2-3 所示,在角点 M 处安置经纬仪瞄准 Q 点,用钢尺沿 MQ 方向量出相邻两轴线之间的距离,定出 1、2、3、4 各点(或者用全站仪直接定向和定点),同理可定出 5、6、7 点,做出标志。

注意: 量距精度要达到要求,用钢尺量出轴线之间的距离时,钢尺零点始终要对在同一点上。

(2)设置恢复轴线的控制桩或龙门板。由于在开挖基槽时,角点桩和中心桩都要被挖掉,为了便于在施工中恢复各轴线的位置,应该把轴线延长到基槽外安全地点,并做好标志。常用设置轴线控制桩或龙门板的方法。

1)设置轴线控制桩。轴线控制桩设置在基槽外、基础轴线的延长线上,作为开槽后各施工阶段恢复轴线的依据。如图 4-3-3 所示,轴线控制桩一般设置在基槽外 3～5 m 处,打下木桩,桩顶钉上小钉,准确标出轴线的位置,并用混凝土包裹木桩。如果附近有建筑物,也可以把轴线投测到建筑物上,用红油漆做出标志,以代替轴线控制桩。

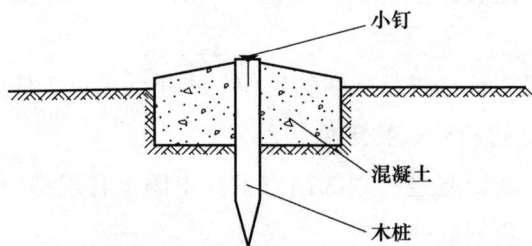

图 4-3-3　轴线控制桩

2)设置龙门板。在小型民用建筑施工中,常将各轴线引测到基槽外的水平木板上。水平木板称为龙门板,固定龙门板的木桩也称为龙门桩,如图 4-3-4 所示。设置龙门板的步骤如下:

①在建筑物四角与隔墙两端,基槽开挖边界线外 1.5～2 m 处设置龙门桩。龙门桩要钉竖直、牢固,且龙门桩的外侧面应与基槽平行。

②利用施工现场的水准点,用水准仪在每个龙门桩外侧测设出该建筑物室内地坪的设计高程,即±0.000 标高线,做出标志。

③沿龙门桩上±0.000 标高线钉设龙门板,这样龙门板的顶面高程就为±0.000。然后,

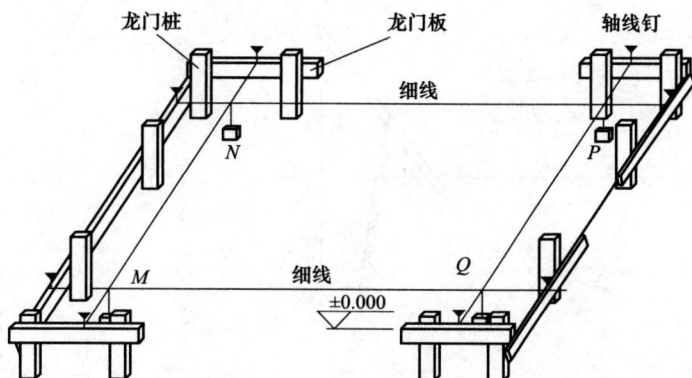

图 4-3-4 龙门板

用水准仪校核龙门板的高程，若有误差应及时纠正，其允许误差为±5 mm。

④如图 4-3-4 所示，在 N 点安置经纬仪或全站仪，瞄准 P 点，沿视线方向在龙门板上定出一点，用小钉做标志，纵转望远镜在 N 点的龙门板上也钉一个小钉。同理，可将各轴线引测到龙门板上，所钉的小钉称为轴线钉。轴线钉的误差应小于±5 mm。

⑤用钢尺沿龙门板的顶面，检查轴线钉的间距，与轴线间距比较，误差不超过1:2 000。检查合格后，以轴线钉为基准，将墙边线、基础边线、基础开挖边线等标定在龙门板上。

知识检验

1. 如图 1 所示，A、B 为控制点，已知：$x_B = 643.82$ m，$y_B = 677.11$ m，$D_{AB} = 87.67$ m，$\alpha_{BA} = 156°31'20''$，待测设点 P 的坐标为 $x_P = 535.22$ m，$y_P = 701.78$ m，若采用极坐标法测设 P 点，试计算测设数据。简述测设过程，并绘出测设示意图。

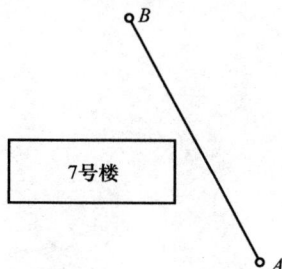

图 1 题 1 图

2. 建筑定位测量有哪些方法？

3. 如图 2 所示，已知地面水准点 A 的高程 $H_A = 40.000$ m，若在基坑内 B 点测设 $H_B = 30.000$ m，测设时 $a = 1.415$ m，$b = 11.365$ m，$a_1 = 1.205$，试计算当 b_1 为多少时，其尺底即为设计高程 H_B？

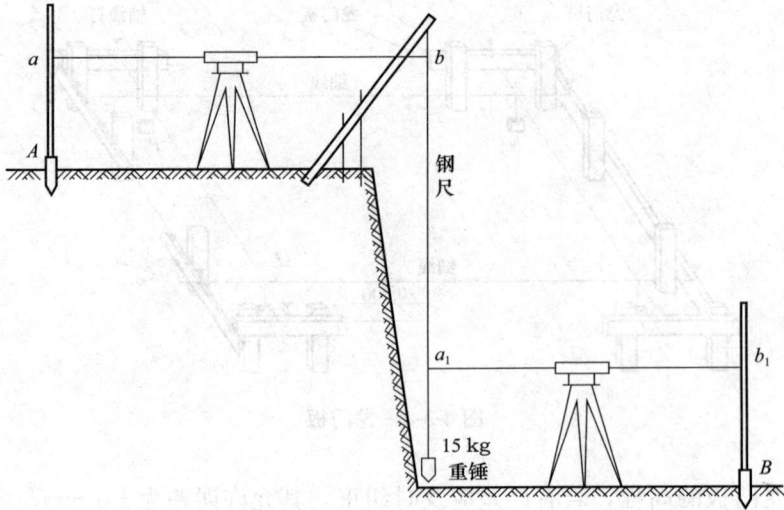

图 2   题 3 图

4. 设地面上 A 点高程 $H_A=32.785$ m，现要从 A 点沿 AB 方向修筑一条坡度为 -2% 的道路，AB 的水平距离为 120 m，每隔 20 m 打一中间点桩。试述用经纬仪测设 AB 坡度线的做法，并绘草图表示。若用水准仪测设坡度线，做法有何不同？

单元 5　基础工程施工测量

单元任务

了解多层民用建筑和高层建筑基础工程施工测量的具体内容；能够利用水准仪、钢尺、全站仪等测量工具完成建筑基础工程施工各阶段的施工测量。

学习内容

确定多层民用建筑基础开挖边线；基坑抄平；垫层和基础墙体施工测量；高层建筑施工测量；基坑沉降和水平位移监测。

基础施工放线是建筑物定位桩测定后，由测量人员、施工现场负责人及监理人员共同对基础工程进行放线及测量复核（监理人员主要是旁站监督、验证），最后放出所有建筑物轴线的定位桩，所有轴线定位桩是根据规划部门的定位桩（至少4个）及建筑物底层施工平面图测定的。放线工具主要有全站仪、经纬仪、龙门板、线绳、线坠、钢尺等。

项目 1　多层民用建筑基础施工测量

能力目标

1. 能够根据角桩点确定基础开挖边线。
2. 能够利用水准仪、钢尺等工具设置水平桩和垫层标高控制桩。
3. 能够正确投测垫层中线和恢复墙体轴线，并控制标高。

民用建筑是指住宅、办公楼、食堂、俱乐部、医院和学校等建筑物。民用建筑按楼层多少又可分为单层、低层（2~3层）、多层（4~6层）、中高层（7~9层）、高层（10层及10层以上）。对于不同的类型，其放样方法和精度要求有所不同，但放样过程基本相同。

建筑物±0.000 m以下的部分称为建筑物的基础，按构造方式可分为条形基础、独立基础、筏形基础和箱形基础等。

下面主要介绍条形基础工程的施工测量。

条形基础施工测量的主要内容有基槽开挖边线放线、基坑抄平、垫层施工测设和基础墙施工放样。

任务 1 基槽开挖边线放线

在基础开挖之前，首先，按照基础详图上的基槽宽度再加上口放坡的尺寸，由中心桩向两边各量出相应尺寸，并做出标记；然后，在基槽两端的标记之间拉一细线，沿着细线在地面用白灰撒出基槽边线，施工时就按此灰线进行开挖，如图 5-1-1 所示。

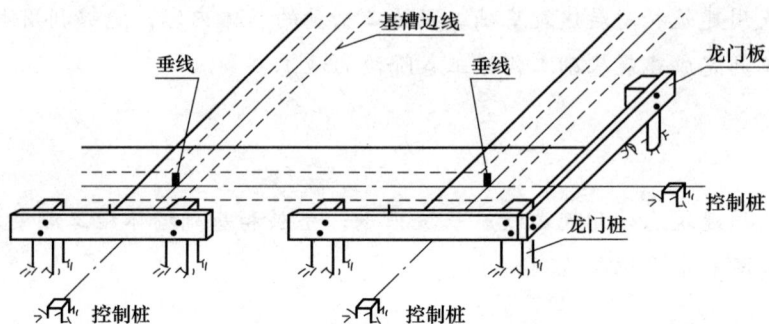

图 5-1-1 基槽开挖边线的确定

任务 2 基坑抄平

建筑施工中的高程测设，又称抄平。

1. 设置水平桩

为了控制基槽的开挖深度，当快开挖到槽底设计标高时(一般距坑底设计高程 $0.3 \sim 0.5$ m 处)，应用水准仪根据地面上 ± 0.000，在槽壁上测设一些水平小木桩(称为水平桩)，如图 5-1-2 所示，使木桩的上表面离槽底的设计标高为固定值(如 0.500 m)。

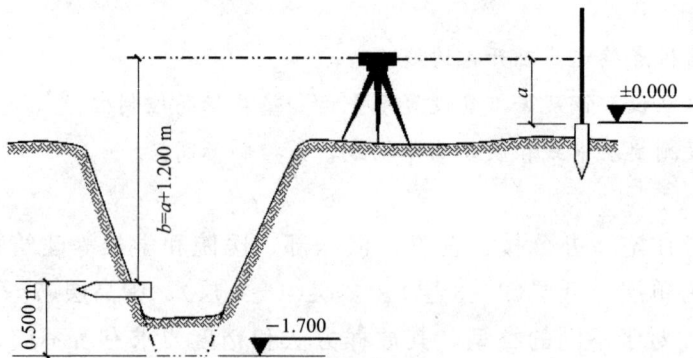

图 5-1-2 设置水平桩

为了施工时使用方便，一般在槽壁各拐角处、深度变化处和基槽壁上每隔 3～4 m 测设一水平桩。水平桩可作为挖槽深度、修平槽底和浇筑基础垫层的依据。

水平桩高程测设允许误差为 ±10 mm。假设槽底设计标高为 -1.700 m，按照图 5-1-2 中所列数据，在槽壁测设出的水平桩标高为 -1.200 m，自水平桩面向下量取 0.500 m 即槽底的设计位置。

2. 水平桩的测设

如图 5-1-2 所示，安置水准仪读取后视读数 a，则在离槽底 0.500 m 的点上的水准尺的读数 b 应为 $b=a-h$，其中 h 为地面高程为 ±0.000 与测设点的高差。

📖 *实例教学*

【例 5-1-1】 如图 5-1-2 所示，槽底设计标高为 -1.700 m，欲测设比槽底设计标高高 0.500 m 的水平桩。

解： (1)在地面适当位置安置水准仪，在 ±0.000 标高线位置上立水准尺，读取后视读数为 1.318 m。

(2)计算测设水平桩的前视读数 b 应为

$$b=a-h=1.318-(-1.700+0.500)=2.518(\text{m})$$

(3)在槽内一侧立水准尺，并上下移动，直至水准仪视线读数为 2.518 m 时，沿水准尺尺底在槽壁打入一小木桩，如图 5-1-2 所示。

任务3 垫层和基础墙施工测量

根据轴线控制桩复核基槽宽度和槽底标高，合格后方可进行垫层施工。

1. 垫层面标高的控制

基槽开挖完成后，应在基坑底设置垫层标高桩(图 5-1-3)，使桩顶面高程等于垫层设计高程，作为垫层施工的依据。垫层面标高控制桩的设置原理与水平桩设置原理相同，水平桩的测设见本项目任务 2。

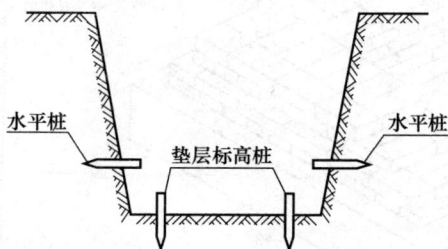

图 5-1-3 垫层标高桩的设置

2. 垫层中线的投测

基础垫层浇筑后，根据龙门板上的轴线钉或轴线控制桩，用经纬仪或用拉线挂垂球的方法，将轴线投测到垫层面上，用墨线弹出墙中心线和基础边线，并用红油漆画出标记，以便砌筑基础，如图 5-1-4 所示。

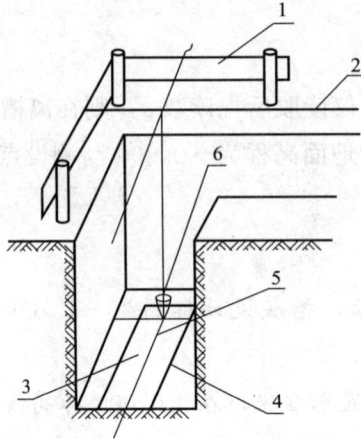

图 5-1-4　垫层中线的投测

1—龙门板；2—细线；3—垫层；4—基础边线；5—墙中线；6—垂球

由于整个墙身的砌筑均以此线为准，这是确定建筑物位置的关键环节，所以要严格校核后方可进行砌筑施工。

3. 基础墙标高的控制

将基础墙中心轴线投测到垫层后，用水准仪检测各墙角垫层面标高，符合要求后即可开始进行基础墙（±0.000 以下的墙）的砌筑。基础墙的高度是用基础"皮数杆"控制的。皮数杆用一根木杆制成，在杆上按照设计尺寸将砖和灰缝的厚度，分皮——画出，每五皮砖注上皮数（基础皮数杆的层数从 ±0.000 向下注记）并标明 ±0.000 、防潮层和需要预留洞口的标高位置等，如图 5-1-5 所示。

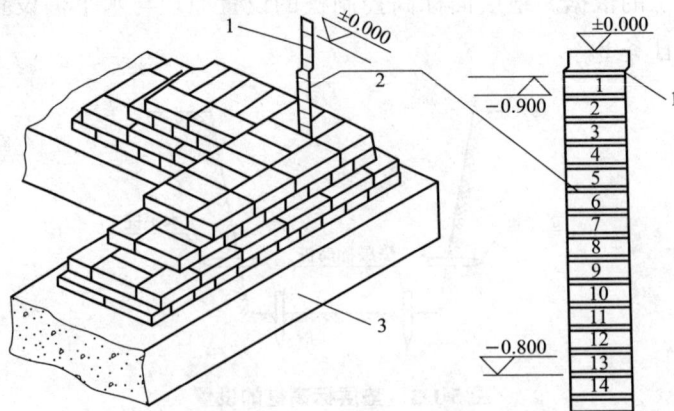

图 5-1-5　基础墙标高的控制

1—防潮层；2—皮数杆；3—垫层

立皮数杆时，先在立杆处打一木桩，用水准仪在木桩侧面定出一条高于垫层某一数值（如 100 mm）的水平线，然后将皮数杆上标高相同的一条线与木桩上的水平线对齐，并用大铁钉将皮数杆与木桩钉在一起，作为基础墙的标高依据。

4. 基础面标高的检查

基础施工结束后，应检查基础面的标高是否符合设计要求（也可检查防潮层）。可以用水准仪测出基础面上若干点的高程与设计高程进行比较，允许误差为 ±10 mm。

项目 2   高层建筑基础施工测量

能力目标

在多层建筑基础施工测量知识的基础上，知道高层建筑桩基础施工过程中每道工序的施工测量工作。

高层建筑由于层数多、高度高、建筑结构复杂、设备和装修标准较高，因此，对建筑物各部位水平位置、垂直度及轴线尺寸、标高的精度要求较高。高层建筑物施工测量中的主要问题是控制垂直度，就是将建筑物的基础轴线准确地向高层引测，并保证各层相应轴线位于同一竖直面内，控制竖向偏差，使轴线向上投测的偏差值不超限。

高层建筑根据上部结构类型、层数、荷载及地基承载力，可以采用单独柱基、交叉梁基础、筏形基础或箱形基础；当地基承载力或变形不能满足设计要求时，可以采用桩基或复合地基。不同类型基础的施工对放样方法及精度要求可能不同，但施工放样的程序基本相同。

本项目以桩基础为例，基础工程施工工序如下：

桩基施工→土方开挖→人工清基槽、清底→砌筑砖胎模→混凝土垫层施工→底板防水工程→筏板钢筋加工、安装→筏板混凝土浇筑→地下室剪力墙、顶板钢筋绑扎→地下室顶板及剪力墙模板安装→剪力墙、顶板混凝土浇筑→侧墙防水施工→土方回填。

施工到筏基完成这个阶段，其施工过程中的测量放线工作如图 5-2-1 所示。

整个基础工程施工过程中的测量工作可以总结为以下内容：

(1)轴线的测设与轴线控制桩的设置。

(2)桩基施工测量。

(3)土方施工测量。

(4)承台、承台梁和剪力墙施工测量。

```
┌──────────────┐                              ┌──────────────┐
│   施工流程    │                              │  施工过程中的 │
└──────────────┘                              │  测量放线工作 │
                                               └──────────────┘
       │                                              │
┌────────────────────────┐              ┌──────────────────────┐
│                        │              │ 桩的定位，打桩       │
│       桩基施工         │              │ 的垂直度和打桩       │
│                        │              │ 长度的控制           │
└────────────────────────┘              └──────────────────────┘
       │                                              │
       │                                   ┌──────────────────────────┐
  ┌─────────┐                              │ 控制轴线和标高的引测，控制 │
  │ 土方开挖 │─────────────────────────────▶│ 桩的埋设，开挖边线、基坑底 │
  └─────────┘                              │ 口线的确定及撒灰线，过程中 │
       │                                   │ 的轴线复核及标高测控       │
  ┌─────────┐                              └──────────────────────────┘
  │ 人工清基 │
  │ 槽、清底 │
  └─────────┘
       │
  ┌─────────┐                              ┌──────────────────────┐
  │ 砌筑砖胎模│─────────────────────────────▶│ 砖胎模砌筑轴线的确   │
  └─────────┘                              │ 定及放样，砖胎模     │
       │                                   │ 高度的控制           │
  ┌─────────┐                              └──────────────────────┘
  │混凝土垫层│                              ┌──────────────┐
  │   施工   │─────────────────────────────▶│ 垫层厚度的   │
  └─────────┘                              │   控制       │
       │                                   └──────────────┘
  ┌──────────┐
  │底板防水工程│
  └──────────┘
       │                                   ┌──────────────────────────┐
  ┌──────────────┐                         │ 1．在垫层上弹出轴线并作出明显的 │
  │承台、承台梁和底板│                       │   标示；                   │
  │钢筋加工、绑扎；地│──────────────────────▶│ 2．在垫层上弹出承台、承台梁、剪 │
  │下室剪力墙插筋安装│                       │   力墙的外框线；           │
  └──────────────┘                         │ 3．用油漆画出插筋控制线，焊接插 │
       │                                   │   筋控制水平筋；在承台梁的位置考虑 │
       │                                   │   用线坠吊线控制插筋       │
       │                                   └──────────────────────────┘
  ┌─────────┐                              ┌──────────────┐
  │ 吊模施工 │─────────────────────────────▶│ 吊模垂直度及 │
  └─────────┘                              │ 高度的控制   │
       │                                   └──────────────┘
  ┌──────────────┐                         ┌──────────────┐
  │底板、承台、承台梁│                       │ 浇筑成型面   │
  │  混凝土浇筑   │─────────────────────────▶│ 标高控制     │
  └──────────────┘                         └──────────────┘
```

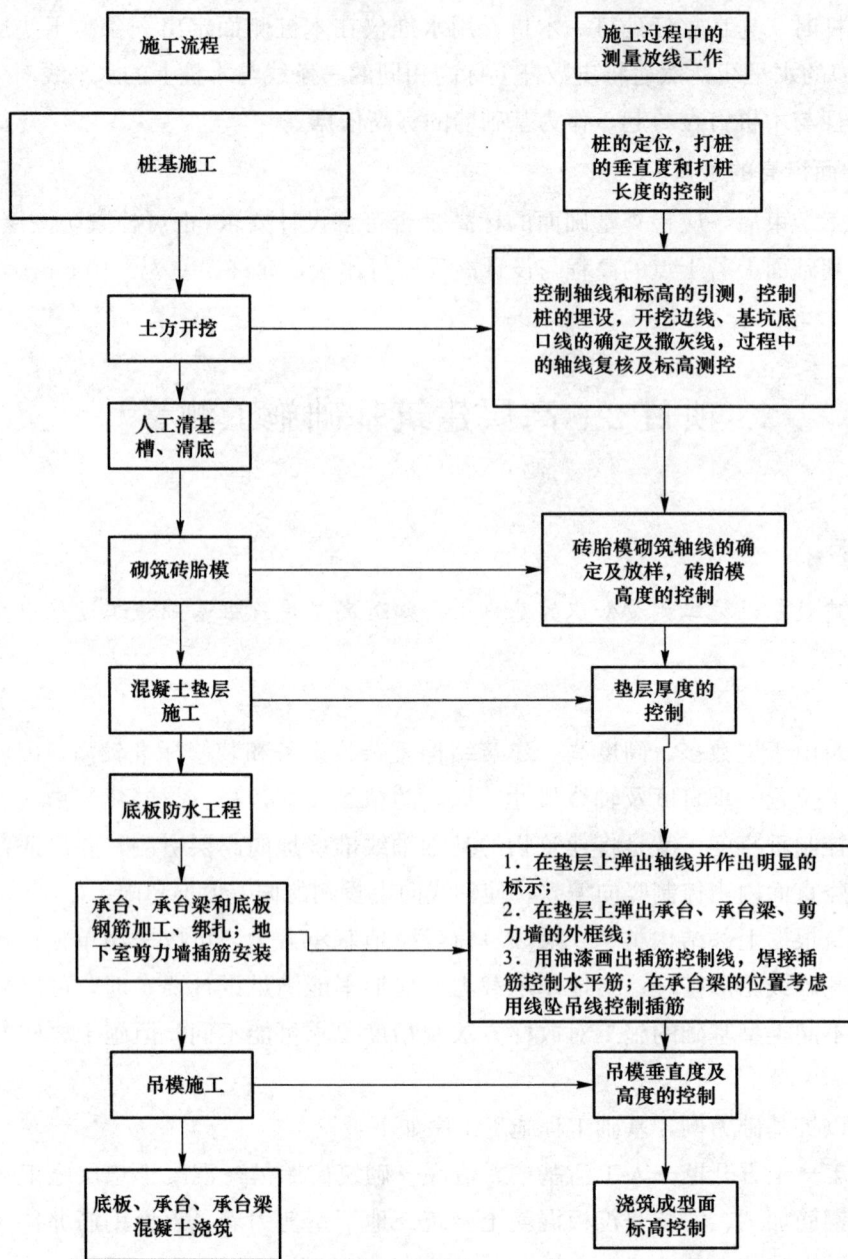

图 5-2-1 基础施工过程中对应的测量放线工作

任务 1 轴线的测设与轴线控制桩的设置

建筑物轴线可分为主轴线和细部轴线。控制建筑物整体形状的起定位作用的轴线称为建筑物主轴线，建筑物主轴线是基础放样和细部放样的依据。

1. 主轴线的测设

主轴线的测设主要有以下几种方法：

(1)根据"建筑红线"定位主轴线。

(2)根据与原有建筑物或道路的关系定位主轴线。

(3)根据建筑方格网放样定位主轴线。

(4)根据其他控制点放样定位主轴线。

每种方法具体的测设原理和步骤,参见本书单元4项目3建筑物定位与放线测量。

2. 细部轴线的放样

细部轴线包括基础轴线和柱列轴线,是指根据定位的主轴线桩,详细测设其他各轴线交点的位置,并用木桩(桩上钉小钉)标定出来,称为中心桩,并据此按基础宽和放坡宽用白灰线撒出基槽边线。

建筑物轴线测设的基本工作如下:

(1)测设中心桩。中心桩的测设原理和方法见本书单元4项目3建筑物定位与放线测量。如为基础大开挖,则可以先不进行此项工作。

(2)钉设轴线控制桩或龙门板。建筑物定位后,由于定位桩、中心桩在开挖基础时将被挖掉,一般在基础开挖前将建筑物轴线延长到安全地点,并做好标志,作为开挖后各阶段施工中恢复轴线的依据。延长轴线的方法有两种:一是在轴线延长线上打木桩,称为轴线控制桩(又称引桩);二是在建筑物外侧设置龙门桩和龙门板。

引桩一般钉设在基础开挖范围以外2~4 m、不受施工干扰、便于引测和保存桩位的地方,如图5-2-2所示。也可以将轴线投测到周围建筑物上,做好标志,代替引桩。引桩受施工干扰很大,一经碰动,必须及时校核纠正。

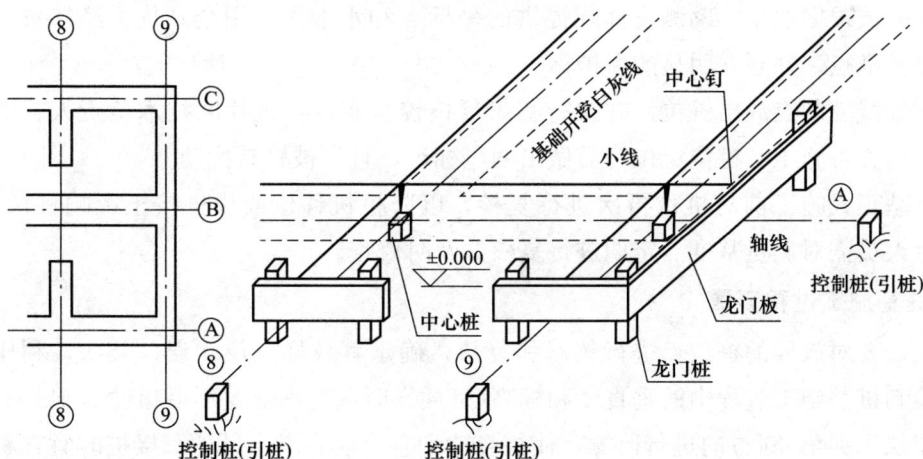

图 5-2-2 引桩测设示意

龙门板也是在基础开挖范围以外钉设龙门桩,桩上钉板即龙门板。要求钉设牢固,龙门板的方向与轴线平行或垂直,龙门板的上表面平整且其标高为±0.000 m,其优点是使用方便,可以控制±0.000以下各层标高和基槽宽、基础宽、墙身宽等具体位置,如图5-2-3所示。但其占用施工场地、影响交通、对施工干扰很大,一经碰动,必须及时校核纠正。

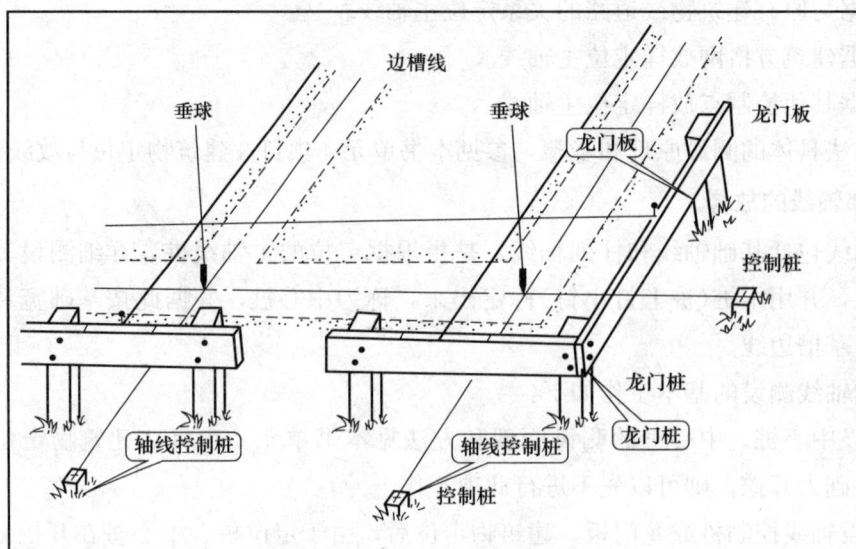

图 5-2-3　龙门板测设示意

龙门板或龙门桩的设置方法和步骤见本书单元 4 项目 3 建筑物定位与放线测量。

任务 2　桩基施工测量

1. 桩位放线

测量人员根据业主、勘测设计院提供的坐标点和水准点，用全站仪、经纬仪、水准仪建立外控基准点，并建立明显的保护标志。

根据轴线控制点放出桩位，并执行测量复核校验制度，经片区技术负责人、监理人员复验合格后方可施工。桩位定位时需做出明显标记，且不被轻易扰动。

在桩基正式施工前对桩位再次进行复核，以防桩机移位或压桩挤土影响桩位。同时，项目测量人员需对测量基准点定期进行复核，及时修正。

2. 桩基施工过程测量

首先，要对放样的桩位点进行核对和复核，确定其放样点位无误；其次，利用水准仪和线坠控制桩基施工过程中的垂直度和标高（桩插入时垂直度偏差不得超过 0.5%）；通常用两台经纬仪于夹角 90°方向进行监测，使桩身达到垂直度要求。另外，接桩时宜在桩头高出地面 0.5~1 m 时进行。

任务 3　土方施工测量

1. 基坑开挖线的确定

基坑的开挖边线主要根据基坑开挖的深度，结合地质勘探报告确定的放坡系数、基础部分的施工平面图及留设的排水沟和工作面来确定。放坡边线＝放坡量＋工作面宽度＋排水沟宽度(图 5-2-4)。例如，假设开挖的放坡系数为 1：1，则开挖的底面尺寸是基础施工平面图的边线加上工作面的宽度和排水沟的宽度。

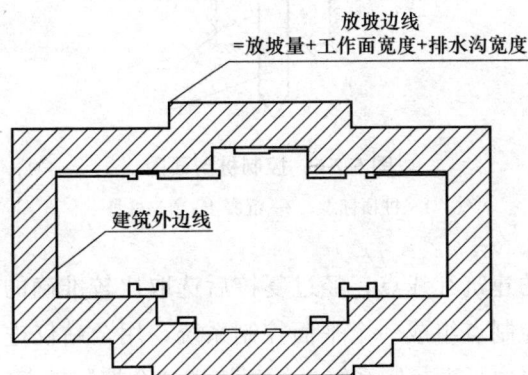

放坡边线
=放坡量+工作面宽度+排水沟宽度

建筑外边线

图 5-2-4　基坑开挖边线平面图

2. 控制点及标高点的建立及引测

如图 5-2-5 所示，楼栋平面图根据平面控制系统选取 4 条轴线，然后延长轴线在距离基坑边缘 1.5～2 m 设置 8 个控制桩点，这 8 个控制桩点的位置要保证在基坑开挖时不被扰动。另外，可以根据现场情况将轴线引测到周围的硬化路面、围墙、电杆等不易发生位置变动的构筑物上。根据现场的水平控制点将标高引测到其中的一个控制桩点上，后期将高程引测到基坑的塔式起重机上，没有塔式起重机可在基坑内设置固定的水平桩，埋设要求与基坑上的 8 个控制点相同。图 5-2-5 和图 5-2-6 所示分别为基坑控制轴线及控制桩的平面图和控制桩详图的剖面图。控制桩地面以下部分的长度至少要保证在 50 cm。

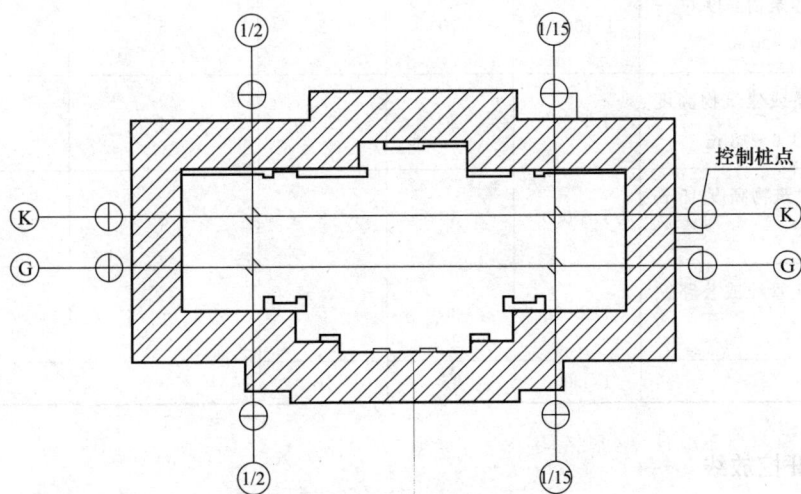

控制桩点

图 5-2-5　楼栋平面控制点布置图

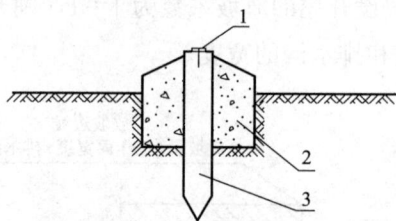

图 5-2-6　控制桩剖面图

1—桩顶标志；2—混凝土；3—桩身

由勘测设计院测放的建筑红线点，经过复核后选取比较准确的点，将其作为基点，加上整个施工现场的 8 个控制点组成一个平面控制系统，用全站仪进行闭合测量并平差，进而建立一个控制系统，再由平面控制系统进行每栋楼 8 个控制桩点的放样。

如图 5-2-5 所示的 4 个交点的选取除要考虑其能满足基础部分的施工外，还应考虑后期标准层的放线孔的轴线位置，这就要求在选取的时候注意避开剪力墙。另外，这 4 个点在选取时边长应有长短的体现，以方便后期利用经纬仪长边放出短边，从而减少误差。

测量人员应对控制桩点定期进行复核检查，现场施工人员要注意对控制桩点的保护。建筑物施工放样的主要技术要求见表 5-2-1。

表 5-2-1　建筑物施工放样的主要技术要求

建筑物结构特征	测距时相对中误差	测角中误差/(")	测站高差中误差/mm	施工水平面高程中误差/mm	竖向传递轴线点中误差/mm
钢结构、装配式混凝土结构、建筑物高度 100～120 m 或跨度 30～36 m	1/20 000	5	1	6	4
15 层房屋或建筑物高度 60～100 m 或跨度 18～30 m	1/10 000	10	2	5	3
5～15 层房屋或建筑物高度 15～60 m 或跨度 6～18 m	1/5 000	20	2.5	4	2.5
5 层房屋或建筑物高度 15 m 或跨度 6 m 以下	1/3 000	30	3	3	2
木结构、工业管线或公路铁路专线	1/2 000	30	5	—	—
土工竖向整平	1/1 000	45	10	—	—

3. 基坑开挖放线

(1)楼栋基坑开挖线的放样。下面以图 5-2-7 所示为例讲述基坑开挖过程中基坑开挖边线的放样。

先根据引测的Ⓚ轴为基线分别沿⑫轴、⑬轴，用钢尺向北量测 7.6 m 得到两个点，然后以这两个点为基准确定①轴线；再以⑫轴为基线沿①轴分别量测 9.7 m 和 4.5 m 得到 A、B 两个点。同理得到 C、D、E 和 F 点。最后用尼龙线或钢尺连接相邻两个点，并沿线撒白灰线，即可完成北侧开挖边线的放样。同理完成其余三侧开挖边线的放样。

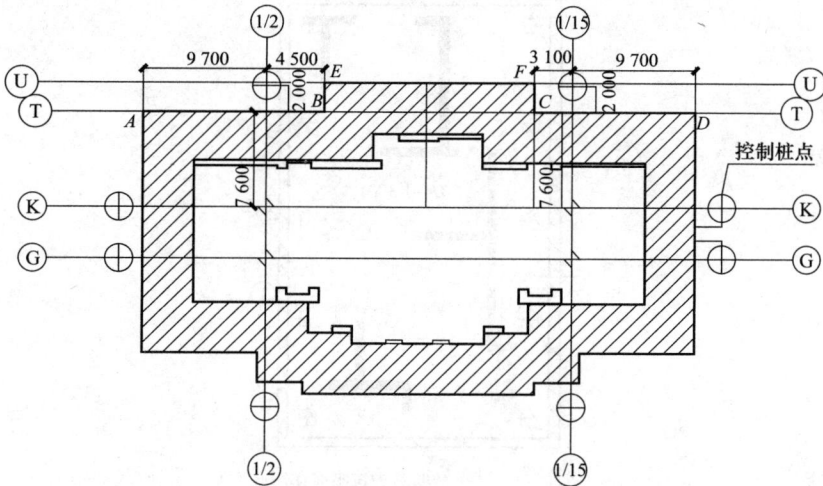

图 5-2-7　基坑开挖边线放样平面图

(2)承台及承台梁开挖线的确定及放样。

1)承台及承台梁开挖线的确定。在基坑开挖到底板的开挖标高时，即应进行承台及个别承台梁的放样。承台及承台梁开挖线的确定要考虑承台及承台梁的平面布置图(图 5-2-8)，以及砖胎膜的厚度、砖胎膜内侧抹灰和防水层的厚度、开挖时的放坡等因素。

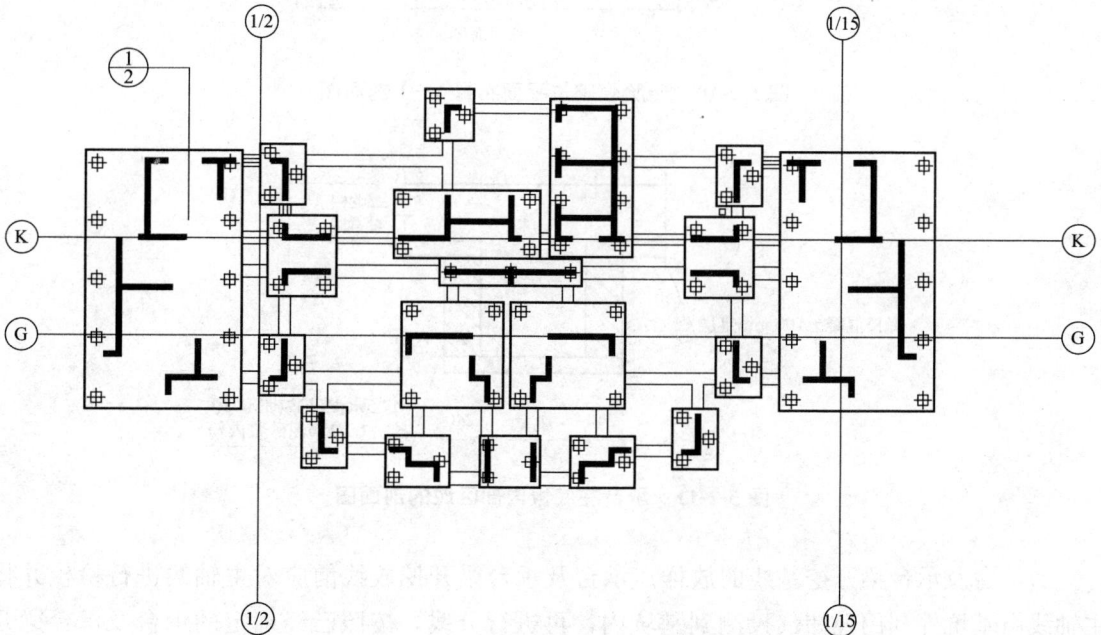

图 5-2-8　承台及承台梁平面布置图

图 5-2-9 所示为承台开挖底部的基线，以此基线为准考虑适当的放坡，从而确定承台的开挖线。

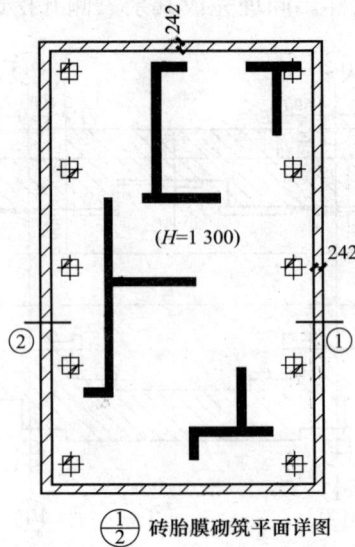

图 5-2-9　砖胎膜砌筑平面布置图

图 5-2-10 和图 5-2-11 所示分别为承台在底板外侧和内部两种情况的剖面图。

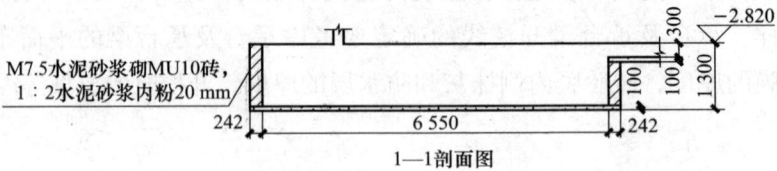

图 5-2-10　砖胎膜砌筑平面布置 1—1 剖面图

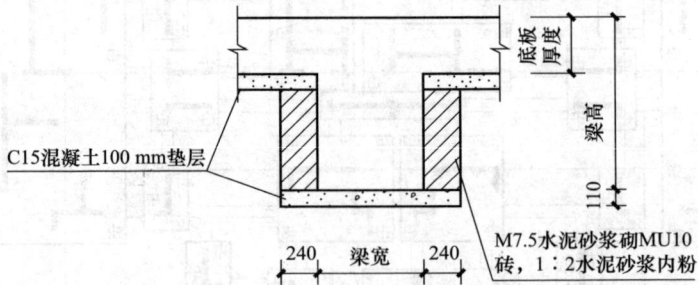

图 5-2-11　承台在底板内部区域的剖面图

2) 承台及承台梁开挖基线的放样。承台及承台梁开挖放线前应对主轴线进行检校并将主轴线由基坑外利用经纬仪投测到基坑内，再进行分线，按照已经确定的承台及承台梁开挖线的平面图进行承台及承台梁开挖基线的放线工作。

（3）基坑开挖过程控制。基坑开挖的主要依据为确定的基坑开挖及底口边线、开挖过程中标高的测量、放坡系数等。

在开挖的过程中需要做的主要是开挖线及底口线的放线工作和使用水准仪进行标高的控制测量。在开挖过程中应不断恢复被破坏的开挖及基坑底口灰线，以保证成型后的基坑底面能满足施工要求。

基坑开挖应尽量防止对地基土的扰动。采用机械开挖基坑时，为避免破坏基底土，应在基底标高以上预留一层由人工开挖修整。使用铲运机、推土机时，保留土层厚度为 15～20 cm；使用正铲、反铲或拉铲挖土时，保留土层厚度为 20～30 cm。表 5-2-2 所示为土方开挖工程质量检验标准。

表 5-2-2　土方开挖工程质量检验标准　　　　　　　　　　　　　　　　　mm

项	序	项目	允许偏差或允许值					检验方法
			柱基、基坑、基槽	挖方场地平整		管沟	地(路)面基层	
				人工	机械			
主控项目	1	标高	−50	±30	±50	−50	−50	水准仪
	2	长度、宽度(由设计中心线向两边量)	+200	+300	+500	+100	—	经纬仪、用钢尺量
			−50	−100	−150			
	3	边坡	设计要求					观察或用坡度尺检查
一般项目	1	表面平整度	20	20	50	20	20	用 2 m 靠尺和楔形塞尺检查
	2	基底土性	设计要求					观察或土样分析

机械开挖预留土的厚度及人工清底时，应考虑垫层和底板厚度的减少量。

为了控制基槽开挖深度，当基槽挖到接近槽底设计标高时，应在槽壁上测设一些水平桩，水平桩的上表面离槽底设计高程为整分米数(如 0.5 m)，用以控制基槽开挖深度，也可作为槽底清理和浇筑基础垫层时掌握标高的依据。通常，基槽各个拐角处均应留设水平桩，在直槽上则每隔 10 m 左右留设一个水平桩，可以是木桩，也可以是竹片；然后拉上白线，线下 0.5 m 即为槽底设计标高。垫层标高控制也可以在槽底打入垂直桩，如垫层需要安装模板，也可以直接在模板上面弹出垫层标高线。水平控制桩设置示意如图 5-2-12 所示。

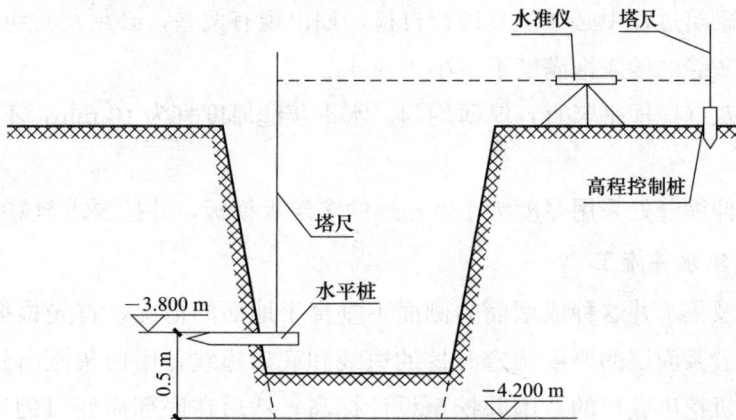

图 5-2-12　水平控制桩设置示意

任务4　承台、承台梁和剪力墙施工测量

1. 砖胎模砌筑

(1)砖胎模施工。先根据建立的控制轴线利用经纬仪、线坠、钢尺和墨斗在人工清完底的基坑底部弹出主要轴线。按砌筑要求找好标高，立好皮数杆(皮数杆间距为15 m，且转角处要设立)。

下面简单介绍利用线坠将底板面上的线投射到承台及承台梁内的方法，此项工作需要两个人配合进行，其中一个人在底板面上手持线坠进行对线，另一个人位于承台或承台梁内，位于底板面上的人使线坠与底板面上已有的轴线重合，之后，指挥承台内的人左右移动，进而确定一个与线坠及底板面轴线重合的点。依此方法确定另一个点，然后两点一线弹出承台内的轴线。

在承台及承台梁外边线离开2 cm确定砖胎模的内口线，弹线或钉点拉线后即可砌筑砖胎膜。

筏形基础侧模砌筑前应立好皮数杆，拉好通线，以保证砌体的平整度和垂直度。

砌体水平灰缝厚度和竖向灰缝宽度均为10 mm。

砖胎模砌筑完成后，内侧应抹20 mm厚1∶2水泥砂浆找平层，并抹光压实。面层成活必须平整、光洁，无空鼓问题。

墙面与垫层相交阴角处和墙体阴角处应做成圆弧形，圆弧半径为5 cm；墙上表面处做成钝角，圆弧半径为5 cm。

(2)质量标准。

1)墙的轴线位置偏移允许误差为5 mm。

2)墙体顶面标高偏移允许误差为±10 mm。

3)墙体的垂直度允许误差为3 mm。

4)墙内找平层表面平整度允许误差为3 mm。

5)水平灰缝平直度允许误差为±5 mm。

6)在砌侧模砌筑过程中必须认真进行自检，如出现有偏差，必须及时纠正。

7)砌体水平灰缝的砂浆饱满度不得小于80%。

8)砖砌体的灰缝应横平竖直，厚薄均匀。水平灰缝厚度宜为10 mm，不小于8 mm，不大于12 mm。

9)各出入口伸缩缝处采用厚度为180 mm的多层板模板，并按要求放好止水带。

2. 电梯井及集水井施工

对于电梯井及集水井这种成型面的侧面不垂直于地面的情况，首先根据其结构剖面图并考虑砖胎模及砂浆面层的厚度确定开挖的边线和底口边线，用白灰撒出开挖边线和底口边线，再用挖掘机挖出底口的范围并挖至设计标高，然后在底部撒底口的边线，底口边线和上部开挖边线之间带线进行机械开挖及修坡，并进行人工修坡。在机械或人工修坡的过

程中，灰线会受到破坏，一般考虑将开挖边线外翻 30 cm，底口边线内翻 20 cm 作为控制线，另外，撒灰线时要向外延出 1 m 左右，以便于破坏后的恢复。

3. 承台、承台梁、剪力墙和底板钢筋工程

在浇筑的垫层达到一定强度后，根据建立的控制轴线，结合承台和底板平面图在基坑底部利用经纬仪、钢尺、线坠和墨斗弹出轴线及承台、承台梁和剪力墙的外框线。弹出的轴线要用红油漆做明显的标记，以利于识别和使用。

在垫层面上依据图纸和钢筋间距画出底板及承台水平钢筋的摆放位置。

用线坠将垫层上的剪力墙暗柱框线投射到底板或承台的上部钢筋上（手持线坠瞄准垂线，使垂线和垫层面的框线重合，同时，在钢筋上画与垂线及垫层上的框线重合的点），从而确定柱箍筋的位置，将箍筋固定在底板或承台的上部钢筋上，通过剪力墙两端的柱箍筋确定水平钢筋的位置，再固定水平钢筋以确定剪力墙竖向钢筋的位置。

另外，利用控制轴线在钢筋面层上用油漆或墨线确定出剪力墙暗柱的箍筋位置，再以暗柱箍筋为准进行剪力墙竖向钢筋的插筋施工。

图 5-2-13 和图 5-2-14 所示分别为柱及地下室剪力墙插筋的示意。

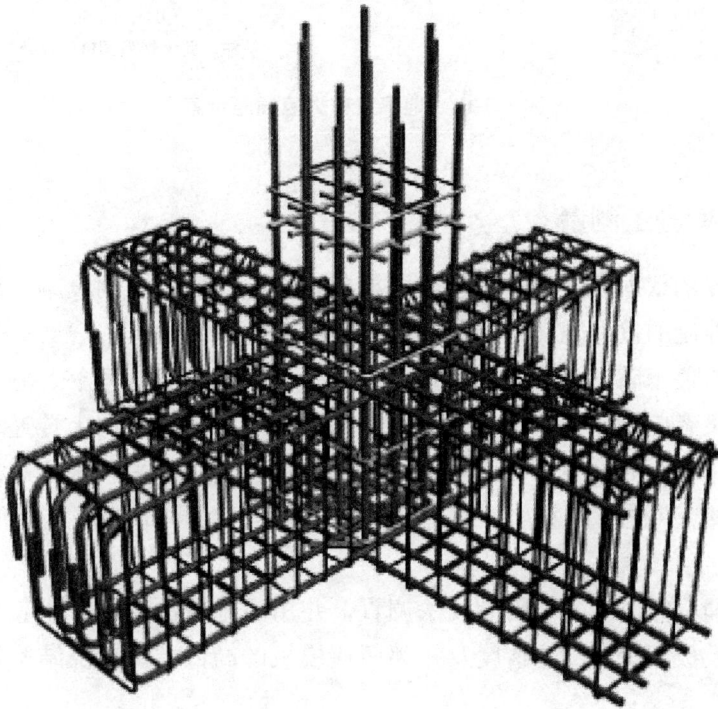

图 5-2-13　柱插筋示意

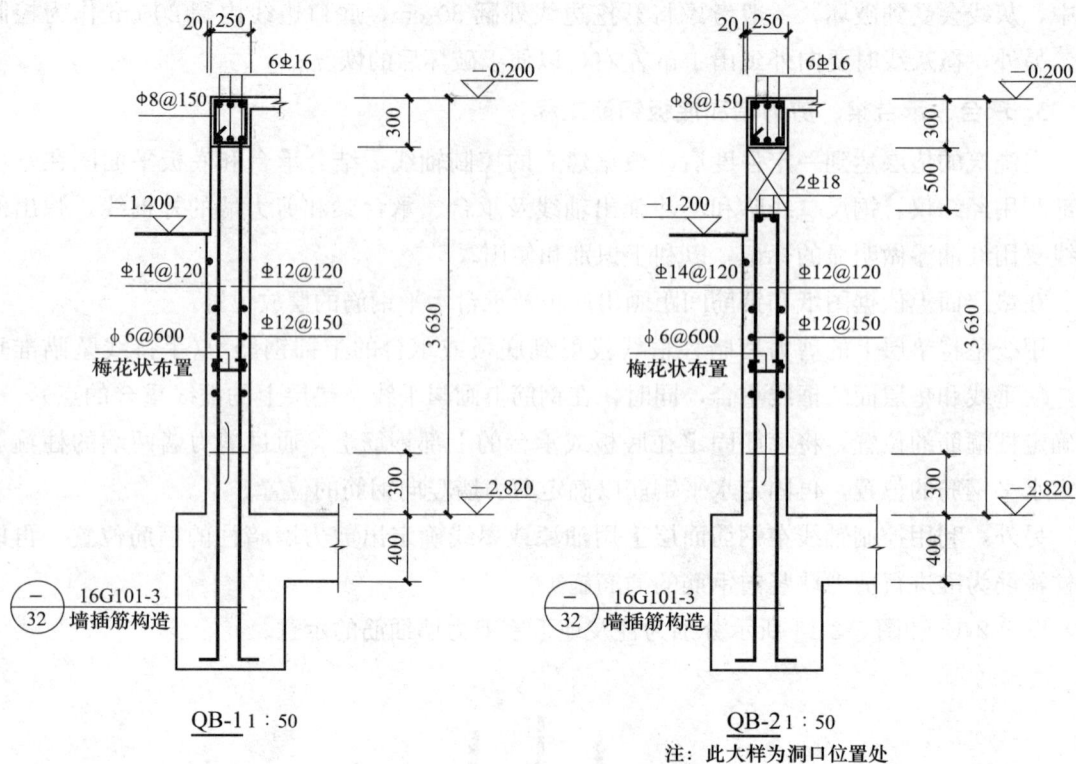

图 5-2-14　地下室剪力墙插筋示意

任务 5　吊模施工测量

底模支设高度的依据是测设于脚手架立杆的标高点，所以，测设脚手架立杆的标高点是模板工程标高控制的重点。

测设时可选择位于满堂脚手架的角点、中间点，且底部稳定可靠、垂直的立杆，将标高测设其上，扶尺者应注意杆件上方是否有扣件、横杆阻碍标高向上传递；然后用红或蓝胶带纸做统一的标识。测设完毕后可沿立杆向上传递，定出水平杆的标高点，并将各标高点连线，检查合格后（连线应重合，偏差值小于 3 mm）可将此线作为其他脚手架搭设的依据。

待部分模板铺设完成后，采用绷线法调直，并用吊垂球法控制其垂直度。可将水准仪架设其上，检查模板面标高、平整度及相邻两块模板的高低差。现浇结构模板安装应符合表 5-2-3 的要求。

表 5-2-3　现浇结构模板安装允许偏差值　　　　　　　　　　　　mm

底模上表面标高	相邻两板表面高差	表面平面度（2 m）
±3	2	3

在控制过程中，应注意检查以下部位标高情况：吊模侧模底标高；外墙模板是否低于混凝土顶面标高；跨度不小于 4 m，梁、板跨中标高是否按要求起拱；焊接预埋件标高高差等。

任务 6　底板、承台、承台梁混凝土浇筑标高控制

待板底模铺设完成后，即可将水准仪架设其上，将距离混凝土面 500 mm 的控制标高测设在剪力墙竖筋及暗柱立筋上，测设标高的数量应保证每面墙上有一个标高点。混凝土浇筑过程中，应随时将各标高点拉线，检查找平。另外，工作面上也可架设一台激光扫平仪随时进行动态监控，发现问题及时改正，将混凝土顶面标高偏差值控制在 ±10 mm 以内。

项目 3　基坑变形监测

能力目标

1. 能够正确布设基础沉降监测点和位移监测点。
2. 能够进行基础的沉降和位移观测，并完成数据的处理和分析。

开挖深度超过 5 m 或开挖深度未超过 5 m 但现场地质情况和周围环境较复杂的基坑工程，均应实施基坑变形监测。

任务 1　预备知识

基坑工程的现场监测应采用仪器监测与巡视检查相结合的方法。

1. 仪器监测

基坑工程仪器监测项目应根据表 5-3-1 和表 5-3-2 进行选择。

表 5-3-1　土质基坑工程仪器监测项目

监测项目	基坑工程安全等级		
	一级	二级	三级
围护墙(边坡)顶部水平位移	应测	应测	应测
围护墙(边坡)顶部竖向位移	应测	应测	应测
深层水平位移	应测	应测	宜测
立柱竖向位移	应测	应测	宜测
围护墙内力	宜测	可测	可测
支撑轴力	应测	应测	宜测
立柱内力	可测	可测	可测

监测项目		基坑工程安全等级		
		一级	二级	三级
锚杆轴力		应测	宜测	可测
坑底隆起		可测	可测	可测
围护墙侧向土压力		可测	可测	可测
孔隙水压力		可测	可测	可测
地下水水位		应测	应测	应测
土体分层竖向位移		可测	可测	可测
周边地表竖向位移		应测	应测	宜测
周边建筑	竖向位移	应测	应测	应测
	倾斜	应测	宜测	可测
	水平位移	宜测	可测	可测
周边建筑裂缝、地表裂缝		应测	应测	应测
周边管线	竖向位移	应测	应测	应测
	水平位移	可测	可测	可测
周边道路竖向位移		应测	宜测	可测

表 5-3-2 岩体基坑工程仪器监测项目

监测项目		基坑工程安全等级		
		一级	二级	三级
坑顶水平位移		应测	应测	应测
坑顶竖向位移		应测	宜测	可测
锚杆轴力		应测	宜测	可测
地下水、渗水与降雨关系		宜测	可测	可测
周边地表竖向位移		应测	宜测	可测
周边建筑	竖向位移	应测	宜测	可测
	倾斜	宜测	可测	可测
	水平位移	宜测	可测	可测
周边建筑裂缝、地表裂缝		应测	宜测	可测
周边管线	竖向位移	应测	宜测	可测
	水平位移	宜测	可测	可测
周边道路竖向位移		应测	宜测	可测

(1)土岩组合基坑工程应根据基坑设计安全等级、岩体质量、土岩分布、土岩结合面及地下水状况、支护形式、周边环境变形控制要求，按照《建筑变形测量规范》(JGJ 8—2016)第4.2.1条、第4.2.2条选择监测项目，围护桩嵌岩处岩体的水平向位移宜进行监测。

(2)岩体基坑、土岩组合基坑采用爆破开挖时，应对爆破振动影响范围内的建(构)筑物、桥梁、道路、管线等保护对象进行质点振动速度或加速度监测。

(3)湿陷性黄土和膨胀土基坑，当坑壁土体浸水可能性较大时，宜对土体含水量进行监测。

(4)当基坑周边有地铁、隧道或其他对位移有特殊要求的建筑及设施时，监测项目应与有关管理部门或单位协商确定。

2. 巡视检查

基坑工程整个施工期内，每天均应有专人进行巡视检查，应包括以下主要内容：

(1)支护结构。

1)支护结构成型质量；

2)冠梁、支撑、围檩或腰梁是否有裂缝；

3)冠梁、围檩或腰梁的连续性，有无过大变形；

4)围檩或腰梁与围护桩的密贴性，围檩与支撑的防坠落措施；

5)锚杆垫板有无松动、变形；

6)立柱有无倾斜、沉陷或隆起；

7)止水帷幕有无开裂、渗漏水；

8)基坑有无涌土、流砂、管涌；

9)面层有无开裂、脱落。

(2)施工状况。

1)开挖后暴露的岩土体情况与岩土勘察报告有无差异；

2)开挖分段长度、分层厚度及支撑(锚杆)设置是否与设计要求一致；

3)基坑侧壁开挖暴露面是否及时封闭；

4)支撑、锚杆是否施工及时；

5)边坡、侧壁及周边地表的截水、排水措施是否到位，坑边或坑底有无积水；

6)基坑降水、回灌设施运转是否正常；

7)基坑周边地面有无超载。

(3)周边环境。

1)周边管线有无破损、泄漏情况；

2)围护墙后土体有无沉陷、裂缝及滑移现象；

3)周边建筑有无新增裂缝出现；

4)周边道路(地面)有无裂缝、沉陷；

5)邻近基坑施工(堆载、开挖、降水或回灌、打桩等)变化情况；

6)存在水力联系的邻近水体(湖泊、河流、水库等)的水位变化情况。

(4)监测设施。

1)基准点、监测点完好状况；

2)监测元件的完好及保护情况；

3)有无影响观测工作的障碍物。

其他巡视检查内容根据设计要求或当地经验确定。巡视检查的检查方法以目测为主，可辅以锤、钎、量尺、放大镜等工器具及摄像、摄影等设备进行。巡视检查应对自然条件、支护结构、施工工况、周边环境、监测设施等检查情况进行详细记录。如发现异常，应及时通知委托方及相关单位。巡视检查记录应及时整理，并与仪器监测数据综合分析。

3. 监测点的布置

(1)基坑工程监测点的布置应最大限度地反映监测对象的实际状态及其变化趋势，并应满足监控要求；

(2)不妨碍监测对象的正常工作，并尽量减少对施工作业的不利影响；

(3)监测标志应稳固、明显、结构合理，监测点的位置应避开障碍物，便于观测；

(4)在监测对象内力和变形变化大的代表性部位及周边重点监护部位，监测点应适当加密；

(5)应加强对监测点的保护，必要时应设置监测点的保护装置或保护设施。

任务 2 沉降监测

1. 水准基点的设置

沉降观测水准基点(或称水准点)在一般情况下，可以利用工程标高定位时使用的水准点作为沉降观测水准基点。如水准点与观测的距离过大，为保证观测的精度，应在基坑附近，另行埋设水准基点。

基坑沉降观测的每一区域，必须有足够数量的水准点，按《工程测量标准》(GB 50026—2020)规定不得少于 3 个。水准点应考虑永久使用、埋设坚固(不应埋设在道路、仓库、河岸、新填土、将建设或堆料的地方及受震动影响的范围内)，与被观测的基坑间距为 30～50 m。水准点帽头宜用铜或不锈钢制成，如用普通钢代替，应注意防锈。水准点埋设须在基坑开挖前 15 d 完成。

水准基点可按实际要求，采用深埋式和浅埋式两种，但每一观测区域内至少应设置一个深埋式水准点。每次进行沉降观测时，事先应核查基准水准点是否发生异常变化，正常后才能进行施测。

2. 沉降点的设置

设置沉降观测点的数目和具体位置根据规范和设计要求确定。在图纸会审阶段，施工单位、监理与设计单位进行协商初步确定沉降点设置方案。根据《建筑变形测量规范》(JGJ 8—2016)及常规做法要求，沉降观测点的布设应能全面反映建筑及地基变形特征，并顾及地质情况及建筑结构特点，点位宜选设在下列位置：

(1)基坑坡顶(墙顶)沉降观测点。

1)基坑边坡坡顶的沉降观测点应沿基坑周边布设，基坑周边中部、阳角处应布设，间距不宜大于 20 m，每边数目不应少于 3 个；

2)围护墙顶部或冠梁顶部的沉降观测点也应沿基坑周边布设，基坑周边中部、阳角处应布设，间距不宜大于20m，每边数目不应少于3个。

（2）周边建（构）筑物沉降观测点。

1)建（构）筑物的四角、大转角处及沿外墙每10～15 m处或每隔2～3根柱基上，且每边不少于3个监测点；

2)高低层建筑、新旧建筑、纵横墙等交接处的两侧；

3)建筑裂缝、后浇带和沉降缝两侧、基础埋深相差悬殊处、人工地基与天然地基接壤处、不同结构的分界处及填挖方分界处；

4)对于周边建筑物中多为旧房或砖混结构的老建筑，其新旧建筑的结合处应设置观测点；

5)烟囱、水塔等高耸构筑物基础轴线的对称部位，每一构筑物不少于4点；

6)建筑的楼体比较长，离基坑较远的一侧可以少布设观测点，但要保证靠近基坑一侧有足够的观测点。

（3）周边地表、道路沉降观测点。周边地表、道路沉降观测点的布设范围为基坑深度的1～3倍，在垂直于基坑的方向上布设，一般选在基坑中部或其他有代表性的部位，一个剖面不宜少于5个。

沉降点的埋设方式：先将带锚固脚的钢板埋入设计观测点柱身上，并按初步设定高程埋设，待模板拆除后，精确找出高程、焊上带观测点的角钢，如图5-3-1所示。

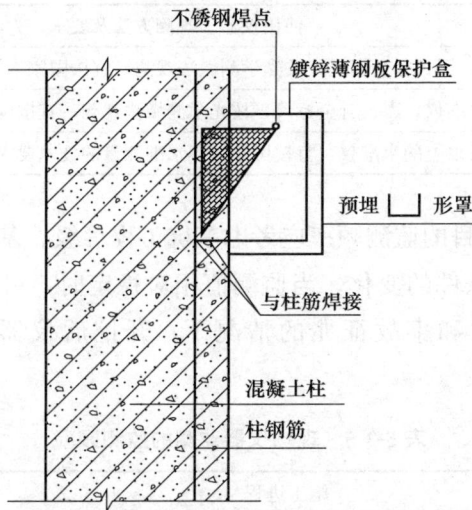

图 5-3-1　沉降点的埋设

各监测点与水准基准点或工作基点应组成闭合环路或附合水准路线。

3. 沉降点的测量

（1）测量工具。一般采用几何水准测量中的光学水准仪或数字水准仪进行测量。

（2）观测方法。沉降监测方法有GPS变形监测自动化系统、几何水准或液体静力水准及电磁波测距三角高程测量等，最常用的为几何水准或液体静力水准方法。每次观测按固定后视点、观测路线进行，前后视距尽量相等，以减少仪器误差影响。

坑底隆起(回弹)宜通过设置回弹监测标，采用几何水准并配合传递高程的辅助设备进行监测，传递高程的金属杆或钢尺等应进行温度、尺长和拉力等项修正。

基坑围护墙(坡)顶、墙后地表及立柱的竖向位移监测精度应根据竖向位移报警值按表5-3-3确定。

表5-3-3　基坑围护墙(坡)顶、墙后地表及立柱的竖向位移监测精度　　　　　　mm

竖向位移报警值	≤20(35)	20~40(35~60)	≥40(60)
监测点测站高差中误差	≤0.3	≤0.5	≤1.5

注：1. 监测点测站高差中误差是指相应精度与视距的几何水准测量单程一测站的高差中误差；
　　2. 括号内数值对应于墙后地表及立柱的竖向位移报警值。

地下管线的竖向位移监测精度宜不低于0.5 mm。

其他基坑周边环境(如地下设施、道路等)的竖向位移监测精度应符合相关规范、规程的规定。

坑底隆起(回弹)监测精度不宜低于1 mm。

各等级几何水准法观测时的技术要求应符合表5-3-4的要求。

表5-3-4　几何水准法观测的技术要求

基坑类别	使用仪器、观测方法及要求
一级基坑	DS05级别水准仪，因瓦合金标尺，按光学测微法观测，宜按国家二等水准测量的技术要求施测
二级基坑	DS1级别及以上水准仪，因瓦合金标尺，按光学测微法观测，宜按国家二等水准测量的技术要求施测
三级基坑	DS3或更高级别及以上的水准仪，宜按国家二等水准测量的技术要求施测

(3)监测频率。监测项目的监测频率应考虑基坑工程等级、基坑及地下工程的不同施工阶段以及周边环境、自然条件的变化。当监测值相对稳定时，可适当降低监测频率。对于应测项目，在无数据异常和事故征兆的情况下，开挖后仪器监测频率的确定可参照表5-3-5。

表5-3-5　现场仪器监测的监测频率

基坑设计安全等级	施工进程		监测频率
一级	开挖深度 h	≤H/3	1次/(2~3)d
		H/3~2H/3	1次/(1~2)d
		2H/3~H	(1~2)次/d
	底板浇筑后时间(d)	≤7	1次/d
		7~14	1次/3 d
		14~28	1次/8 d
		>28	1次/7 d

基坑设计安全等级	施工进程		监测频率
二级	开挖深度 h	≤H/3	1次/3 d
		H/3～2H/3	1次/2 d
		2H/3～H	1次/d
	底板浇筑后时间(d)	≤7	1次/2 d
		7～14	1次/3 d
		14～28	1次/7 d
		>28	1次/10 d

注：1. h——基坑开挖深度；H——基坑设计深度。

2. 支撑结构开始拆除到拆除完成后 3 d 内监测频率加密为 1 次/d。

3. 基坑工程施工至开挖前的监测频率视具体情况确定。

4. 当基坑设计安全等级为三级时，监测频率可视具体情况适当降低。

5. 宜测、可测项目的仪器监测频率可视具体情况适当降低。

当出现下列情况之一时，应加强监测，提高监测频率，并及时向委托方及相关单位报告监测结果：

1）监测数据达到报警值；

2）监测数据变化量较大或速率加快；

3）存在勘察中未发现的不良地质条件；

4）超深、超长开挖或未及时加撑等违反设计工况施工；

5）基坑及周边大量积水、长时间连续降雨、市政管道出现泄漏；

6）基坑附近地面荷载突然增大或超过设计限值；

7）支护结构出现开裂；

8）周边地面突发较大沉降或严重开裂；

9）邻近的建(构)筑物突发较大沉降、不均匀沉降或严重开裂；

10）基坑底部、侧壁出现管涌、渗漏或流砂等现象；

11）膨胀土、湿陷性黄土等水敏性特殊土基坑出现防水、排水等防护设施损坏，开挖暴露面有被水浸湿的现象；

12）多年冻土、季节性冻土等温度敏感性土基坑经历冻、融季节；

13）高灵敏性软土基坑受施工扰动严重、支撑施作不及时、有软土侧壁挤出、开挖暴露面未及时封闭等异常情况；

14）出现其他影响基坑及周边环境安全的异常情况。

当出现可能危及工程及周边环境安全的事故征兆时，应实时跟踪监测。

(4)观测成果整理。

1)原始观测数据整理。每次观测结束后，对数据表中的数据和计算进行检查，核对精度是否合格，若误差超限应重测。然后调整闭合差，推算出各观测点的高程，列入成果表。

2)计算沉降量。根据各观测点本次所测高程与上次所测高程之差计算出各点本次沉降量和累计沉降量，并将观测日期和荷载情况记入观测成果表，见表 5-3-6。

表 5-3-6 沉降观测记录表

观测次数	沉降点 观测日期	A—10			J—10			J—12			J—13		
		高程 /m	本次 沉降 /mm	累计 沉降 /mm	高程 /m	本次 沉降 /mm	累计 沉降 /mm	高程 /m	本次 沉降 /mm	累计 沉降 /mm	高程 /m	本次 沉降 /mm	累计 沉降 /mm
1	2012.11.22	91.150	0	0	91.140	0	0	91.146	0	0	91.143	0	0
2	2012.12.08	91.148	2	2	91.137	3	3	91.144	2	2	91.141	2	2
3	2012.12.28	91.146	2	4	91.135	2	5	91.142	2	4	91.139	2	4
4	2013.01.20	91.143	3	7	91.132	3	8	91.140	2	6	91.137	2	6
5	2013.02.20	91.142	1	8	91.131	1	9	91.138	2	8	91.135	2	8
6	2013.03.16	91.141	1	9	91.130	1	10	91.137	1	9	91.134	1	9
7	2013.03.30	91.140	1	10	91.129	1	11	91.137	0	9	91.134	0	9
8	2013.04.15	91.140	0	10	91.129	0	11	91.137	0	9	91.134	0	9
11													
测量人：			审核人：			技术负责人：				监理单位：			
注：应视工程及测点变形情况，定期绘制测点的数据变化曲线图。													

3)绘制沉降曲线。将每次观测日期、建筑荷载情况标注清楚，画出时间与沉降量、荷载的关系曲线图，如图 5-3-2 所示。

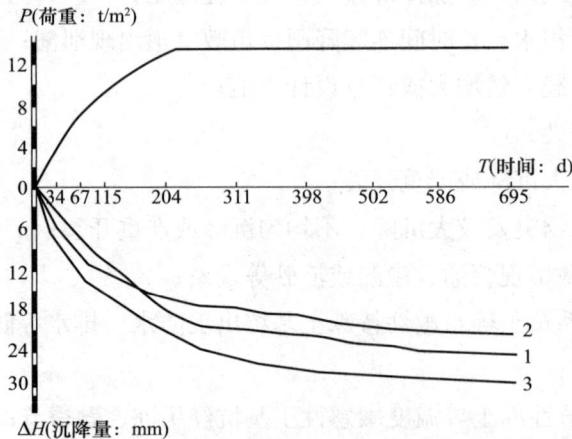

图 5-3-2 沉降曲线图

时间与沉降量的关系曲线是以沉降量 ΔH 为纵轴，时间 T 为横轴，按每次观测日期和相应沉降量的比例画出各点的位置，再将各点依次连接起来，并在曲线一端注明观测点号。

时间与荷载的关系曲线是以荷载质量 P 为纵轴，时间 T 为横轴，根据每次观测日期和相应的荷载画出各点，再依次连接起来形成曲线图。

测量工程师必须将每次观测结果及时向项目技术负责人、监理工程师进行汇报；若出现明显沉降量的变化或不均匀沉降，项目技术负责人还应及时与设计、勘察部门联系，确定进一步观测的方案。

(5)沉降观测提交的资料。

1)沉降观测记录手簿；

2)沉降观测成果表；

3)观测点位置图；

4)沉降量、地基荷载与延续时间三者的关系曲线图；

5)沉降观测分析报告。

4. 沉降观测中遇到的现象及处理

(1)曲线在首次观测后即发生回升现象。产生这种现象的原因：一方面可能是初测精度不高；另一方面也可能是施工区内降水变化。如果是施工区内降水变化引起的，则属正常现象。如果是因为初测精度不高所引起的，曲线回升超过 5 mm，应将第一次观测成果作废，而采用第二次观测成果作为首测成果，如曲线回升在 5 mm 之内，则可调整初测标高与第二次观测标高一致。

(2)曲线在中间某点突然回升。产生这种现象多半是由水准点或观测点被碰动所致，而且只有当水准点碰动后低于被碰动前的标高，以及观测点被碰动后高于被碰动前的标高时，才有出现回升现象的可能。

由于水准点或观测点被碰动，其外形必有损伤，比较容易发现。如水准点被碰动时，可改用其他水准点来继续观测。如观测点被碰动后已松动，则必须另行埋设新点；若碰动后点位尚牢固，则可继续使用，但因为标高改变，故对这个问题必须进行合理的处理，其办法：选择结构、荷重及地质等条件都相同的临近另一沉降观测点，取该点在同一期间内的沉降量，作为被碰动观测点的沉降量。此方法虽不能真正反映观测点的沉降量，但如果选择适当，可得到比较接近实际情况的结果。

(3)曲线自某点起渐渐回升。产生此种现象一般是由于水准点下沉所致，如采用设置于建筑物上的水准点，由于建筑物尚未稳定而下沉；或者新埋设的水准点，由于埋设地点不当、时间不长，以致发生下沉现象。水准点是逐渐下沉的，而且沉降较小，但建筑物初期沉降量较大，即当建筑物沉降量大于水准点沉降量时，曲线不发生回升，到了后期，建筑物下沉逐渐稳定，如水准点继续下沉，则曲线就会发生逐渐回升现象。因此，在选择或埋设水准点，特别在建筑物上设置水准点时，应保证其点位的稳定性，如已查明确是水准点下沉的原因，则应测出水准点的下沉量，以便修正观测点的标高。

(4)曲线的波浪起伏现象。曲线在后期呈现波浪起伏现象，此种现象在沉降观测中最常遇到。其原因往往不是建筑物下沉，而常常是测量误差所造成的。曲线在前期波浪起伏之所以不突出，是因为建筑物下沉量大于测量误差，但到后期，由于建筑物下沉极微或已接近稳定，因此，在曲线上就出现测量误差比较突出的现象。处理这种现象时，应根据整个情况进行分析，决定自某点起，将波浪形曲线改成水平线。

(5)曲线中断现象。产生这种现象的原因是有的观测点在现场不具备观测条件，而产生漏测情况，致使某一日期此观测点没有沉降值，而使沉降曲线中断。

为了将曲线连接起来使其连续，可按照处理曲线在中间某点突然回升现象的办法，估求出未做观测期间的沉降量。

任务3 水平位移监测

1. 基准点的设置

水平位移监测基准点应埋设在基坑开挖深度 3 倍范围以外不受施工影响的稳定区域，或利用已有稳定的施工控制点，不应埋设在低洼积水、湿陷、冻胀、胀缩等影响范围内；基准点的埋设应按有关测量规范、规程执行。宜设置有强制对中的观测墩；采用精密光学对中装置，对中误差不宜大于 0.5 mm。

2. 观测点的选取

观测点应根据有关测量规范进行选取。

3. 观测点的测量

(1)测量工具。经纬仪、全站仪。

(2)测量方法。测定特定方向上的水平位移时可采用视准线活动觇牌法、视准线测小角法、激光准直法等；测定监测点任意方向的水平位移时，可视监测点的分布情况，采用前方交会法、自由设站法、极坐标法等。

1)经纬仪测量的方法。利用经纬仪和相关计算方法，求得所测点坐标后，本次观测坐标值减去上次观测坐标值，即位移变化量。

①前方交会法。从 3 个已知点 A、B、C 分别向 P 点观测水平角，由两个三角形来计算 P 点坐标。如图 5-3-3 所示，从 3 个已知点做两组前方交会，分别求 P 点坐标，最后取它们的平均值作为 P 点的最后坐标。当 $\angle APC=90°$ 时，观测精度最高。一般情况下，$\angle APC$ 应为 $30°\sim150°$。

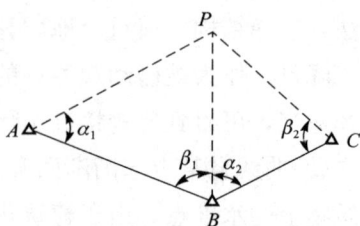

根据三角形的几何关系：

按 $\triangle ABP$，得到

图 5-3-3 前方交会法

$$X_P = \frac{x_A\cot\beta_1 + x_B\cot\alpha_1 + (y_B - y_A)}{\cot\alpha_1 + \cot\beta_1} \tag{5.3.1}$$

$$Y_P = \frac{y_A\cot\beta_1 + y_B\cot\alpha_1 - (x_B - x_A)}{\cot\alpha_1 + \cot\beta_1} \tag{5.3.2}$$

同理，按 $\triangle BCP$，得到

$$X_P = \frac{x_B\cot\beta_2 + x_C\cot\alpha_2 + (y_C - y_B)}{\cot\alpha_2 + \cot\beta_2} \tag{5.3.3}$$

$$Y_P = \frac{y_B\cot\beta_2 + y_C\cot\alpha_2 - (x_C - x_B)}{\cot\alpha_2 + \cot\beta_2} \tag{5.3.4}$$

将两组坐标取平均值，即可得到点 P 的坐标(X_P, Y_P)。

以表 5-3-7 数值为例，说明前方交会法计算过程。

表 5-3-7　前方交会法观测记录

略图				观测数据		α_1	54°48′00″
						β_1	32°51′50″
						α_2	56°23′21″
						β_2	48°30′58″
已知数据	x_A	1 807.04	y_A	45 719.85	(1)$\cot\alpha_1$	0.705 422	(1)$\cot\alpha_2$	0.664 67
	x_B	1 646.38	y_B	45 830.66	(2)$\cot\beta_1$	1.547 902 9	(2)$\cot\beta_2$	0.884 224
	x_C	1 765.50	y_C	45 998.65	(3)=(1)+(2)	2.253 325	(3)=(1)+(2)	1.548 894
(4) $X_A\cot\beta+X_B\cot\alpha+(y_B-y_A)$		4 069.325		2 802.937	(6) $y_A\cot\beta+y_B\cot\alpha-(x_B-x_A)$		103 260.504	71 049.513
(5)X_P=(4)/(3)		1 805.920		1 809.637	(7)Y_P=(6)/(3)		45 825.837	45 871.126
P 点最后坐标		X_P=1 807.78			Y_P=45 848.48			

②测边交会法。如图 5-3-4 所示，根据 AB 边长 c 及直线 AB 的方位角 α_{AB}，以及测量的 a、b 边长，来计算 P 点的坐标。

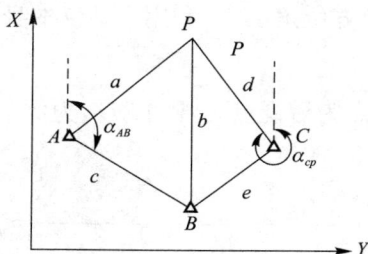

图 5-3-4　测边交会法

根据 $\triangle ABP$ 中已知数据，$\angle A=\arccos\dfrac{a^2+c^2-b^2}{2ac}$，$\alpha_{AP}=\alpha_{AB}-\angle A$

则 P 点坐标为 $x_P=x_A+a\cos\alpha_{AP}$，$y_P=y_A+a\sin\alpha_{AP}$

同理根据 $\triangle BCP$ 可知，$\angle C=\arccos\dfrac{d^2+e^2-b^2}{2de}\alpha_{CP}=\alpha_{CB}+\angle C$

则 P 点坐标为 $x_P=x_C+d\cos\alpha_{AP}y_P=y_C+d\sin\alpha_{AP}$

取两组坐标的平均值，得到 P 点坐标$(X_P，Y_P)$。

③测小角法。在基准点上安置仪器，测定观测点方向与基准线的水平角来确定水平位移的方法称为测小角法，如图 5-3-5 所示。

AB 为基准线，在 A 点安置经纬仪，在 B 点及观测点 P 上设立观测标志，测出水平角 β。由于水平角 β 较小，则根据经纬仪到标志的水平距离 D，用公式 $\delta=\dfrac{\beta}{\rho}D(\rho=206\ 265'')$ 推算出 P 点在垂直于基准线方向上的偏移量 δ。

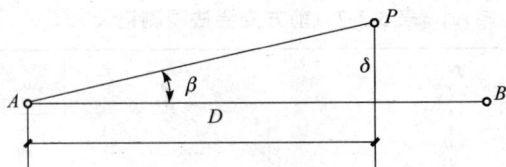

图 5-3-5　测小角法

④视准线法。通过视准仪或经纬仪建立一个平行或通过轴线的铅直平面作为基准面，定期观测建筑物上测点与基准面之间偏离值的大小，即该点的水平位移。

2)全站仪测量的方法。桩顶位移监测点布置示意如图 5-3-6 所示。

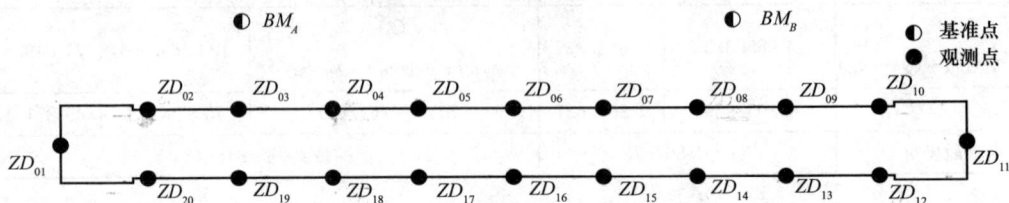

图 5-3-6　桩顶位移监测点布置示意

已知基准点 A、B 坐标值及方位角 α_{AB}，利用全站仪本身获得观测点坐标值，无须人工计算。

在 A 点架设全站仪，以 B 点为后视点，观测 ZD_{04} 为例，说明测量过程(图 5-3-7)。

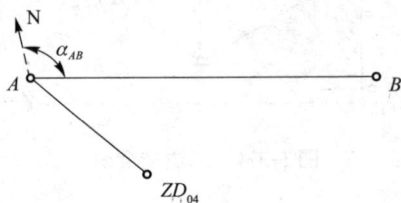

图 5-3-7　测量过程示意

在 B 点及 ZD_{04} 点安放棱镜。测量前对仪器进行反复对中、整平，直至仪器"圆水准器"和"照准部水准器"气泡符合要求。

①进入全站仪主菜单，单击"坐标测量"一栏，显示如图 5-3-8 所示。

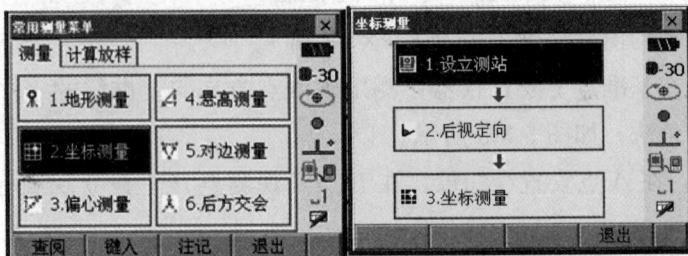

图 5-3-8　单击"坐标测量"

②设立测站，输入坐标值。定义测站 A，输入坐标值，如图 5-3-9 所示。

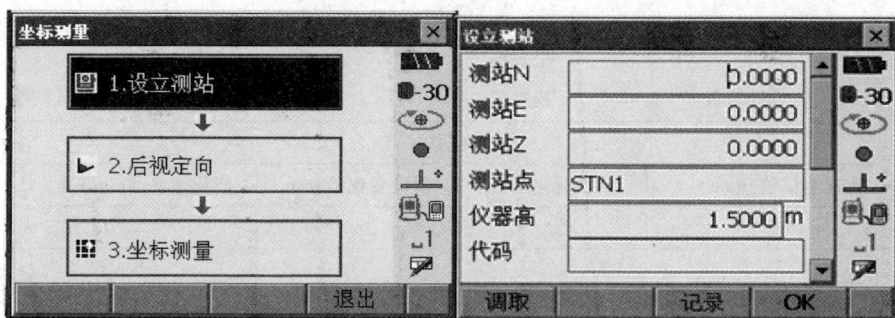

图 5-3-9　设立测站，输入坐标值

③后视定向，输入方位角，如图 5-3-10 所示。

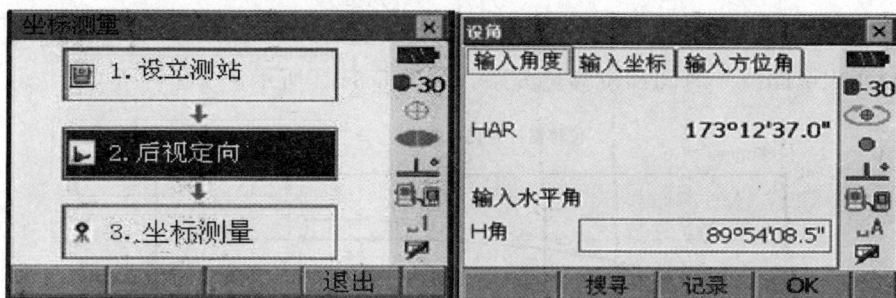

图 5-3-10　后视定向，输入方位角

将仪器对准后视点 B 处棱镜，输入方位角值。

④测量坐标值。照准目标点上的棱镜，按下"测存"键，得到目标点坐标值，如图 5-3-11 所示。

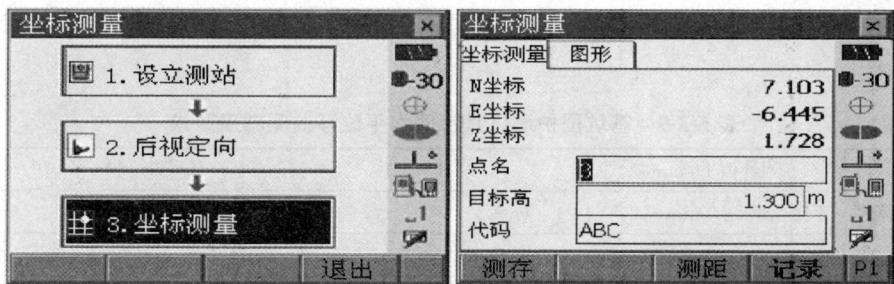

图 5-3-11　测量坐标值

(3)监测频率。见表 5-3-5。

(4)成果整理。

1)填写水平位移监测表，见表 5-3-8。

表 5-3-8　水平位移监测表

第一次					
工程名称：		报表编号：		天气：	
观测者：	计算者：	校核者：		测试时间：　年　月　日　时	
点号	水平位移				备注
	本次测试值/mm	单次变化/mm	累计变化量/mm	变化速率/(mm·d⁻¹)	
工况		当日监测的主要分析及判断性结论：			
工程负责人：		监测单位：			

2)绘制变化量曲线—时间和位移量关系，如图 5-3-12 所示。

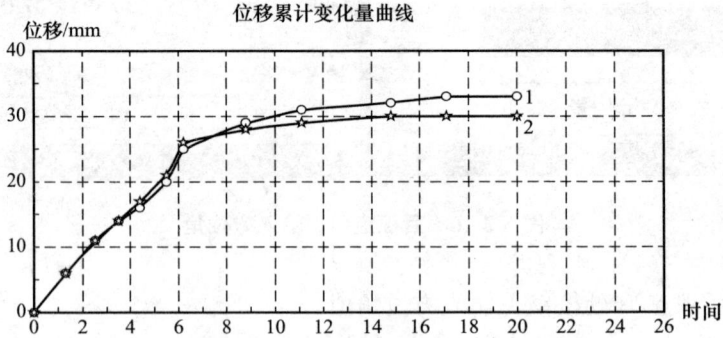

图 5-3-12　位移变化曲线图

基坑围护墙(边坡)顶水平位移监测精度应根据围护墙(边坡)顶水平位移预警值按表 5-3-9 确定。

表 5-3-9　基坑围护墙(边坡)顶水平位移监测精度要求

水平位移预警值	累计值 D/mm	$D \leqslant 40$	$40 < D \leqslant 60$	$D < 60$
	变化速率 v_D/(mm·d⁻¹)	$v_D \leqslant 2$	$2 < v_D \leqslant 4$	$4 < v_D \leqslant 6$	$v_D > 6$
监测点坐标中误差/mm		$\leqslant 1.0$	$\leqslant 1.5$	$\leqslant 2.0$	$\leqslant 3.0$

注：1. 监测点坐标中误差是指监测点相对测站点(如工作基点等)的坐标中误差，监测点相对于基准线的偏差中误差为点位中误差的 $1\sqrt{2}$。

2. 当根据累计值和变化速率选择的精度要求不一致时，水平位移监测精度优先按变化速率预警值的要求确定。

3. 以中误差作为衡量精度的标准。

地下管线的水平位移监测精度宜不低于 1.5 mm。

其他基坑周边环境(如地下设施、道路等)的水平位移监测精度应符合相关规范、规程等的规定。

➤ 知识检验

1. 建筑物定位后，在开挖基槽前一般要将轴线延长到槽外安全地点，延长轴线的方法有哪两种?

2. 已知水准点 A 的高程 $H_A=20.355$ m，若在 B 点处墙面上测设出高程分别为 21.000 m 和 23.000 m 的位置，设在 A、B 中间安置水准仪，后视 A 点水准尺的读数 $a=1.452$ m，怎样测设才能在 B 处墙得到设计标高? 请绘制一略图表示。

3. 基坑变形监测中，监测点的布置应遵循什么原则?

4. 在沉降监测曲线中，若发现中间某点突然回升，试分析原因。应该怎么处理?

5. 如图 1 所示，已知地面水准点 A 的高程 $H_A=40.000$ m，若在基坑内 B 点测设 $H_B=30.000$ m，测设时 $a=1.415$ m，$b=11.365$ m，$a_1=1.205$，当 b_1 为多少时，其尺底即设计高程 H_B?

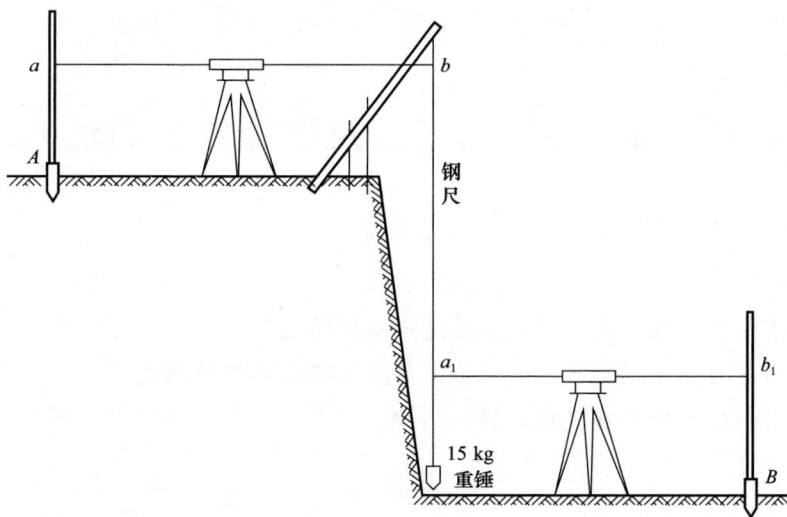

图 1　题 5 图

单元6　主体工程施工测量

单元任务

　　了解多层民用建筑和高层建筑主体工程施工测量的具体内容；能够利用水准仪、钢尺、全站仪等测量工具完成主体工程施工各阶段的测量。

学习内容

　　多层民用建筑墙体的定位；墙体施工轴线投测和标高控制；主体工程施工高程向上传递；高层建筑内控法、外控法轴线投测和引桩设置；主体结构的变形监测。

　　主体施工测量是建筑工程施工测量中非常重要的一项工作，在实际工作中，必须采用满足现场条件及精度要求的方法来完成点位的测设工作。

项目1　多层民用建筑墙体施工测量

能力目标

1. 能够利用经纬仪或全站仪完成多层建筑墙体的定位。
2. 能够利用皮数杆、钢尺、水准仪等工具控制墙体各部位标高。
3. 能够选用合适方法正确投测建筑物轴线。

任务1　墙体定位

　　(1)基础墙砌筑到防潮层以后，可根据轴线控制桩或龙门板上的中线钉，用经纬仪、全站仪或拉细线的方法将这一层楼房的墙中线和边线投测到防潮层上，并弹出墨线。

　　(2)用墨线弹出墙中线和墙边线。

　　(3)检查外墙轴线交角是否等于90°。

　　(4)把墙轴线延伸并画在外墙基础上，如图6-1-1所示，作为向上投测轴线的依据。

　　(5)将门、窗和其他洞口的边线也在外墙基础上标定出来。

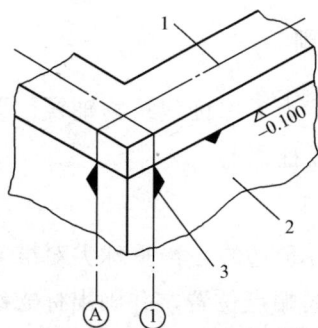

图 6-1-1　墙体定位

1—墙中心线；2—外墙基础；3—轴线

任务 2　墙体各部位标高控制

在墙体施工中，墙身各部位标高通常也用皮数杆控制。

(1)在墙身皮数杆上，根据设计尺寸，按砖、灰缝的厚度画出线条，并标明±0.000 、门、窗、楼板等的标高位置，如图 6-1-2 所示。

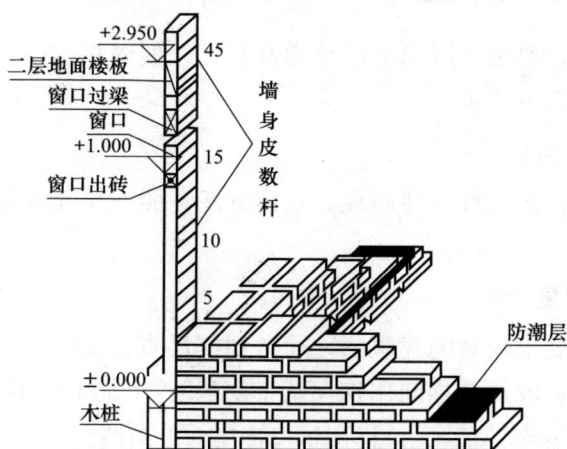

图 6-1-2　墙体皮数杆的设置

(2)墙身皮数杆的设立与基础皮数杆相同，使皮数杆上的±0.000 标高与房屋的室内地坪标高相吻合。在墙的转角处，每隔 10~15 m 设置一根皮数杆。

(3)在墙身砌起 1 m 后，应在室内墙身上定出+0.500 m 的标高线，以供该层地面施工和室内装修使用。

(4)第二层以上墙体施工中，为了使皮数杆在同一水平面上，要用水准仪测出楼板四角的标高，取平均值作为地坪标高，并以此作为立皮数杆的标志。

框架结构的民用建筑，墙体砌筑是在框架施工后进行的，故可在柱面上画线，代替皮数杆。

任务 3 建筑物的轴线投测

在多层建筑墙身砌筑过程中，为了保证建筑物轴线位置正确，可用吊线坠或使用经纬仪将轴线投测到各层楼板的边缘或柱顶上。

1. 吊垂球法

将较重的垂球悬吊在楼板或柱顶边缘，当垂球尖对准基础墙面上的轴线标志时，线在楼板或柱顶边缘的位置即楼层轴线端点位置，并画出标志线。各轴线的端点投测完后，用钢尺检核各轴线的间距，符合要求后方可继续施工，并将轴线逐层自下向上传递。

吊线坠法简便易行，不受施工场地限制，一般能保证施工质量。但当有风或建筑物较高时，投测误差较大，应采用经纬仪投测法。

2. 经纬仪投测法

在轴线控制桩上安置经纬仪，严格整平后，瞄准基础墙面上的轴线标志，用盘左、盘右分中投点法，将轴线投测到楼层边缘或柱顶上。将所有端点投测到楼板上之后，用钢尺检核其间距，相对误差不得大于 1/2 000。检查合格后，才能在楼板分间弹线，继续施工。

任务 4 建筑物的高程传递

在多层建筑施工中，要由下层向上层传递高程，以便楼板、门窗口等标高符合设计要求。高程传递的方法有以下 3 种。

1. 利用皮数杆传递高程

一般建筑物可用墙体皮数杆传递高程。具体方法参照本单元项目 1 任务 2 墙体各部位标高控制。

2. 利用钢尺直接丈量

对于高程传递精度要求较高的建筑物，通常用钢尺直接丈量来传递高程。对于二层以上的各层，每砌高一层，就从楼梯间用钢尺从下层的"+0.500 m"标高线，向上量出层高，测出上一层的"+0.500 m"标高线。这样用钢尺逐层向上引测。

3. 吊钢尺法

用悬挂钢尺代替水准尺，用水准仪读数，从下向上传递高程。具体方法参照单元 4 项目 1 任务 3 中的具体内容。

项目 2 高层建筑物墙体施工测量

能力目标

1. 能够利用经纬仪、全站仪、激光铅锤仪等工具，根据工程需要选用外控法、内控法投测建筑物轴线。

2. 能够正确设置引桩。

3. 能够进行高程的向上传递。

高层建筑物施工测量中的主要问题是控制垂直度，就是将建筑物的基础轴线准确地向高层引测，并保证各层的相应轴线位于同一竖直面内，控制竖向偏差，使轴线向上投测的偏差值不超限。

轴线向上投测时，要求竖向误差在本层内不超过5 mm，全楼累计误差值不应超过$2H/10\,000$（H为建筑物总高度），且不应大于：

(1)当30 m＜H≤60 m时，10 mm；

(2)当60 m＜H≤90 m时，15 mm；

(3)当90 m＜H时，20 mm。

任务1　轴线投测

高层建筑物轴线的竖向投测，主要有外控法和内控法两种。

1. 外控法

外控法是指在建筑物外部，利用经纬仪，根据建筑物轴线控制桩来进行轴线的竖向投测，也称作经纬仪引桩投测法。具体操作方法如下：

(1)在建筑物底部投测中心轴线位置。高层建筑物的基础工程完工后，将经纬仪安置在轴线控制桩A_1、A_1'、B_1和B_1'上，将建筑物主轴线精确地投测到建筑物的底部，并设立标志，如图6-2-1中的a_1、a_1'、b_1和b_1'，以供下一步施工与向上投测之用。

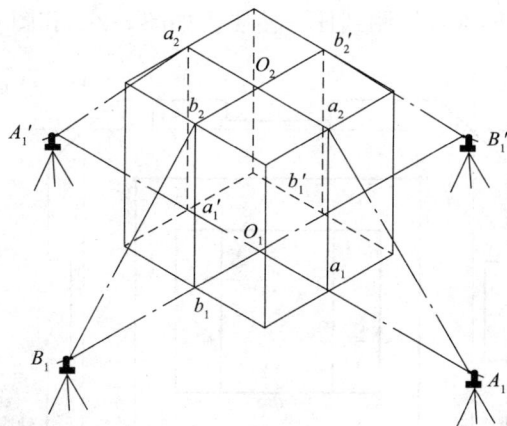

图6-2-1　经纬仪投测中心轴线

(2)向上投测中心线。随着建筑物不断升高，要逐层将轴线向上传递，如图6-2-1所示，将经纬仪安置在中心轴线控制桩A_1、A_1'、B_1和B_1'上，严格整平仪器，用望远镜瞄准建筑物底部已标出的轴线a_1、a_1'、b_1和b_1'点，用盘左和盘右分别向上投测到每层楼板上，并取其中点作为该层中心轴线的投影点，如图 6-2-1 中的 a_2、a_2'、b_2 和 b_2'。

（3）增设轴线引桩。当楼房逐渐增高，而轴线控制桩距离建筑物又较近时，望远镜的仰角较大，操作不便，投测精度也会降低。为此，要将原中心轴线控制桩引测到更远的安全地方，或附近大楼的屋面。具体做法如下：

将经纬仪安置在已经投测上去的较高层（如第 10 层）楼面轴线 a_{10}、a_{10}' 上，如图 6-2-2 所示，瞄准地面上原有的轴线控制桩 A_1 和 A_1' 点，用盘左、盘右分中投点法，将轴线延长到远处 A_2 和 A_2' 点，并用标志固定其位置，A_2、A_2' 即新投测的 $A_1 A_1'$ 轴线控制桩。

对于更高层的中心轴线，可将经纬仪安置在新的引桩上，按上述方法继续进行投测。

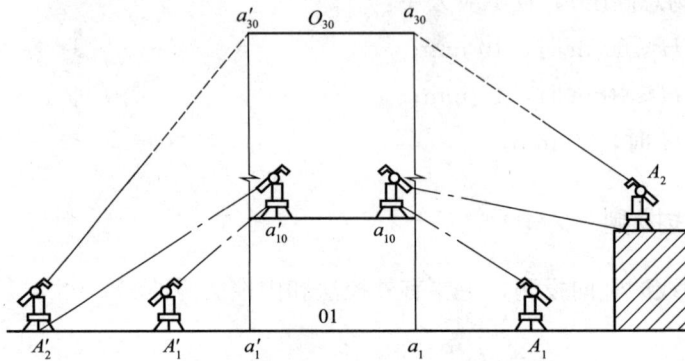

图 6-2-2　经纬仪引桩投测

2. 内控法

内控法是指在建筑物内±0.000 平面设置轴线控制点，并预埋标志，以后在各层楼板相应位置上预留 200 mm×200 mm 的传递孔，在轴线控制点上直接采用吊线坠法或激光铅垂仪法，通过预留孔将其点位垂直投测到任一楼层，如图 6-2-3 和图 6-2-4 所示。

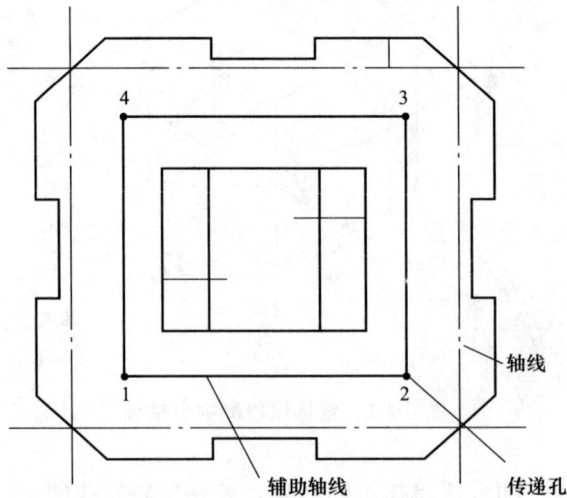

图 6-2-3　内控法轴线控制点的设置

（1）内控法轴线控制点的设置。基础施工完毕后，在±0.000首层平面上的适当位置设置与轴线平行的辅助轴线。辅助轴线距离轴线500～800 mm为宜，并在辅助轴线交点或端点处埋设标志。

（2）吊线坠法。吊线坠法是利用钢丝悬挂重线坠的方法进行轴线竖向投测。这种方法一般用于高度在50～100 m的高层建筑施工，线坠的质量为10～20 kg，钢丝的直径为0.5～0.8 mm。投测方法如下：

如图6-2-4所示，在预留孔上面安置十字架，挂上线坠，对准首层预埋标志。当线坠线静止时，固定十字架，并在预留孔四周做出标记，作为以后恢复轴线及放样的依据。此时，十字架中心即轴线控制点在该楼面上的投测点。

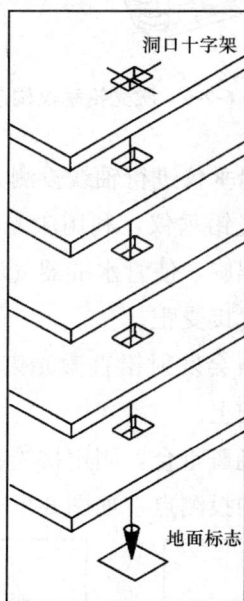

图6-2-4 吊线坠法投测轴线

用吊线坠法实测时，要采取一些必要措施，如用铅直的塑料管套着坠线或将线坠沉浸于油中，以减少摆动。

（3）激光铅垂仪法。

1）激光铅垂仪是一种专用的铅直定位仪器，适用高层建筑物、烟囱及高塔架的铅直定位测量。

激光铅垂仪的基本构造如图6-2-5所示，其主要由氦氖激光管、精密竖轴、发射望远镜、水准器、基座、激光电源及接收屏等部分组成。

激光器通过两组固定螺钉固定在套筒内。激光铅垂仪的竖轴是空心筒轴，两端有螺扣，上、下两端分别与发射望远镜和氦氖激光管套筒相连接，两者位置可对调，构成向上或向下发射激光束的铅垂仪。仪器上设置有两个互成90°的管水准器，仪器配有专用激光电源。

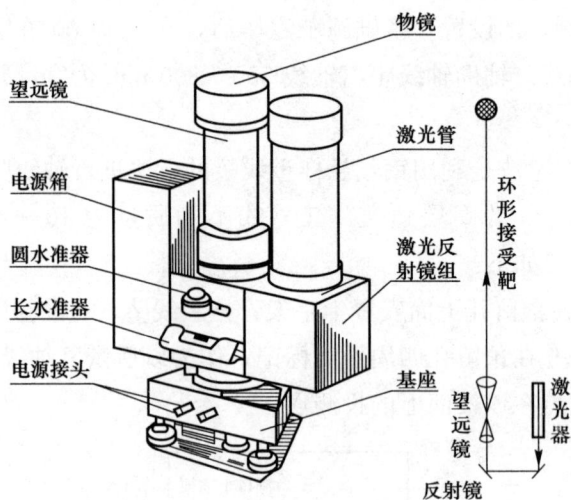

图 6-2-5　激光铅垂仪构造

2)激光铅垂仪投测轴线。激光铅垂仪进行轴线投测方法如下：

①在首层轴线控制点上安置激光铅垂仪，利用激光器底端(全反射棱镜端)所发射的激光束进行对中，通过调节基座整平螺旋，使管水准器气泡严格居中。

②在上层施工楼面预留孔处放置接受靶。

③接通激光电源后，启动激光器会发射铅直激光束。通过发射望远镜调焦，使激光束会聚成红色耀目光斑，投射到接受靶上。

④移动接受靶，使靶心与红色光斑重合，固定接受靶并在预留孔四周做出标记。此时，靶心位置即轴线控制点在该楼面上的投测点，如图 6-2-6 所示。

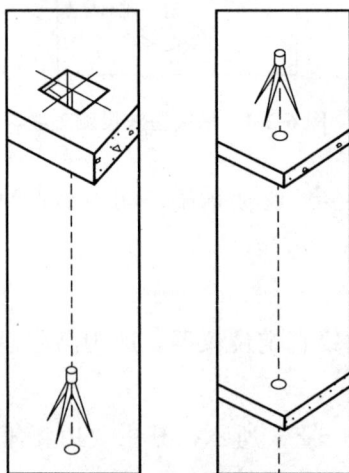

图 6-2-6　激光铅垂仪法

任务 2　高层建筑物高程传递

在高层建筑施工中，建筑物的标高要由下层传递到上层，以使上层建筑的工程施工标高符合设计要求。常用的标高传递方法有悬吊钢尺法和全站仪天顶测距法。高层建筑施工的高程控制网为建筑场地内的一组水准点（不少于 3 个）。待建筑物基础和地坪层建造完成后，在墙上或柱上从水准点测设出底层"＋50 mm 标高线"，作为向上各层测设设计高程之用。

1. 悬吊钢尺法

如图 6-2-7 所示，从底层"＋50 mm 标高线"起向上量取累积设计层高，即可测设出相应楼层的"＋50 mm 标高线"。根据各层的"＋50 mm 标高线"，即可进行各楼层的施工工作。

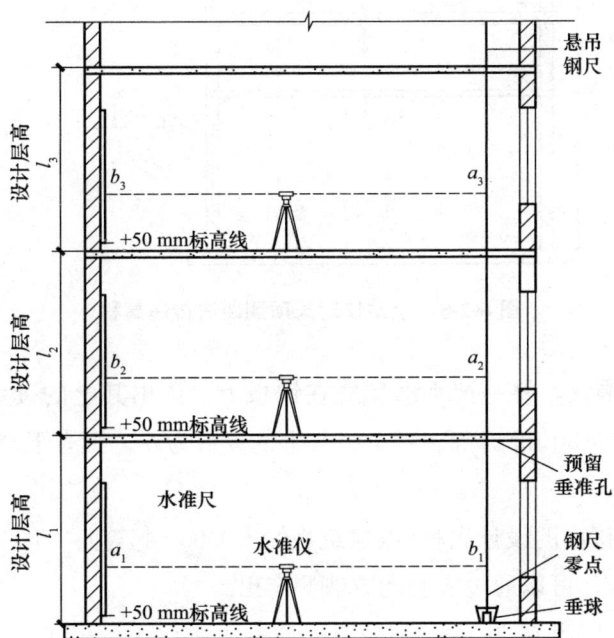

图 6-2-7 悬吊钢尺法传递高程

以第三层为例，放样第三层"＋50 mm 标高线"时的应读前视为

$$b_3 = a_3 - (l_1 + l_2) - 0.05 \tag{6.2.1}$$

在第三层墙面上，上下移动水准尺，当标尺读数恰好为 b_3 时，沿水准尺底部在墙面上画线，即可得到第三层的"＋50 mm 标高线"。

2. 全站仪天顶测距法

对于超高层建筑，吊钢尺有困难时，可以在预留垂准孔或电梯井安置全站仪，通过对天顶方向测距的方法引测高程，如图 6-2-8 所示。在投测点安置全站仪，置平望远镜（屏幕显示竖直角为 0°或竖直度盘读数为 90°），读取竖立在首层"＋50 mm 标高线"上水准尺的读数为 a_1。a_1 即全站仪横轴至首层"＋50 mm 标高线"的仪器高。将望远镜指向天顶（屏幕显示竖直角 90°或竖直度盘读数为 0°），将一块制作好的 40 cm×40 cm、中间开一个 ϕ30 mm 圆孔的铁板放置在需传递高程的第 i 层层面垂准孔上，使圆孔的中心对准测距光线（由测站观测员在全站仪望远镜中观察指挥），将棱镜扣在铁板上，操作全站仪测距，得距离 d_i。

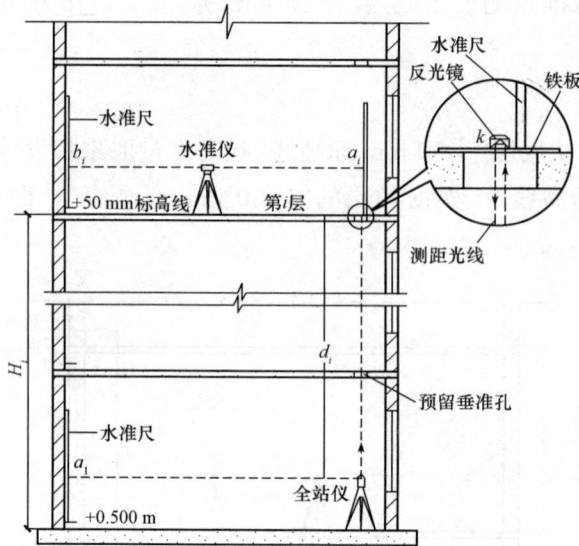

图 6-2-8　全站仪对天顶测距法传递高程

在第 i 层安置水准仪，将一把水准尺立在铁板上，读出其上的读数为 a_i；假设另一把水准尺竖立在第 i 层"+50 mm 标高线"上，其上的读数为 b_i，则有下列方程成立：

$$a_1+d_i-k+(a_i-b_i)=H_i \tag{6.2.2}$$

式中　　H_i——第 i 层楼面的设计高程（以建筑物的 ±0.000 起算）；

k——棱镜常数，可以通过实验的方法测定出。

由式（6.2.2）可以解出 b_i 为

$$b_i=a_1+d_i-k+(a_i-H_i) \tag{6.2.3}$$

上下移动水准尺，使其读数为 b_i，沿水准尺底部在墙面上画线，即可得到第 i 层的"+50 mm 标高线"。

项目 3　主体结构变形监测

🔹能力目标

1. 能够正确布设主体结构沉降监测点、位移监测点和倾斜监测点。
2. 能够进行主体的沉降、位移和倾斜观测，并完成数据的处理和分析。
3. 能够正确设置主体裂缝检测观测标志，并完成测量和成果资料。

建筑主体结构的变形主要有沉降、位移和倾斜。

沉降观测即通过建立高程控制网进行观测，位移观测即通过建立平面控制网进行观测。

在观测过程中，每隔一定时期，对控制点和观测点进行重复测量，计算相邻两次测量的变形量及累积变形量，确定建筑物的变形值并分析变形规律。

观测按《建筑变形测量规范》(JGJ 8—2016)进行。

任务 1　沉降监测

1. 专用水准点的设置

专用水准点即水准基点或工作基点。每测区布设的水准基点数应大于 3 个；小测区，确认点位稳定、可靠时，水准基点数可以少于 3 个，但连同工作基点不得少于 2 个。

水准基点的标石应埋设在基岩层或原状土层中。在建筑区内，点位与邻近建筑物的距离应大于建筑物基础最大宽度的 2 倍，其标石埋深应大于邻近建筑物基础的深度。在建筑物内部的点位，其标石埋深应大于地基土压层的深度。

工作基点位置与邻近建筑物的距离不得小于建筑物基础深度的 1.5～2.0 倍。

工作基点与联系点设置在稳定的永久性建筑物墙体或基础上。水准标石埋设后，达到稳定后方可开始观测。稳定期一般大于 15 d。

2. 沉降观测点的设置

在建筑物上布设一些能全面反映建筑物地基变形特征，结合地质情况及建筑结构特点确定，点位宜选在下列位置：

(1)建筑物的四角、核心筒四角、大转角处及沿外墙每 10～20 m 处或每隔 2～3 根柱基上。

(2)高低层建筑物、新旧建筑物、纵横墙等交接处的两侧。

(3)建筑物裂缝、后浇带两侧、沉降缝两侧、基础埋深相差悬殊处、人工地基与天然地基接壤处、不同结构的分界处和填挖方分界处，以及地质条件变化处两侧。

(4)对宽度≥15 m 或＜15 m 但地质复杂及膨胀土、湿陷性土地区的建筑物，应在承重内隔墙中部设内墙点，并在室内地面中心及四周设地面点。

(5)邻近堆置重物处、受振动有显著影响的部位及基础下的暗浜处。

(6)框架结构及钢结构建筑物的每个或部分柱基上或沿纵横轴线上。

(7)筏形基础、箱形基础底板或接近基础的结构部分之四角处及其中部位置。

(8)重型设备基础和动力设备基础的四角、基础形式或埋深改变处。

(9)超高层建筑或大型网架结构的每个大型结构柱监测点数不宜少于 2 个，且应设置在对称位置。

水准基点和沉降观测点的埋设如图 6-3-1～图 6-3-3 所示。

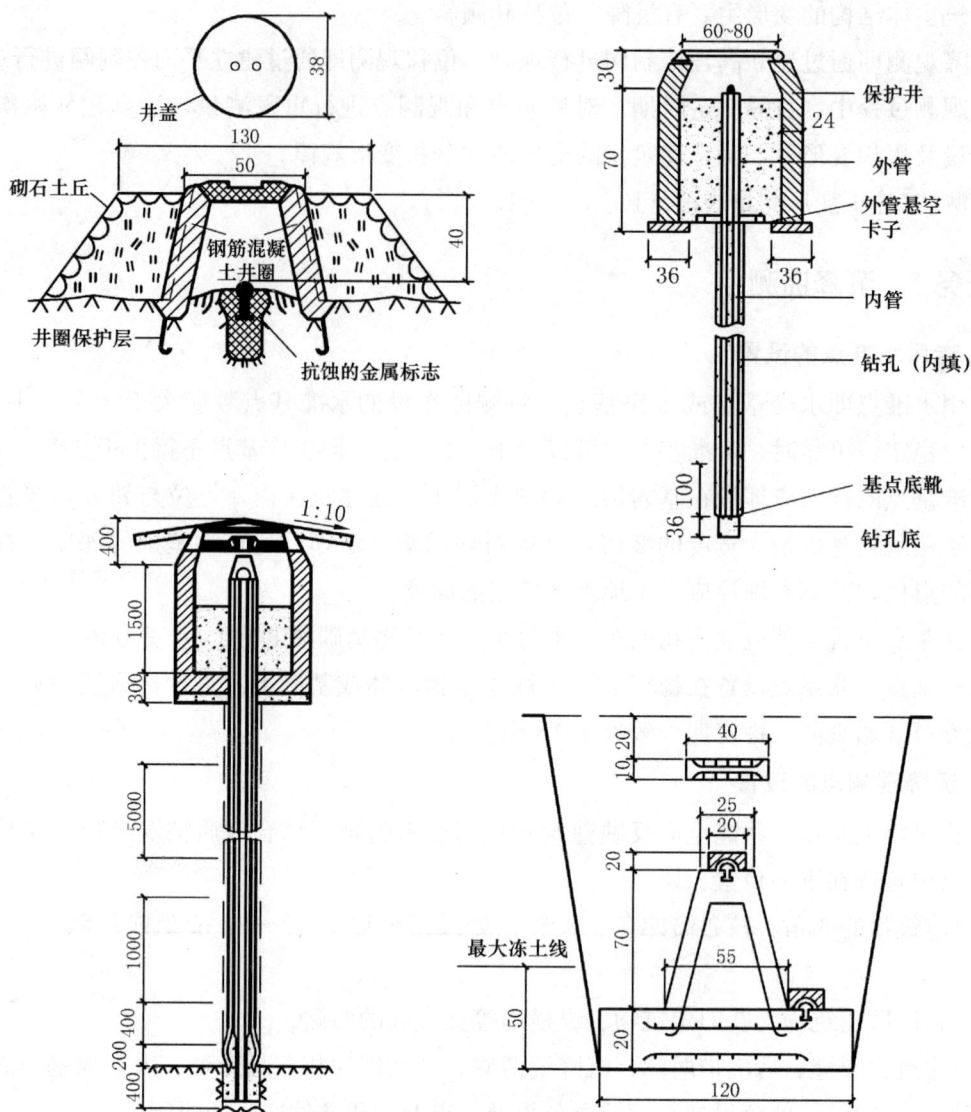

图6-3-1 水准基点的埋设(一)

井盖

砌石土丘

钢筋混凝土井圈

井圈保护层

抗蚀的金属标志

保护井

外管

外管悬空卡子

内管

钻孔（内填）

基点底靴

钻孔底

1:10

最大冻土线

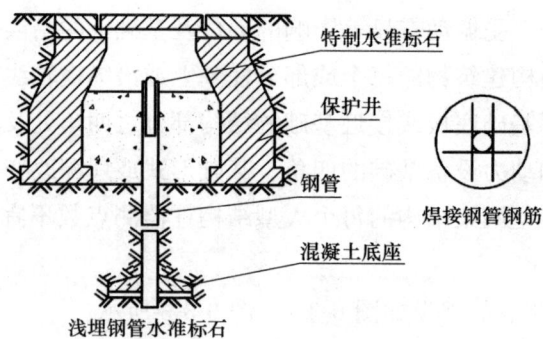

特制水准标石

保护井

钢管

混凝土底座

焊接钢管钢筋

浅埋钢管水准标石

图6-3-2 水准基点的埋设(二)

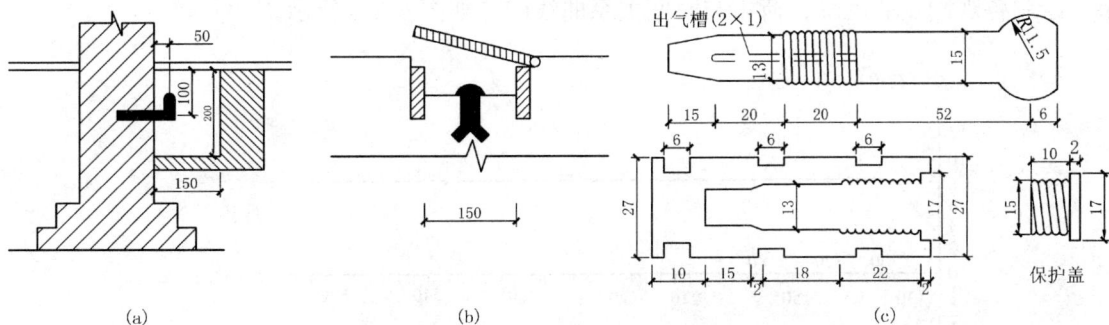

图 6-3-3　沉降观测点的埋设

(a)窨井式标志(适用建筑物内部埋设);

(b)盒式标志(适用于设备基础上埋设);(c)螺栓式标志(适用于墙体上埋设)

3. 高差观测

高差观测采用水准测量的方法。

(1)水准网的布设。建筑物较少的测区,水准点连同观测点按单一层次布设;建筑物较多且分散的大测区,宜按两个层次布网,即由水准点组成高程控制网、观测点与所联测的水准点组成扩展网。高程控制网应布设为闭合环、结点网或附合高程路线。

(2)水准测量的等级划分。水准测量划分为特级、一级、二级和三级。水准测量限差见表 6-3-1。

表 6-3-1　水准测量限差　　　　　　　　　　　　　　　　　　　　mm

等级		基辅分划(黑红面)读数之差	基辅分划(黑红面)所测高差之差	往返较差及附合或环线闭合差	单程双测站所测高差较差	检测已测测段高差之差
特级		0.15	0.2	$\leqslant 0.1\sqrt{n}$	$\leqslant 0.07\sqrt{n}$	$\leqslant 0.15\sqrt{n}$
一级		0.3	0.5	$\leqslant 0.3\sqrt{n}$	$\leqslant 0.2\sqrt{n}$	$\leqslant 0.45\sqrt{n}$
二级		0.5	0.7	$\leqslant 1.0\sqrt{n}$	$\leqslant 0.7\sqrt{n}$	$\leqslant 1.5\sqrt{n}$
三级	光学测微器法	1.0	1.5	$\leqslant 3.0\sqrt{n}$	$\leqslant 2.0\sqrt{n}$	$\leqslant 4.5\sqrt{n}$
	中丝读数法	2.0	3.0			

(3)水准测量精度等级的选择。根据建筑物最终沉降量的观测中误差确定;按低、中、高压缩性地基土的类别,相对沉降,局部地基沉降,膨胀土地基变形等确定。

绝对沉降观测中误差:±0.5 mm、±1.0 mm、±2.5 mm。

观测中误差,不应超过其变形允许值的 1/20,建筑物整体变形观测中误差不应超过其允许垂直偏差的 1/10,结构段变形观测中误差不应超过其变形允许值的 1/6。

(4)沉降观测的成果处理。严密平差计算,求出观测点每期观测高程的平差值,计算相邻两次观测之间的沉降量和累积沉降量,分析沉降量与增加荷载的关系。根据沉降观测结果，绘制各观测点的沉降、荷重与时间关系曲线图，如图 6-3-4 所示。

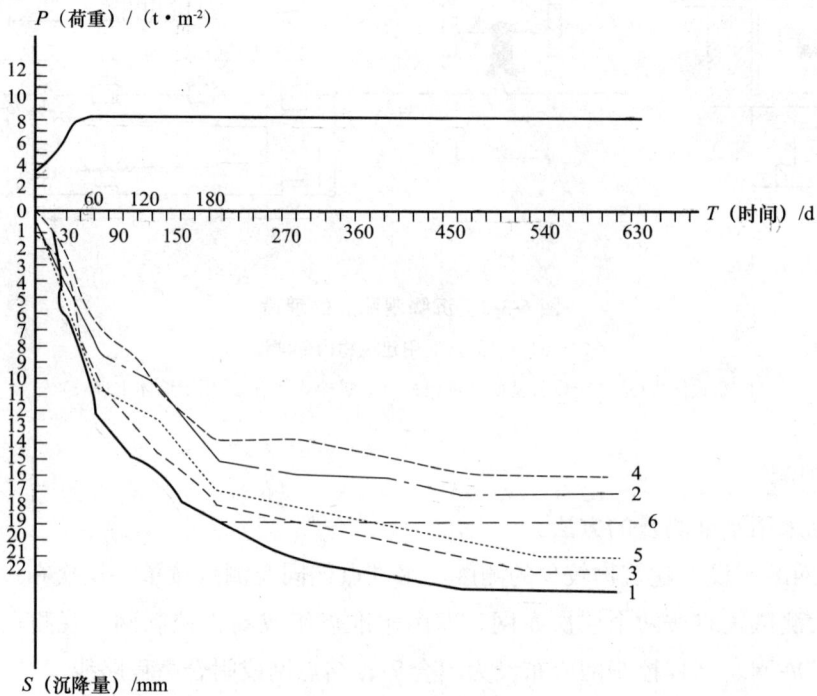

图 6-3-4 观测点的沉降、荷重与时间关系曲线图

任务2 位移监测

建筑物水平位移观测包括位于特殊性土地区的建筑物地基基础水平位移观测、受高层建筑基础施工影响的建筑物及工程设施水平位移观测，以及挡土墙、大面积堆载等工程中所需的地基土深层侧向位移观测等，应测定在规定平面位置上随时间变化的位移量和位移速度。

产生水平位移的原因主要是建筑物及其基础受到水平应力的影响而产生的地基的水平移动。适时监测建筑物的水平位移量，能有效地监控建筑物的安全状况，并可根据实际情况采取适当的加固措施。

1. 水平位移监测的原理

设建筑物某个点在第 k 次观测周期所得相应坐标为 X_k、Y_k，该点的原始坐标为 X_0、Y_0，则该点的水平位移 δ 为

$$\delta_x = X_k - X_0$$
$$\delta_y = Y_k - Y_0$$

(6.3.1)

某一时间段(t)内变形值的变化用平均变形速度来表示。例如，在第 n 和第 m 观测周期相隔时间内，观测点的平均变形速度为

$$v_{均} = \frac{\delta_n - \delta_m}{t} \qquad (6.3.2)$$

若 t 时间段以月份或年份数表示，则 $v_{均}$ 为月平均变化速度或年平均变化速度。

2. 测点布设

(1)建筑物地基基础及场地位移观测，按两个层次布设，控制点→组成控制网；观测点、联测的控制点→组成扩展网。

单个建筑物上部或构件的位移观测，将控制点连同观测点按单一层次布设。

(2)控制网可用测角网、测边网、边角网或导线网，扩展网和单一层次布网可采用角交会、边交会、边角交会、基准线或附合导线等形式。布网应考虑网形强度，长、短边不宜悬殊过大。

(3)为保证变形监测的准确、可靠，每一测区的基准点不应少于2个，每一测区的工作基点也不应少于2个。基准点、工作基点应根据实际情况构成一定的网形，并按规范规定的精度定期进行检测。

(4)平面控制点标志的形式及埋设。

1)特级、一级、二级及有需要的三级位移观测的控制点，建造观测墩或埋设专门观测标石，根据使用仪器和照准标志的类型，以及观测精度要求，配备强制对中装置。强制对中装置的对中误差≤±0.1 mm。

2)照准标志应具有明显的几何中心或轴线，并符合图像反差大、图案对称、相位差小和本身不变形的要求。

用于位移监测的基准点(控制点)应稳定、可靠，能够长期保存，且建立在便于观测的稳妥的地方。

位移监测点(观测点)应与变形体密切结合，且能代表该部位变形体的变形特征。

平面控制点标志如图6-3-5所示。

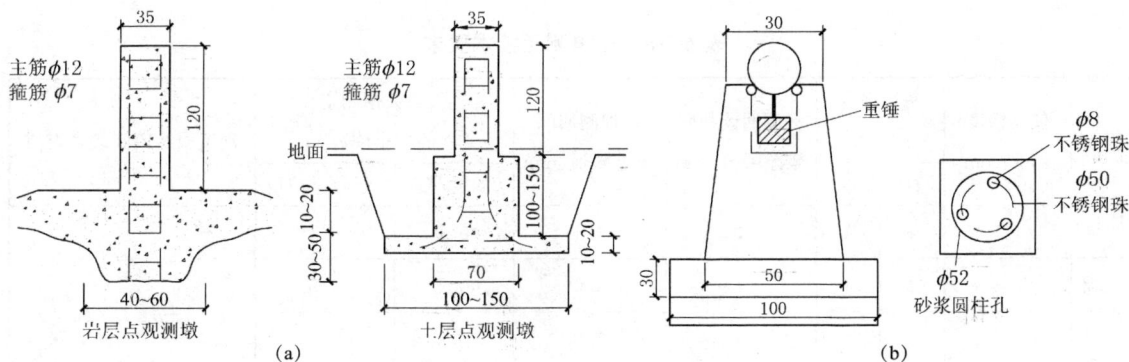

图 6-3-5 平面控制点标志

(a)观测墩(单位：cm)；(b)重力平衡球式照准标志(单位：mm)

(5)平面控制网的精度等级。一般工程位移观测的平面控制网分为一、二、三级，可用测角网、测边网或导线网的形式布设。其精度等级分别见表6-3-2～表6-3-6。

表 6-3-2　测角控制网技术要求

等级	最弱边边长中误差/mm	平均边长/m	测角中误差/(")	最弱边边长相对中误差
一级	±1.0	200	±1.0	1/200 000
二级	±3.0	300	±1.5	1/100 000
三级	±10.0	500	±2.5	1/50 000

表 6-3-3　测边控制网技术要求

等级	最弱边边长中误差/mm	平均边长/m	测角中误差/(")	最弱边边长相对中误差
一级	±1.0	200	±1.0	1/200 000
二级	±3.0	300	±1.5	1/100 000
三级	±10.0	500	±2.5	1/50 000

表 6-3-4　导线测量技术要求

等级	导线最弱点点位中误差/mm	导线长度/m	平均边长/m	测边中误差/(")	测角中误差/(")	最弱边边长相对中误差
一级	±1.4	$750C_1$	150	$±0.6C_2$	±1.0	1/100 000
二级	±4.2	$1\ 000C_1$	200	$±2.0C_2$	±2.0	1/45 000
三级	±14.0	$1\ 250C_1$	250	$±6.0C_2$	±5.0	1/17 000

表 6-3-5　水平角观测技术要求

仪器类别	两次照准目标读数差	半测回归零差	一测回内 2C 互差	同一方向值各测回互差
DJ1	4	5	8	5
DJ2	6	8	13	8
DJ6	—	18	—	20

表 6-3-6　光电测距技术要求

等级	仪器精度档次/mm	每边最少测回数 往	每边最少测回数 返	一测回读数间较差限值/mm	单程测回间较差限值/mm	气象数据测定的最小读数 温度/℃	气象数据测定的最小读数 气压/mmHg	往返或时段间较差限值
一级	≤1	4	4	1	1.4	0.1	0.1	
二级	≤3	4	4	3	4.0	0.2	0.5	$\sqrt{2}(a+b×D×10^{-6})$
三级	≤5	2	2	5	7.0	0.2	0.5	
	≤10	4	4	10	14.0	0.2	0.5	

　　(6)平面控制网精度等级的选择。根据建筑物最终位移量的观测中误差，计算绝对位移量和相对位移量。

　　绝对位移，根据设计、施工要求，参照同类或类似项目的经验，选取平面控制网的精度等级。

相对位移、局部地基位移观测中误差≤变形允许值分量的 1/20；

整体性变形观测中误差≤变形允许值分量的 1/10；

结构段变形观测中误差≤变形允许值分量的 1/6。

3. 水平位移的观测方法

建筑工程测量中，常用的水平位移观测方法见表 6-3-7。

表 6-3-7　常用的水平位移观测方法

序号	具体情况或要求	方法选用
1	测量地面观测点在特定方向的位移	基准线法（包括视准线法、激光准直法、引张线法等）
2	测量观测点任意方向位移	可视观测点的分布情况，采用前方交会法或方向差交会法、精密导线测量法或近景摄影测量等方法
3	对于观测内容较多的大测区或观测点远离稳定地区的测区	宜采用三角、三边、边角测量与基准线法相结合的综合测量方法
4	测量土体内部侧向位移	可采用测斜仪观测方法

交会法在本书单元 3 项目 1 中已有介绍，方法类似，这里主要介绍基准线法中的视准线法。

视准线法是基准线法测量的方法之一。它是利用经纬仪或视准仪的视准轴构成基准线，通过该基准线的铅垂面作为基准面，并以此铅垂面为标准，测定其他观测点相对于该铅垂面的水平位移量的一种方法。

为保证基准线的稳定，必须在视准线的两端设置基准点或工作基点。

视准线法所用设备普通、操作简便、费用低，是一种应用较广的观测方法。该方法同样受多种因素的影响，如照准精度、大气折光等，操作不当时，误差不容易控制，精度会受到明显的影响。

①视准线的布置。视准线一般分三级布点，即基准点、工作基点和观测点。当条件允许时，也可将基准点和工作基点合并布设。

视准线的两个基点必须稳定、可靠，即应选择在较稳定的区域，并具备高一级的基准点经常检核的条件，且便于安置仪器和观测。

各观测点基本位于视准基面上，且与被检核的建筑部位牢固地成为一体。

整条视准线离各种障碍物需有一定距离，以减弱旁折光的影响。

工作基点（端点）和观测点应浇筑混凝土观测墩，埋设强制对中底座。墩面离地表 1.2 m 以上，以减弱近地面大气湍流的影响。为减弱观测仪竖轴倾斜对观测值的影响，各观测墩面力求基本位于同一高程面内。

位移标点的标墩应与变形体连接，从表面以下 0.3～0.4 m 处起浇筑。其顶部也应埋设强制对中设备，常常还在位移标点的基脚或顶部设铜质标志，兼作垂直位移的标点。

视准线的长度一般不应超过 300 m，当视线超过 300 m 时，应分段观测，即在中间设置工作基点，先观测工作基点的位移量，再分段观测各观测点的位移量，最后将各位移量化算到统一的基准下。

观测使用的照准标牌图案应简单、清晰，有足够的反差、呈中心对称，这对提高视准线观测精度有重要影响。

觇标可分为固定觇标和活动觇标。前者是安置在工作基点上，供经纬仪瞄准构成视准线用；后者是安置在位移标点上，供经纬仪瞄准以测定位移标点的偏离值用。

②小角法。小角法是利用精密经纬仪精确地测出基准线方向与测站点到观测点的视线方向之间所夹的小角，从而计算观测点相对于基准线的偏离值。

如图 6-3-6 所示，A、B 为观测控制点组成的基准线，i 点为观测点。只需要在 A 点安置经纬仪或全站仪测量 Ai 方向与基准线 AB 所夹的小角 α_i，就可以计算出观测点 i 相对于 AB 的偏离值 Δ_i。

$$\Delta_i = \frac{\alpha_i}{\rho} \cdot S_i \tag{6.3.3}$$

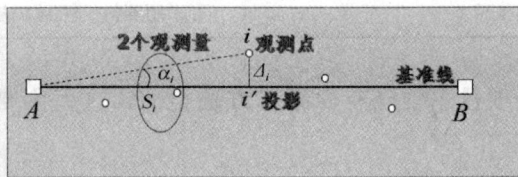

图 6-3-6 小角法测偏离值

在小角法中测距误差影响可忽略不计，小角法用于生产时，理应在基准线的两个端点分别设站进行观测，然后做加权平均。

③活动觇牌法。活动觇牌法是通过一种精密的附有读数设备的活动觇牌直接测定观测点相对于基准面的偏离值。它需要专用的仪器和照准设备：精密视准仪或精密经纬仪、活动觇牌。

觇牌上有分画尺，最小分画值为 1 mm，用游标尺可直接读到 0.1～0.01 mm，如图 6-3-7(a) 所示。

活动觇牌法观测步骤如下：

如图 6-3-7(b) 所示，采用活动觇牌法观测时，在 A 点设置经纬仪，瞄准 B 点后固定照准部不动。

在观测点 C 上放置活动觇牌，由 A 点观测人员指挥，C 点操作员旋动活动觇牌，使觇牌标志中心严格与视准线重合。

读取活动觇牌的读数，并与觇牌的零位值相减，即获得待测点偏离 AB 基准线的偏移值。

转动觇牌微动螺旋重新瞄准，再次读数，如此共进行 2～4 次，取其读数的平均值作为上半测回的成果。

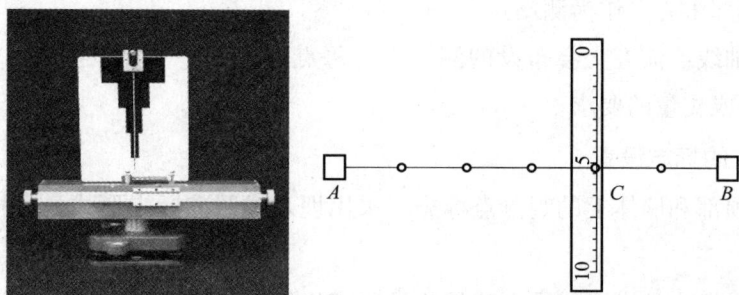

图 6-3-7　活动觇牌

(a)活动觇牌；(b)活动觇牌法测偏离值

倒转望远镜，按上述方法测下半测回，取上下两半测回读数的平均值为一测回的成果。

根据需要，每个观测点需测量 2～4 个测回。一般来说，当用 DJ1 型经纬仪观测，测距在 300 m 以内时，可测 2～3 个测回，其测回差不得大于 3 mm，否则应重测。

4. 观测周期的确定

水平位移观测的周期，对于不良地基土地区的观测，可与一并进行的沉降观测协调考虑确定；对于受基础施工影响的位移观测，应按施工进度的需要确定，可逐日或隔数日观测一次，直至施工结束；对于土体内部侧向位移观测，应视变形情况和工程进展而定。

5. 成果资料

建筑物水平位移观测一般需要提供的成果如下：

(1)水平位移观测点位布置图。

(2)观测成果表。

(3)水平位移曲线图。

(4)地基土深层侧向位移图(视需要提交)。

(5)当基础的水平位移与沉降同时观测时，可选择典型剖面，绘制两者的关系曲线。

(6)观测成果分析资料。

任务 3　倾斜监测

主体倾斜主要是由基础不均匀沉降引起的。主体倾斜观测的方法：测定建筑物顶部相对于底部或各层间上层相对于下层的水平位移与高差，分别计算整体或分层的倾斜度、倾斜方向及倾斜速率；刚性建筑整体倾斜，测量顶面或基础的相对沉降。

1. 建筑物主体倾斜观测点位布设要求

(1) 沿对应测站点的某主体竖直线，对整体倾斜按顶部、底部，对分层倾斜按分层部位、底部上下对应布设。

(2)从建筑物外部观测时，测站点或工作基点选在与照准目标中心连线呈接近正交或等分角的方向线上距照准目标 1.5～2.0 倍目标高度的固定位置处；用建筑物内竖向通道观测时，可将通道底部中心点作为测站点。

(3)按纵横轴线或前方交会布设的测站点，每点应选设1～2个定向点。基线端点的选设应顾及其测距或丈量的要求。

2. 观测点位的标志设置

(1)建筑物顶部和墙体上的观测点标志，采用埋入式照准标志形式。有特殊要求时，应专门设计。

(2)不便埋设标志的塔形、圆形建筑物及竖直构件，可照准视线所切同高边缘认定的位置或用高度角控制的位置作为观测点位。

(3)位于地面的测站点和走向点，可根据不同的观测要求，采用带有强制对中设备的观测墩或混凝土标石。

(4)一次性倾斜观测项目，观测点标志可采用标记形式或直接利用符合位置与照准要求的建筑物特征部位；测站点可采用小标石或临时性标志。

3. 主体倾斜观测方法

(1)测定基础沉降差法。如图6-3-8所示，在建筑物基础上选设沉降观测点 A、B，通过精密水准测量法定期观测 A、B 两点沉降差 Δh，A、B 两点的距离为 L，基础倾斜度为

$$i=\frac{\Delta h}{L} \tag{6.3.4}$$

例如：测得 $\Delta h=0.023$ m，$L=7.25$ m，倾斜度 $i=0.003\,172=0.317\,2\%$。

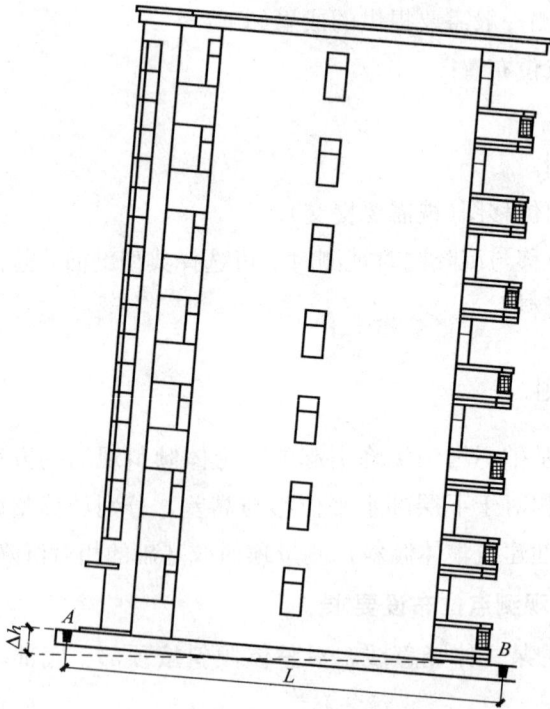

图 6-3-8　测定基础沉降差法

（2）激光垂准仪法。如图 6-3-9 所示，建筑物顶部与底部之间有竖向通道，在建筑物顶部适当位置安置接受靶，在垂线下的地面或地板上埋设点位安置激光垂准仪。激光垂准仪的铅垂激光束投射到顶部接受靶，在接受靶上直接读取或用直尺量出顶部两位移量 Δu 与 Δv，则倾斜度与倾斜方向角为

$$\left.\begin{array}{l} i = \dfrac{\sqrt{\Delta u^2 + \Delta v^2}}{h} \\[3mm] \alpha = \tan^{-1}\dfrac{\Delta v}{\Delta u} \end{array}\right\} \qquad (6.3.5)$$

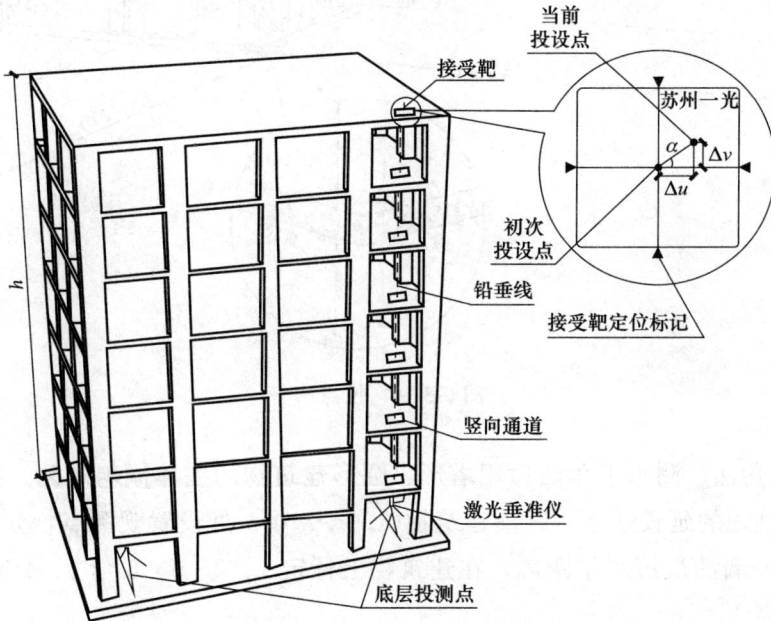

图 6-3-9　激光垂准仪法

（3）投点法。投点法适用建筑物周围比较空旷的主体倾斜。如图 6-3-10 所示，选择建筑物上、下在一条铅垂线上的墙角，分别在两墙面延长线方向、距离为 $(1.5\sim2.0)h$ 处埋设观测点 A、B，在两墙面墙角分别横置直尺；分别在 A、B 点安置经纬仪，双盘位将房顶墙角投射到横置直尺，取两次读数平均值。则

$$l_A = \frac{1}{2}(L_A + R_A) \qquad (6.3.6)$$

$$l_B = \frac{1}{2}(L_B + R_B) \qquad (6.3.7)$$

$$\left.\begin{array}{l} \Delta u = l_A - l_A' \\ \Delta v = l_B - l_B' \end{array}\right\} \qquad (6.3.8)$$

$$\left.\begin{array}{l} i = \dfrac{\sqrt{\Delta u^2 + \Delta v^2}}{h} \\[3mm] \alpha = \tan^{-1}\dfrac{\Delta v}{\Delta u} \end{array}\right\} \qquad (6.3.9)$$

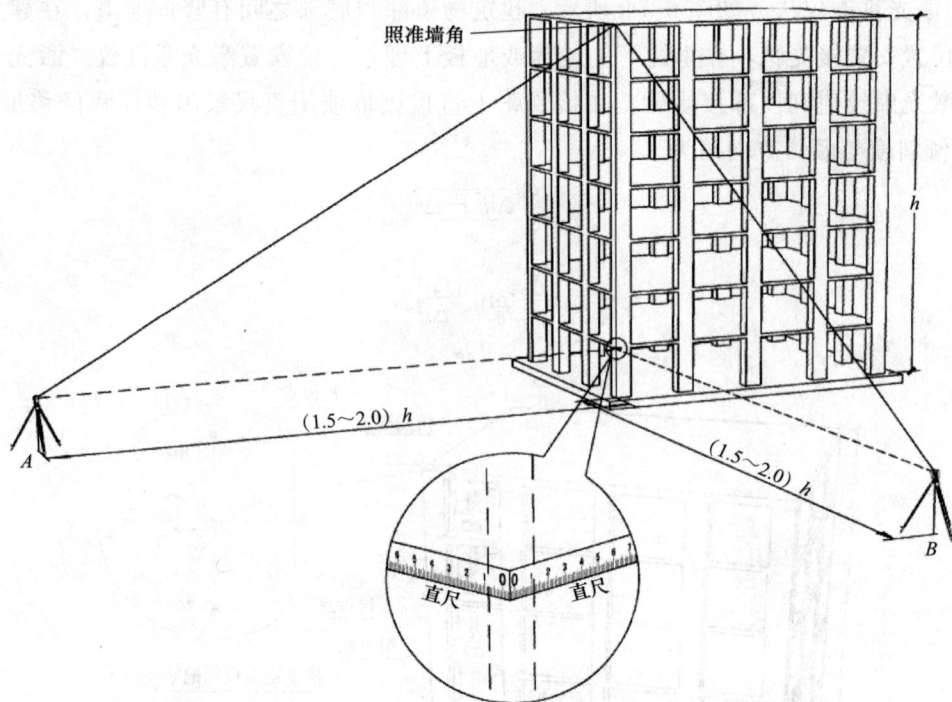

图 6-3-10 投点法

(4)测水平角法。测水平角法适用塔形、圆形建筑物的主体倾斜观测。如图 6-3-11 所示，在纵横两轴线的延长线上、距离建筑物$(1.5\sim2.0)h$处设置观测点，分别测定其至圆形建筑物底座外墙的最短水平距离，在建筑物上标定 1、2、5、6 与 3、4、7、8 两组点，每组观测点等高。

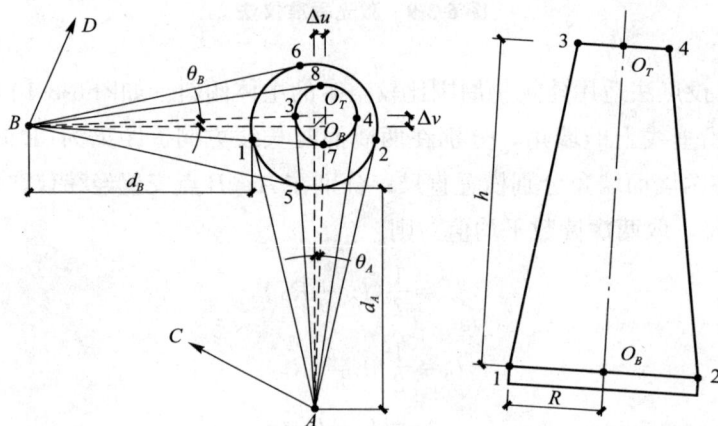

图 6-3-11 测水平角法

A 点安置经纬仪，C 点为零方向，采用方向观测法依次观测 1、2、3、4 点 3～4 个测回，计算出各方向的平均值分别为 l_1'、l_2'、l_3'、l_4'，则

$$\angle O_B A O_T = \theta_A = \frac{l'_1 + l'_2 - l'_3 - l'_4}{2} \tag{6.3.10}$$

B 点安置经纬仪，D 点为零方向，方向观测法依次观测 5、6、7、8 点 3~4 个测回，计算出各方向的平均值分别为 l'_5、l'_6、l'_7、l'_8，则

$$\angle O_B B O_T = \theta_B = \frac{l'_5 + l'_6 - l'_7 - l'_8}{2} \tag{6.3.11}$$

$O_B \rightarrow O_T$ 的位移量为

$$\left. \begin{aligned} \Delta u &= \frac{\theta'_A}{\rho''}(d_A + R) \\ \Delta v &= \frac{\theta'_B}{\rho''}(d_B + R) \end{aligned} \right\} \tag{6.3.12}$$

倾斜度与倾斜方向角为

$$\left. \begin{aligned} i &= \frac{\sqrt{\Delta u^2 + \Delta v^2}}{h} \\ \alpha &= \tan^{-1}\frac{\Delta v}{\Delta u} \end{aligned} \right\} \tag{6.3.13}$$

(5)测角前方交会法。测角前方交会法适用不规则高耸建筑物的主体倾斜观测，如图 6-3-12 所示。当建筑物顶部无适宜照准目标时，应在顶部便于观测与保护的位置埋设观测标志，如避雷针状照准标志，分别在 A、B 两点安置经纬仪，通过测回法观测水平角与 3~4 个测回，取平均值代入余切公式计算观测点平面坐标，可用 fx-5800 P 程序 PM3-3 计算。

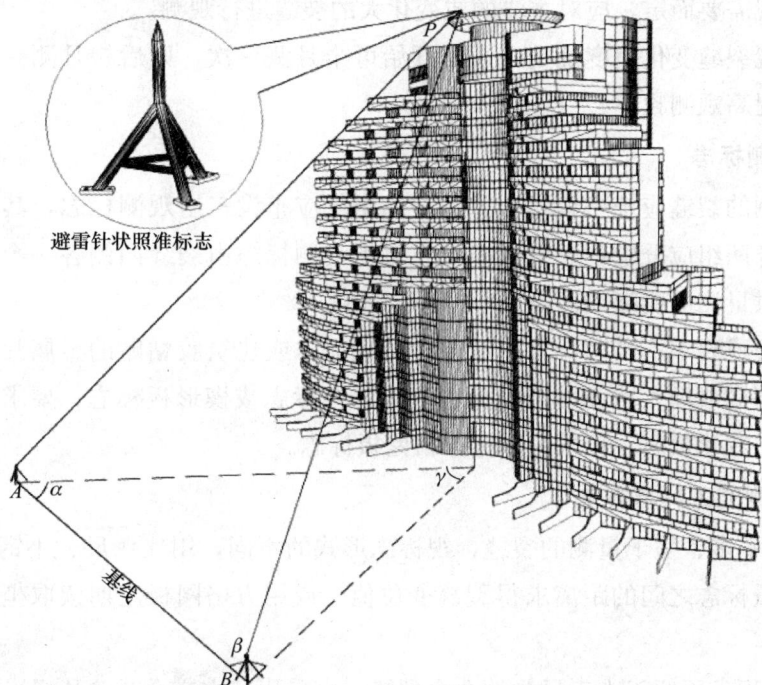

图 6-3-12　测角前方交会法

$$\left.\begin{array}{l} \Delta u = x'_P - x_P \\ \Delta v = y'_P - y_P \end{array}\right\} \tag{6.3.14}$$

$$\left.\begin{array}{l} i = \dfrac{\sqrt{\Delta u^2 + \Delta v^2}}{h} \\ \alpha = \tan^{-1} \dfrac{\Delta v}{\Delta u} \end{array}\right\} \tag{6.3.15}$$

4. 观测周期的确定

视倾斜速度每 1~3 个月观测一次。遇基础附近大量堆载或卸载、场地降雨长期积水等导致倾斜速度加快时，应及时增加观测次数。

5. 成果提供

观测成果包括倾斜观测点布置图、观测成果表、成果图、主体倾斜曲线图和观测成果分析等资料。

任务 4 裂缝监测

裂缝主要是由建筑物不均匀沉降产生。裂缝观测与沉降观测同步进行，便于综合分析，及时采取措施，确保建筑物安全。

建（构）筑物多处产生裂缝时应进行裂缝观测，测定建筑物上的裂缝分布位置，裂缝走向、长度、宽度及其变化程度。

观测数量视需要而定，应对主要的或变化大的裂缝进行观测。

观测周期视裂缝变化速度确定，通常开始可半月测一次，以后一月测一次。当发现裂缝加大时，应提高观测频率。

1. 裂缝观测标志

对需要观测的裂缝应统一编号；每条裂缝至少应布设三组观测标志，其中一组应在裂缝最宽处，另外两组应分别在裂缝的末端。每组观测标志由裂缝两侧各一个标志组成。观测标志具有可供量测的明晰端面或中心（图 6-3-13）。

观测期较短或要求不高时，采用油漆平行线标志或建筑胶粘贴的金属片标志；观测期较长时，采用镶嵌或埋入墙面的金属标志、金属杆标志或楔形板标志；要求较高，需要测出裂缝纵、横向变化值时，可采用坐标方格网板标志。

2. 裂缝观测的工具与方法

(1) 对数量不多、易于量测的裂缝，视标志形式的不同，用比例尺、小钢尺或游标卡尺等工具定期丈量标志之间的距离求得裂缝变位值，或用方格网板定期读取坐标差计算裂缝变化值。

(2) 对大面积且不便于人工量测的众多裂缝，宜采用前方交会或单片摄影方法观测。

(3) 当需要连续监测裂缝变化时，可采用测缝计或传感器自动测记方法观测。

(4) 对裂缝深度量测，当裂缝深度较小时，宜采用凿出法和单面接触超声波法监测；当

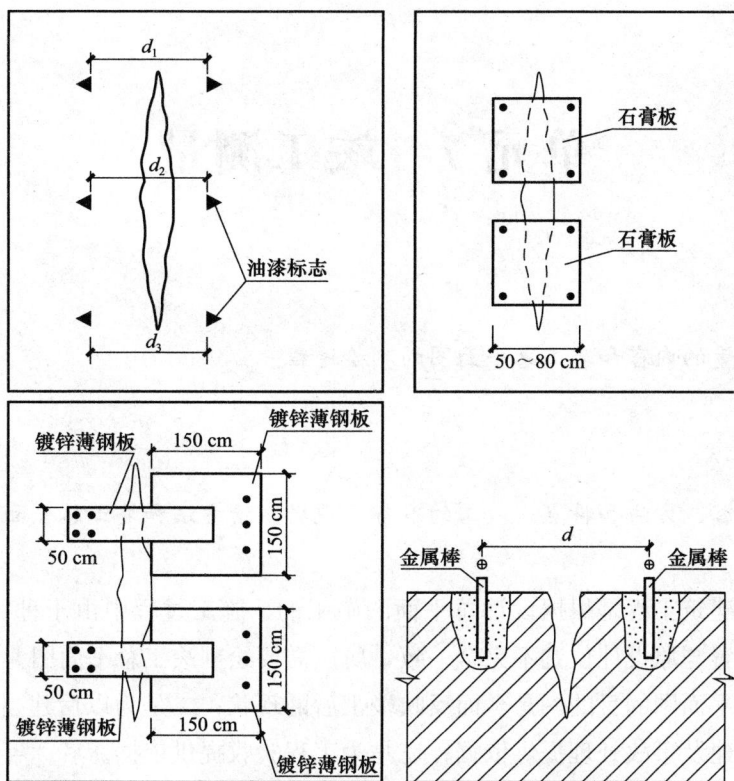

图 6-3-13　裂缝观测标志

深度较大时，宜采用超声波法监测。

3. 裂缝观测的成果资料

裂缝观测结束后，提供裂缝分布位置图、裂缝观测成果表、观测成果分析说明资料等。当建筑物裂缝与基础沉降同时观测时，可选择典型剖面绘制两者的关系曲线。

📺➤ 知识检验

1. 高层建筑物轴线竖向投测的方法主要有哪些？
2. 主体工程变形监测的内容主要有哪些？
3. 主体工程裂缝监测常用的工具有哪些？
4. 建筑物高程传递有哪些方法？

单元 7　竣工测量

单元任务

了解竣工测量的内容和竣工总平面图的测绘过程。

学习内容

竣工测绘内容、方法和特点；竣工的准备、现场测绘方法和竣工总平面图的绘制要求。

工业与民用建筑工程是根据设计总平面图施工的。施工过程中由于种种原因，建（构）筑物竣工后的位置与原设计位置不完全一致，所以需要绘制竣工总平面图。

绘制竣工总平面图的目的一是全面反映竣工后的现状；二是为以后建（构）筑物的管理、维修、扩建、改建及事故处理提供依据；三是为工程验收提供依据。

竣工总平面图的绘制包括竣工测量和资料编绘两方面内容。

项目 1　预备知识

能力目标

知道竣工测量的具体内容、测量方法。

任务1　竣工测量内容确定

竣工测量的内容主要包括：

1. 工业厂房及一般建筑物

测定各房角坐标、几何尺寸，各种管线进出口的位置和高程，室内地坪及房角标高，并附注房屋结构层数、面积和竣工时间。

2. 地下管线

测定检修井、转折点、起终点的坐标，井盖、井底、沟槽和管顶等的高程，附注管道及检修井的编号、名称、管径、管材、间距、坡度和流向。

3. 架空管线

测定转折点、结点、交叉点和支点的坐标，支架间距及基础面标高等。

4. 交通线路

测定线路起终点、转折点和交叉点的坐标，路面、人行道、绿化带界线等。

5. 特种构筑物

测定沉淀池的外形和四角坐标、圆形构筑物的中心坐标，基础面标高，构筑物的高度或深度等。

任务 2　竣工测量的方法与特点

竣工测量的基本测量方法与地形测量相似，它们的区别在于以下几点：

1. 图根控制点的密度

一般竣工测量图根控制点的密度，要大于地形测量图根控制点的密度。

2. 碎部点的实测

地形测量一般采用视距测量的方法，测定碎部点的平面位置和高程；而竣工测量一般采用经纬仪测角、钢尺量距的极坐标法测定碎部点的平面位置，采用水准仪或经纬仪视线水平测定碎部点的高程。此外，也可用全站仪进行测绘。

3. 测量精度

竣工测量的测量精度要高于地形测量的测量精度。地形测量的测量精度要求满足图解精度，而竣工测量的测量精度一般要满足解析精度，应精确至厘米。

4. 测绘内容

竣工测量的内容比地形测量的内容更丰富。竣工测量不仅要测量地面的地物和地貌，还要测量地底下的各种隐蔽工程，如上、下水及热力管线等。

项目 2　竣工总平面图的测绘

能力目标

1. 知道竣工测量应做的准备工作。

2. 知道现场实测采用的测量方法和测量工具。

3. 掌握竣工总平面图的绘制过程、方法及要求。

任务 1　绘图前工作准备

完整充分地收集、整理已有的设计、施工和验收资料，是绘制竣工总平面图的首要任务。竣工总平面图的绘制，应收集总平面布置图、施工设计图、设计变更文件、施工检测记录、竣工测量资料和其他相关资料。为确定资料的完整性、正确性，应对所有收集的资料进行实地对照检核，对不符之处应实测其位置、高程及尺寸，以便进一步完善竣工总平面图的绘制。

任务2 现场实测工作

竣工总平面图的测绘与地形图的测绘方法基本相同，但碎部点的测绘一般用经纬仪测角和钢尺或测距仪测距的极坐标法，碎部点的高程多用水准测量方法施测或全站仪数字化测图。

在竣工总平面图上一般要求用不同的颜色表示不同的工程对象。

任务3 竣工总平面图的绘制

1. 绘制竣工总平面图的依据

(1)设计总平面图，单位工程平面图，纵、横断面图，施工图及施工说明。

(2)施工放样成果、施工检查成果及竣工测量成果。

(3)更改设计的图纸、数据、资料(包括设计变更通知单)。

2. 竣工总平面图的绘制方法

(1)在图纸上绘制坐标方格网。绘制坐标方格网的方法、精度要求与地形测量绘制坐标方格网的方法、精度要求相同。

(2)展绘控制点。坐标方格网画好后，将施工控制点按坐标值展绘在图纸上。展点对所临近的方格而言，其容许误差为±0.3 mm。

(3)展绘设计总平面图。根据坐标方格网，将设计总平面图的图面内容，按其设计坐标，用铅笔展绘于图纸上，作为底图。

(4)展绘竣工总平面图。凡按设计坐标进行定位的工程，应以测量定位资料为依据，按设计坐标(或相对尺寸)和标高展绘。对原设计进行变更的工程，应根据设计变更资料展绘。凡有竣工测量资料的工程，若竣工测量成果与设计值之比差不超过所规定的定位容许误差，按设计值展绘；否则，按竣工测量资料展绘。

3. 竣工总平面图的整饰

(1)竣工总平面图的符号应与原设计图的符号一致。有关地形图的图例应使用国家地形图图示符号。

(2)对于厂房应使用黑色墨线，绘出该工程的竣工位置，并应在图上注明工程名称、坐标、高程及有关说明。

(3)对于各种地上、地下管线，应用各种不同颜色的墨线绘出其中心位置，并应在图上注明转折点及井位的坐标、高程及有关说明。

(4)对于没有进行设计变更的工程，用墨线绘出的竣工位置与按设计原图用铅笔绘出的设计位置应重合，但其坐标及高程数据与设计值比较可能稍有出入。随着工程的进展，逐渐在底图上将铅笔线都绘成墨线。

4. 实测竣工总平面图的测绘

对于直接在现场指定位置进行施工的工程、以固定地物定位施工的工程及多次变更设计而无法查对的工程等，只好进行现场实测，这样测绘出的竣工总平面图称为实测竣工总平面图。

单元8 实践训练

项目1 测量实践训练操作须知

建筑工程测量的理论教学、实践教学和实习教学是本课程的3个重要的教学环节。只有坚持理论与实践的紧密结合，认真进行测量仪器的操作应用和测量实践训练，才能真正掌握建筑工程测量的基本原理和基本技术方法。

1. 实验与实习一般要求

(1)做实验或上实习课前，应阅读本书中有关内容，了解学习的内容、方法和注意事项。

(2)实验或实习时分小组进行。学生班学习委员向任课教师提供分组的名单，确定小组负责人。

(3)实验和实习是集体学习行动，任何人不得无故缺席或迟到，应在指定场地进行，不得随便改变地点。

(4)在实验和实习中认真地观看任课教师进行的示范操作，在使用仪器时严格按照操作规则进行。

2. 使用测量仪器规则

测量仪器是精密光学仪器，或是光、机、电一体化贵重设备，正确使用、精心爱护和科学保养仪器，是测量人员必须具备的素质，也是保证测量成果的质量、提高工作效率的必要条件。在使用测量仪器时应养成良好的工作习惯，并严格遵守下列规则：

(1)仪器的携带。携带仪器前，检查仪器箱是否扣紧，拉手和背带是否牢固。

(2)仪器的安装。

1)安放仪器的三脚架必须稳固可靠，特别注意伸缩腿稳固。

2)从仪器箱提取仪器时，应先松开制动螺旋，用双手握住仪器支架或基座，放到三脚架上。一只手握住仪器，另一只手拧连接螺旋，直至拧紧。

3)仪器取出后，应关好箱盖，不准在箱上坐人。

(3)仪器的使用。

1)仪器安装在三脚架上之后，无论是否观测，观测者必须守护仪器。

2)应撑伞，给仪器遮阳。雨天禁止使用仪器。

3)仪器镜头上的灰尘、污痕，只能用软毛刷和镜头纸轻轻擦去，不能用手指或其他物品擦，以免磨坏镜面。

4)旋转仪器各部分螺旋要有手感。制动螺旋不要拧得太紧，微动螺旋不要旋转至尽头。

(4)仪器的搬迁。

1)贵重仪器或搬站距离较远时，必须将仪器装箱后再搬。

2)水准仪近距离搬站，先检查连接螺旋是否旋紧，松开各制动螺旋，收拢三脚架，一只手握住仪器基座或照准部，另一只手抱住脚架，稳步前进。

(5)仪器的装箱。

1)从三脚架取下仪器时，先松开各制动螺旋，一手握住仪器基座或支架，另一只手拧松连接螺旋，双手从架头上取下装箱。

2)在箱内将仪器正确就位后，拧紧各制动螺旋，关箱扣紧。

3. 外业记录规则

(1)观测数据按规定的表格现场记录。记录应采用 2H 或 3H 硬度的铅笔。记录者听到观测数据后应复诵一遍记录的数字，以避免记错。

(2)记录者记录完一个测站的数据后，当场应进行必要的计算和检核。确认无误后，观测者才能搬站。

(3)对错误的原始记录数据，不得涂改，也不得用橡皮擦掉，应用横线划去错误数字，将正确的数字写在原数字的上方，并在备注栏说明原因。

项目 2 水准仪操作实践训练
——水准仪的认识与使用

1. 训练目的
熟悉并学会使用 DSZ3 型自动安平水准仪。

2. 训练内容
(1)了解 DSZ3 型自动安平水准仪的基本构造，认清其主要部件的名称及作用。

(2)掌握水准仪的安置和使用方法。

(3)练习用水准仪测定地面两点之间高差的方法。

3. 训练安排
(1)课时：课内 2 学时；每小组 4~5 人。

(2)仪器：DSZ3 型自动安平水准仪、水准尺、记录本。

(3)场地：在一较平整场地不同高度的 2~4 个地面点上分别树立水准尺，仪器至水准尺的距离不宜超过 50 m。

4. 训练方法与步骤
(1)安置仪器。将三脚架张开，使其高度适中，架头大致水平，并将脚尖踩入土中。开箱取出仪器，用中心连接螺旋将其固连到三脚架上。

（2）认识水准仪。了解仪器各部件及有关螺旋的名称、作用和使用方法；熟悉水准尺的刻画和注记。

（3）整平。先用双手同时向内（或向外）转动一对脚螺旋，使其圆水准器气泡移动到中间，再转动另一只脚螺旋使圆水准器气泡居中，通常需反复进行。

注意：气泡移动的方向与左手大拇指或右手食指运动方向一致。

（4）瞄准水准尺。先用目镜调焦，以天空或粉墙为背景，转动目镜对光螺旋，使十字丝清晰；然后照准目标，转动望远镜，通过其上的准星与缺口照准标尺，固定水平制动螺旋，旋转微动螺旋，使标尺成像在望远镜的视场中央，十字纵丝靠近水准尺一侧；再用物镜调焦，旋转物镜对光螺旋，使标尺的影像清晰，同时检查是否存在视差现象，如存在，则反复调焦，加以消除。

（5）读数。读取十字丝中丝在水准尺所指处应有的读数，计4位，即以"m"为单位，估读至 mm 位。读数时应先估出 mm 位，一次读出4位数。

（6）测定高差。先按上述步骤照准 A 点标尺，精平后读数，记为后视读数 a；再照准 B 点标尺，精平后读数，记为前视读数 b，由此计算 A 点至 B 点的高差：

$$h_{AB} = a - b$$

变动仪器高后重复上述步骤，再次计算得 A 点至 B 点的高差，并将有关读数和算得的高差计入表 S-1，最后通过较差 Δh 检查练习的效果。

5. 注意事项

标尺读数前应检查是否存在视差，如有视差一定要反复通过物镜（与目镜）调焦，予以消除。

实践训练报告

实践训练名称：DSZ3 型自动安平水准仪的认识与使用

日期：_____专业：_____班级：_____姓名：_____

1. 训练记录

水准仪测定高差练习记录手簿见表 S-1。

表 S-1 水准仪测定高差练习记录手簿

_____年____月____日 天气_____ 观测_____ 记录_____ 检查_____

测站	点号			后视读数/m	前视读数/m	高差 h/m	Δh/mm	说明
	第1次							
	第2次							
	第1次							
	第2次							

2. 训练成果

二次观测 A 点至 B 点的高差的平均值为_____ m，说明 B 点比 A 点_____。如果假设 A 点的高程 $H_A=10.000$ m，则仪器的视线高程 $H_i=$_____ m；B 点的高程 $H_B=$_____ m。

3. 训练答题

(1)粗平仪器，使圆水准器气泡居中，应旋转_____；转动望远镜，照准目标，使标尺影像位于望远镜视场中央，应旋转_____和_____；使十字丝清晰，应旋转_____，使标尺影像清晰，应旋转_____。

(2)照准目标时，应通过反复_____，消除_____。

(3)测定两点之间的高差，当望远镜由后视转向前视时，如发现圆水准器气泡偏离中心，则不能再_____，这是因为_____。

4. 存在的问题

项目 3 普通水准测量的施测实践训练

1. 训练目的

掌握普通水准测量外业观测和内业计算的方法。

2. 训练内容

每小组完成一条闭合水准路线测量的外业观测工作，每人独立完成其内业计算。

3. 训练安排

(1)课时：课内 4 学时(外业观测)，课外 1 学时(内业计算)；每小组 4～5 人。

(2)测量仪器：DS3 水准仪、水准尺、记录本、尺垫、测伞。

(3)场地：在一较平整场地设置一条闭合水准路线，起始设置一已知 A 点，中间设待定点 B、C、D(点 A、B、C、D 均应有地面标志)，闭合路线全场约为 300 m。

4. 训练方法与步骤

(1)外业观测。从已知 A 点出发，做普通水准测量经 B、C、D 点，再测回 A 点。全线分为 4 个测段，每测段含 1～2 个测站。每测站均用变动仪器高法测定两次高差进行检核，将有关读数和算得的高差计入表 S-2。

(2)内业计算。整条路线观测完毕后计算高差闭合差，若高差闭合差符合要求，则将每测段内的测站数及由各测站高差取到和得到的测段高差观测值填入表 S-3，进行高差闭合差的调整并计算待定点 B、C、D 的高程。其计算步骤如下：

1)高差闭合差的计算与检核。

2)高差闭合差的调整，即将闭合差反号，按与各测段所含测站数成正比的原则进行分配，得到各测段的高差改正数。

3)假设已知点高程 H_A 为某一整米数，计算待定点的高程。

5. 注意事项

(1)除已知点 A 和待定点 B、C、D 外，现场临时设置的立尺点称为转点(用 TP_i 表示)，做传递高程用。A、B、C、D 点上立尺不用尺垫，转点上立尺需用尺垫。

(2)应尽量靠路边设置转点和安置测站。测站安置仪器时，不需要和前、后视点成三点一线，但应使前、后视距离大致相等。

(3)测站变动仪器高法测定前、后所得的两次高差的较差应不超过 ±6 mm。记录员应当场计算高差及其较差，符合要求方能迁站。

(4)迁站时，前视尺(连同尺垫)不动，即变为下一测站的后视尺，而将本站的后视尺调为下一站的前视尺。

(5)观测完毕后，应对整个记录进行计算检核，即所有测站两次观测的后视读数之和 $\sum a$ 减去前视读数之和 $\sum b$ 应等于所有测站高差平均值之和的两倍。

(6)照准标尺读数前务必注意消除视差和使符合气泡符合。

(7)如果由于凑整误差，使高差改正数与高差闭合差的绝对值不完全相符，可将其差值凑到距离长(或测站数多)的测段高差改正数中。

(8)高程计算栏最后一行起始点高程的计算值应与其已知值完全吻合，否则应检查计算是否有误。

实践训练报告

实践训练名称：普通水准测量施测

训练日期：_____ 专业：_____ 班级：_____ 姓名：_____

1. 实训记录

水准测量记录手簿见表 S-2。

表 S-2　水准测量记录手簿

_____年____月____日 天气_____ 观测_____ 记录_____ 检查_____

测站	点号			后视读数 /m	前视读数 /m	高差 h /m	平均高差 h均 /m	说明
	仪高 1							
	仪高 2							
	仪高 1							
	仪高 2							
	仪高 1							
	仪高 2							
	仪高 1							
	仪高 2							
检核	$\sum a - \sum b =$				$2\sum h_{均} =$			

2. 内业计算

高差闭合差调整及待定点高程计算见表 S-3。

表 S-3　高差闭合差调整及待定点高程计算

计算_____检查_____

点名	测站数	观测高差/m	改正数/mm	改正后高差/m	高程/m
Σ					
辅助计算	$f_h(\text{mm})=$ $f_{h限}(\text{mm})=$				

3. 实训成果

(1)测站两次观测高差较差的容许值为_____ mm，此次实训最大测站较差为_____ mm，路线高差闭合差容许值为_____ mm，此次实训路线高差闭合差为_____ mm，说明实训成果_____要求。

(2)A 点的假定高程 $H_A=$_____ m，经高差闭合差调整，算得 B 点的高程 $H_B=$_____ m、C 点的高程 $H_C=$_____ m、D 点的高程 $H_D=$_____ m。

4. 训练答题

(1)测站安置仪器时，应使前、后视距大致相等，其目的是_____。

(2)观测中，如果标尺偏斜，必然使读数变_____，从而给测站高差带来影响，因此，立尺一定要竖直。

5. 存在的问题

项目 4 四等闭合水准路线测量实践训练

1. 训练目的

(1)练习水准路线的选点、布置，完成一个闭合水准路线的布设。

(2)掌握四等水准测量路线的观测、记录、计算检核，以及集体配合、协调作业的施测过程。

(3)掌握水准测量路线成果检核及数据处理方法。

2. 训练内容

每小组完成一条四等闭合水准路线测量的外业观测工作，每人独立完成其内业计算。

3. 训练内容

(1)课时：课内 4 学时(外业观测)，课外 1 学时(内业计算)；每小组 4～5 人。

(2)测量仪器：DSZ3 型自动安平水准仪、双面尺、记录本、尺垫、测伞。

(3)场地：在一较平整场地设置一条闭合水准路线，起始设置一已知 A 点，中间设待定点 B、C、D(点 A、B、C、D 均应有地面标志)，闭合路线全场约为 300 m。

4. 训练方法与步骤

(1)外业观测。

1)在距已知高程点(起点)与第一个转点大致相等距离处架设水准仪，在起点与第一个待测点上竖立尺。

2)仪器整平后便可进行观测，同时记录观测数据。用双面尺法进行测站检核。

3)四等水准测量一测站的施测步骤如下：

①瞄准后视黑面尺，精平，读下丝、上丝和中丝读数，分别记入三、四水准测量观测记录手簿相应位置。

②瞄准前视黑面尺，精平，读下丝、上丝和中丝读数，分别记入手簿相应位置。

③瞄准前视红面尺，读中丝读数，记入手簿相应位置。

④瞄准后视红面尺，读中丝读数，记入手簿相应位置。

一个测站上的这种观测程序简称"后—前—前—后"或"黑—黑—红—红"。四等水准测量也可采用"后—后—前—前"或"黑—红—黑—红"的观测程序。

4)第一站施测完毕，检核无误后，将水准仪搬至第二站，第一个待测点上的水准尺尺底位置不变，尺面转向仪器；将另一把水准尺竖立在第二个待测点上，进行观测，以此类推。

5)当两点之间距离较长或两点之间的高差较大时，在两点之间可选定一个或两个转点作为分段点，进行分段测量。在转点上立尺时，尺子应立在尺垫上的凸起物顶上。

(2)内业计算。按照闭合水准路线成果计算即可，满足三、四等水准测量的精度要求

（见表 8-4-1 和表 8-4-2）。

表 8-4-1 三、四等水准测量的主要技术要求

等级	路线长度/km	水准仪	水准尺	观测次数		往返较差、附合或环线闭合差	
				与已知点联测	附合或环线	平地/mm	山地/mm
三	≤50	DS1	因瓦	往返各一次	往一次	±12$\sqrt{L}$	±4$\sqrt{L}$
		DS3	双面		往返各一次		
四	≤16	DS3	双面	往返各一次	往一次	±20$\sqrt{L}$	±6$\sqrt{L}$

注：L 为水准路线长度（km）；n 为测站数。

表 8-4-2 三、四等水准测量观测的技术要求

等级	水准仪	视线长度/m	前后视距差/m	前后视距累积差/m	视线高度	黑面、红面读数之差/mm	黑面、红面所测高差之差/mm
三	DS1	100	3	6	三丝能读数	1.0	1.5
	DS3	75				2.0	3.0
四	DS3	100	5	10	三丝能读数	3.0	5.0

5. 注意事项

（1）前、后视距应大致相等。

（2）读取读数前，应仔细对光，以消除视差。

（3）每次读数时，注意勿将上、下丝的读数误读成中丝读数。

（4）观测过程中不得进行整平。若圆水准器气泡发生偏离，应整平仪器后重新观测。

（5）应做到边测量、边记录、边检核，误差超限应立即重测。

（6）双面尺法进行测站检核时，两次所测得的高差尾数之差应≤5 mm（两次所测得的高差，因尺常数不同，理论值应相差 0.1 m）。

（7）尺垫仅在转点上使用，在转点前后两站测量未完成时，不得移动尺垫位置。

（8）闭合水准路线高差闭合差 $f_h = \sum h$，容许值为 ±20$\sqrt{L}$，单位为"mm"。

实践训练报告

实践训练名称：四等闭合水准路线测量

日期：_____ 专业：_____ 班级：_____ 姓名：_____

1. 训练记录

四等水准测量记录手簿见表 S-4。

表 S-4 四等水准测量记录手簿

测站编号	点号	后尺	上丝 / 下丝	前尺	上丝 / 下丝	方向及尺号	水准尺读数/m 黑面	水准尺读数/m 红面	K+黑−红	平均高差 /m	备注
		后视距		前视距							
		视距差 d/m		∑d/m							
		(1)		(4)		后视	(3)	(8)	(14)		
		(2)		(5)		前视	(6)	(7)	(13)		
		(9)		(10)		高差	(15)	(16)	(17)	(18)	
		(11)		(12)							
						后视 K1					
						前视 K2					
						高差					
						后视 K2					
						前视					
						高差					K 为尺常数
						后视 K1					
						前视 K2					
						高差					
						后视 K2					
						前视 K1					
						高差					
每页校核											

测站编号	点号	后尺 上丝 下丝	前尺 上丝 下丝	方向及尺号	水准尺读数/m 黑面	水准尺读数/m 红面	K+黑-红	平均高差/m	备注
		后视距	前视距						
		视距差 d/m	$\sum d$/m						
		(1)	(4)	后视	(3)	(8)	(14)		
		(2)	(5)	前视	(6)	(7)	(13)		
		(9)	(10)	高差	(15)	(16)	(17)	(18)	
		(11)	(12)						
				后视 K1					
				前视 K2					
				高差					
				后视 K2					
				前视					K为尺常数
				高差					
				后视 K1					
				前视 K2					
				高差					
				后视 K2					
				前视 K1					
				高差					
每页校核									

2. 内业计算

水准测量成果计算见表 S-5。

表 S-5　水准测量成果计算

计算_____检查_____

点名	测站数	实测高差/m	改正数/mm	改后高差/m	高程/m
$\sum$					
检核					

3. 训练成果

(1)四等水准测量，双面尺法测站两次观测高差较差的容许值为_____ mm，此次训练中最大测站较差为_____ mm，本次训练路线高差闭合差为_____ mm，路线高差闭合差容许值为_____ mm，说明实训成果_____要求。

(2)A 点的假定高程 H_A =_____ m，经高差闭合差调整，算得 B 点的高程 H_B =_____ m、C 点的高程 H_C =_____ m、D 点的高程 H_D =_____ m。

4. 训练答题

(1)四等水准测量每测站要求前、后视距差在_____ m 内。

(2)观测中红、黑面读数限差是_____ mm。

5. 存在的问题

项目 5 高程测设实践训练

1. 训练目的

掌握高程测设的基本方法。

2. 训练内容

根据给定的水准点 BM_0 的高程 H_0 及两个待测设点 1、2 的高程，进行 1、2 两个点的高程测设。

3. 训练安排

(1)课时：课内 2 学时；每小组 4～5 人。

(2)仪器：DS3 水准仪、水准尺、木桩、小铁钉、记录本、测伞。

(3)场地：长约 80 m。

4. 训练方法与步骤

(1)在 BM_0 点上立尺，读取后视读数 a，根据 BM_0 点的已知高程 H_0，计算视线高程 H_1、H_2。

(2)根据 1、2 点的设计高程 H_i，计算 1、2 点上的标尺应有的读数 b_i，计算数据填入实训报告。

(3)依次在 1、2 点处立尺，使尺上的读数等于 b_i，再将尺的底边位置用红漆线沿尺底在木桩上标注画线，即该两点的设计高程。

5. 注意事项

测设数据计算的正确性对高程的测设至关重要，应反复计算检核，方能用于现场测设。

实践训练报告

实践训练名称：高程测设

训练日期：_____ 专业：_____ 班级：_____ 姓名：_____

1. 实训记录

(1)高程测设记录见表 S-6。

表 S-6　高程测设记录

_____年____月____日　天气_____　观测_____　记录_____　检查_____

水准点_____　水准点高程_____

点号	后视读数/m	视线高程/m	设计高程/m	前视应有读数/m
1				
2				

(2)高程测设检测记录见表 S-7。

表 S-7　高程测设检测记录

_____年____月____日　天气_____　观测_____　记录_____　检查_____

测站_____　后视_____　水准点_____　水准点高程_____

点号	H/m		
	设计	实测	较差
1			
2			

2. 训练答题

(1)测设点的高程，如果视线至桩顶的高度与前视应有读数较差较大，则应_____
_____。

(2)安置一次水准仪，同时测设多个点的高程，不同点的前视距离和后视距离难免相差较大，应在测设前仔细进行_____。

3. 存在的问题

项目6 纵、横断面测量实践训练

1. 训练目的

掌握纵、横断面测量的基本方法及纵、横断面图的绘制方法。熟悉并学会使用 DSZ3 型自动安平水准仪。

2. 训练内容

每组按照指定的方向完成该方向的纵、横断面的测量，并绘制纵、横断面图。

3. 训练安排

(1)课时：课内 2 学时；每小组 4～5 人。

(2)仪器：DSZ3 型自动安平水准仪 1 台、水准尺 1 对、记录板 1 块、斧子 1 把、木桩 6 只、计算器 1 只。

(3)场地：室外。

4. 训练方法与步骤

(1)流程。选定路线→打桩→依次进行水准测量计算高差和高程→反测进行检核→数据整理，绘制纵、横断面图。

(2)训练步骤。

1)准备工作。

①指导教师现场讲解测量过程、方法及注意事项。

②在给定区域，选定一条长约为 200 m 的路线，在两端点钉木桩。用皮尺量距，每 20 m 处钉一中桩，并在坡度及方向变化处钉加桩，在木桩侧面标注桩号。起点桩桩号为 0+000。

2)纵断面测量。

①水准仪安置在起点桩与第一转点之间适当位置作为第一站(Ⅰ)，瞄准(后视)立在附近水准点 BM 上的水准尺，读取后视读数 a(读至毫米)，填入记录表格，计算第一站视线高($H_I = H_{BM} + a$)统筹兼顾整个测量过程，选择前视方向上的第一个转点 TP_1，瞄准(前视)立在转点 TP_1 上的水准尺，读取前视读数 b(读至毫米)，填入记录表格，计算转点 TP_1 的高程($HTP_1 = H_I - b$)。

②依此瞄准(中视)本站所能测到的立在各中桩及加桩上的水准尺，读取中视读数 S_i(读至厘米)，填入记录表格，利用视线高计算中桩及加桩的高程($H_i = H_I - S_i$)

③仪器搬至第二站(Ⅱ)，选择第二站前视方向上的 2 号转点 TP_2。仪器安置好后，瞄准(后视)TP_1 上的水准尺，读数、记录、计算第二站视线高 HI_1；观测前视 TP_2 上的水准尺，读数、记录并计算 2 号转点 TP_2 的高程 HTP_2。同法继续进行观测，直至线路终点。

④为了进行检核，可由线路终点返测至已知水准点，此时不需要观测各中间点。

纵断面测量如图 8-6-1 和图 8-6-2 所示。

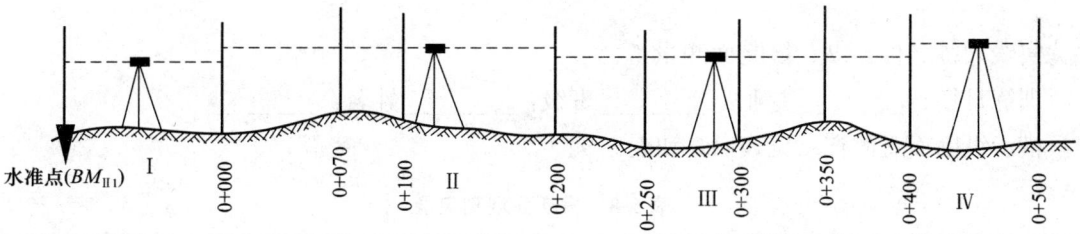

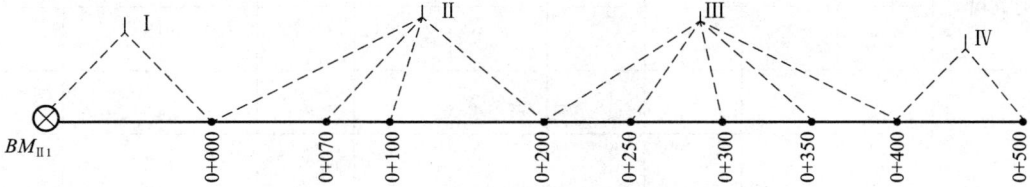

图 8-6-1 纵断面测量(一)

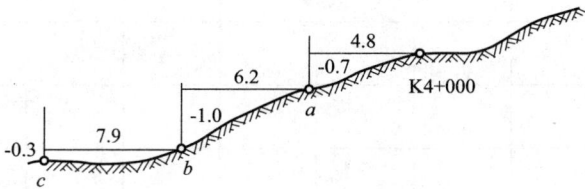

图 8-6-2 纵断面测量(二)

3)横断面测量。每人选一里程桩进行横断面水准测量。在里程桩上,用方向架确定线路的垂直方向,在中线左右两侧各测 20 m,中桩至左、右侧各坡度变化点距离用皮尺丈量,读至分米;高差用水准仪测定,读至厘米,并将数据填入横断面测量记录表。

4)纵、横断面图的绘制。外业测量完成后,可在室内进行纵、横断面图的绘制。

纵断面图:水平距离比例尺可取为 1∶1 000,高程比例尺可取为 1∶100;

横断面图:水平距离比例尺可取为 1∶100,高程比例尺可取为 1∶100。

纵、横断面图绘制在格网纸上(横断面图也可在现场边测、边绘并及时与实地对照检查)。

5. 注意事项

(1)中间视因无检核条件,所以读数与计算时要认真、细致,互相核准,避免出错。

(2)横断面水准测量与横断面图绘制,应按线路延伸方向划定左右方向,切勿弄错,横断面图最好在现场绘制。

(3)线路往、返测量高差闭合差的限差应按普通水准测量的要求计算,式中 n 为测站数。超限应重新测量。

实践训练报告

实践训练名称：纵、横断面测量

训练日期：_____ 专业：_____ 班级：_____ 姓名：_____

横、纵断面观测记录见表 S-8 和表 S-9。

表 S-8　横断面观测记录

桩号高程	平距								
	高差								
横断面图									

表 S-9　纵断面观测记录

测站	测点	水准尺读数/m		正高差/m	负高差/m	高程/m	备注
		后视读数	前视读数				
纵断面图							

项目 7　全站仪操作实践训练

1. 训练目的

了解全站仪的构造，认识全站仪上各构件的名称、功能；掌握全站仪的安置方法。

2. 训练内容

每位同学完成全站仪的各构件认知及全站仪的安置工作各 2 次。

3. 训练安排

(1)课时：课内 4 学时；每小组 4～5 人。

(2)仪器：全站仪 1 台、三脚架 1 个。

(3)场地：室外。

4. 训练方法与步骤

(1)仪器讲解。指导教师现场讲解全站仪的构造，各螺旋的名称、功能及操作方法，仪器的安置步骤。

(2)安置仪器。各小组在给定的测站点上架设仪器(从箱中取全站仪时，应注意仪器的装箱位置，以便用后装箱)。在测站点上撑开三脚架，高度应适中，架头应大致水平；再将全站仪安放到三脚架的架头上。安放仪器时，一手扶住仪器，一手旋转位于架头底部的连接螺旋，使连接螺旋穿入经纬仪基座压板螺孔，并旋紧螺旋。

(3)认识仪器。对照实物正确说出仪器的组成部分、各螺旋的名称及作用。

(4)仪器的对中整平练习。

5. 注意事项

(1)仪器从箱中取出前，应看好它的放置位置，以免装箱时不能恢复到原位。

(2)将全站仪由箱中取出并安放到三脚架上时，必须是一只手握住全站仪的一个支架，另一只手托住基座底部，并立即旋紧中心连接螺旋，严防仪器从三脚架上掉下摔坏。

(3)安置全站仪时，应使三脚架架头大致水平，以便能较快地完成对中、整平操作。

(4)操作仪器时用力应均匀。转动照准部或望远镜，要先松开制动螺旋，切不可强行转动仪器。旋紧制动螺旋时用力要适度，不宜过紧。微动螺旋、脚螺旋有一定调节范围，宜使用中间部分。

(5)在三脚架架头上移动经纬仪完成对中后，要立即旋紧中心连接螺旋。

实践训练报告

实践训练名称：认识全站仪与安置训练

训练日期：_____专业：_____班级：_____姓名：_____

实训答题：

1. 在全站仪对中整平过程中，升降脚架是为了_____
2. 全站仪初步对中是利用_____
3. 全站仪的脚螺旋的用途是_____
4. 全站仪精确整平是指_____

项目8　水平角观测实践训练
——测回法观测水平角

1. 训练目的

掌握水平角观测原理，经纬仪的构造及度盘读数；掌握测回法测水平角的方法。

2. 训练内容

利用经纬仪/全站仪观测水平角。每位同学用测回法完成一个水平角的观测。

3. 训练安排

(1)课时：课内 2 学时；每小组 4~5 人。

(2)仪器：每组全站仪/电子经纬仪 1 台、标杆 2 个、记录板 1 个、观测表格一张。

(3)场地：室外。

4. 训练方法与步骤

(1)流程：在测站点整平对中经纬仪/全站仪→盘左顺时针测→盘右逆时针测。

(2)训练步骤。

1)在指定的场地内，选择边长大致相等的 3 个点打桩，在桩顶钉上小钉作为点的标志，分别以 A、B、C 命名。

2)在 A、C 两点架基座棱镜，对中整平。

3)将 B 点作为测站点，安置经纬仪/全站仪进行对中、整平。

4)将望远镜位于盘左位置(即观测员用望远镜瞄准目标时，竖盘在望远镜的左边，也称为正镜位置)，瞄准左边第一个目标 A，即瞄准 A 点棱镜，用电子经纬仪/全站仪的度盘置零功能，直接置零，读数并做好记录。

5)按顺时针方向，转动望远镜瞄准右边第二个目标 C，读取水平度盘读数，记录，并在观测记录表格中计算盘左上半测回水平角值(C 目标读数－A 目标读数)。

6)将望远镜盘左位置换为盘右位置(即观测员用望远镜瞄准目标时,竖盘在望远镜的右边,也称为倒镜位置),先瞄准右边第二个目标 C,读取水平度盘读数,记录。

7)按逆时针方向,转动望远镜瞄准左边第一个目标 A,读取水平度盘读数,记录,并在观测记录表格中计算出盘右下半测回角值(C 目标读数 $-A$ 目标读数)。

8)比较计算的两个上、下半测回角值,若限差 $\leqslant 40''$,则满足要求,取平均值求出一测回平均水平角值。

9)如果需要对一个水平角测量 n 个测回,在每测回盘左位置瞄准第一个目标 A 时,都需要配置度盘。每个测回度盘读数需变化 $180°/n$(n 为测回数)。(例如:要对一个水平角测量 3 个测回,每个测回度盘读数需变化 $180°/3=60°$,则 3 个测回盘左位置瞄准左边第一个目标 A 时,配置度盘的读数分别为 $0°$、$60°$、$120°$或略大于这些读数。)

10)除需要配置度盘读数外,各测回观测方法与第一测回水平角的观测过程相同。比较各测回所测角值,若限差 $\leqslant 25''$,则满足要求,取平均值求出各测回平均角值。

5. 注意事项

(1)要旋紧中心连接螺旋和纵轴固定螺旋,防止仪器事故。

(2)瞄准目标时,应尽量瞄准目标底部,以减少由于目标倾斜引起水平角观测的误差。

(3)记录员听到观测员读数后必须向观测员回报,经观测员默许后方可记入手簿,以防听错而记错。

(4)观测过程中,若照准部水准管汽泡偏离居中位置,其值不得大于一格。同一测回内若气泡偏离居中位置大于一格,则该测回应重测。不允许在同一个测回内重新整平仪器。不同测回,则允许在测回间重新整平仪器。

(5)测回法测角时的限差要求若超限,则应立即重测。

(6)注意测回法测量的记录格式。

实践训练报告

实践训练名称：测回法观测水平角

训练日期：_____专业：_____班级：_____姓名：_____

1. 实训记录

水平角测回法记录手簿见表 S-10。

表 S-10　水平角测回法记录手簿

_____年____月____日　天气：_____仪器型号：_____组号：_____

观测者：_____记录者：_____立测杆_____

测点	盘位	目标	水平度盘读数 /(° ′ ″)	水平角		各测回平均值
				半测回值 /(° ′ ″)	一测回值 /(° ′ ″)	

2. 训练答题

(1)用测回法观测，当右目标读数－左目标读数不够减时，应_____。

(2)在测回法水平角的观测中，上半测回和下半测回限差一般是_____。

3. 存在的问题

项目 9 竖直角观测实践训练

1. 训练目的

了解竖盘的构造和原理，能够正确判断出所使用经纬仪竖直角计算的公式，掌握竖直角观测、记录、计算的方法。

2. 训练内容

每组同学用一测回完成一个竖直角的观测工作各 1 次。

3. 训练安排

(1)课时：课内 2 学时；每小组 4～5 人。

(2)仪器：每组全站仪/电子经纬仪 1 台、标杆 2 个、记录板 1 个、观测表格一张。

(3)场地：室外。

4. 训练方法与步骤

(1)流程：在 A 点测 B 点的盘左竖盘读数→在 A 点测 B 点的盘右竖盘读数→计算 A 点至 B 点的竖直角(图 8-9-1)。

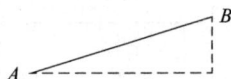

图 8-9-1 竖直角观测

(2)训练步骤。

1)领取仪器后，在各组给定的测站点上安置经纬仪，对中、整平，对照实物说出竖盘部分各部件的名称与作用。

2)上下转动望远镜，观察竖盘读数的变化规律，确定出竖直角的推算公式，在记录表格备注栏内注明。

3)选定远处较高的建(构)筑物，如水塔、楼房上的避雷针、天线等作为目标。

4)用望远镜盘左位置瞄准目标，用十字丝中丝切于目标顶端。

5)读取竖盘读数 L，在记录表格中做好记录，并计算盘左上半测回竖直角值 $\alpha_{左}$。

6)再用望远镜盘右位置瞄准同一目标，同方法进行观测，读取竖盘读数 R，记录并计算盘右下半测回竖直角值 $\alpha_{右}$。

7)计算竖盘指标差，$x=1/2(R+L-360°)$ 在满足限差($|x|\leqslant25''$)要求的情况下，计算上、下半测回竖直角的平均值，即一测回竖角值：

$$\alpha=\frac{1}{2}(\alpha_{左}+\alpha_{右})$$

8)同方法进行第二测回的观测。检查各测回指标差互差(限差±25″)及竖直角值的互差

（限差±25″）是否满足要求，如在限差要求之内，则可计算同一目标各测回竖直角的平均值。

5. 注意事项

（1）务必弄清计算竖直角和指标差的公式。

（2）对同一目标进行观测时，要用十字丝横丝切准同一部位。

（3）每次读数前都要使指标水准管气泡居中；对于带竖盘自动补偿器的仪器，需要在观测前打开补偿器，收仪器前一定要关闭补偿器，防止损坏补偿器。

（4）计算竖直角和指标差时，应注意正、负号。

实践训练报告

实践训练名称：竖直角观测

训练日期：_____专业：_____班级：_____姓名：_____

1. 实训记录

竖直角记录见表 S-11。

表 S-11　竖直角记录

_____年____月____日　天气：_____　　仪器型号：_____　　组号：_____

观测者：_____　　记录者：_____　　立测杆_____

测点	目标	竖盘位置	竖盘读数 /(° ′ ″)	半测回竖直角 /(° ′ ″)	指标差 /(″)	一测回竖直角 /(° ′ ″)
		左				
		右				
		左				
		右				
		左				
		右				
		左				
		右				

2. 训练答题

（1）为什么要用盘左、盘右取平均值的方法观测竖直角？

（2）竖盘指标差对竖直角的观测有什么影响？怎么确定竖盘指标差的存在？

3. 存在的问题

项目 10 闭合导线(光电测距导线)外业观测实践训练

1. 训练目的

掌握光电测距外业观测和内业计算的方法。用全站仪观测 4～6 个导线点的闭合导线外业工作和内业计算。

2. 训练内容

每组完成一闭合导线的水平角观测、导线边长丈量的任务,并进行内业数据的处理。

3. 训练安排

(1)课时:课内 4 学时;每小组 4～5 人。

(2)仪器:每组全站仪 1 台,棱镜 1 组,记录板 1 个,外业观测表格 1 张,内业计算表 1 张,木桩及小钉若干,自备铅笔,小刀等。

(3)场地:室外。

4. 训练方法与步骤

(1)流程:如图 8-10-1 所示,测 A 角和边 AB→测 B 角和边 BC→测 C 角和边 CD→测 D 角和边 DA。

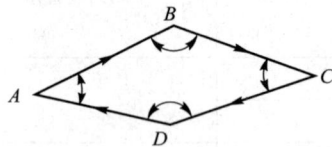

图 8-10-1 闭合导线布设示意

(2)训练步骤。

1)外业观测。

①选点。根据选点注意事项,在测区内选定 4 个导线点组成闭合导线(边长不短于 30 m),在各导线点打下木桩,钉上小钉标定点位,绘制出导线略图。

②测角和测距。角度测量采用全站仪测回法观测闭合导线各转折角(内角),对每个角观测一个测回,若上、下半测回差不超过±25″,则取平均值。距离测量采用全站仪激光测距法,按前进方向观测,每边观测 3 次,各次观测误差不大于 5 mm。

③计算角度闭合差和导线全长相对闭合差。外业成果合格后,内业计算各导线点的坐标。

2)内业计算。

①检查核对所有已知数据和外业数据资料。

②角度闭合差的计算和调整。

角度闭合差：$f_\beta = \sum \beta - (n-2) \cdot 180°$

限差：$f_{\beta允} = \pm 40'' \sqrt{n}$

角度闭合差调整：反号平均分配 f_β，对 β 改正。

③坐标方位角的推算。根据给定的坐标方位角进行推算，若顺时针编号：$\alpha_前 = \alpha_后 + 180° - \beta_右$；若逆时针编号：$\alpha_前 = \alpha_后 + \beta_左 - 180°$，由起始边 AB 算起，应再算回 AB，并校核无误。

④坐标增量计算。

$$\Delta x_{AB} = D_{AB} \cdot \cos\alpha_{AB}$$

$$\Delta y_{AB} = D_{AB} \cdot \sin\alpha_{AB}$$

⑤坐标增量闭合差的计算和调整。

纵坐标增量闭合差：$f_x = \sum \Delta x_测$

横坐标增量闭合差：$f_y = \sum \Delta y_测$

导线全长绝对闭合差：$f = \sqrt{f_x^2 + f_y^2}$

导线全长相对闭合差：$K = \dfrac{f}{\sum D}$

若 $K < 1/2\,000$，符合精度要求，可以平差。将 f_x、f_y 按符号相反，边长成正比例的原则分配给各边的坐标增量，余数分给长边。各边分配数如下：

$$v_{yi} = -\frac{f_y}{\sum D} \times D_i$$

分配后要符合：

$$\sum v_x = -f_x \qquad\qquad \sum v_y = -f_y$$

⑥坐标计算。若干与国家控制点连测，则可假定起点坐标。

$X_B = X_A + \Delta X_{AB}$

$Y_B = Y_A + \Delta Y_{AB}$

由 A 算起，应再算回 A 并校核无误。

5. 注意事项

(1)相邻导线点之间应互相通视且便于量距；若边长较短，测角时应特别注意提高对中和瞄准的精度。

(2)做好分工，有计划地进行试验，使每个同学能做到整个过程的各个工序。

(3)瞄准目标时，应尽量瞄准测钎的底部。

(4)量边要量水平距离。

实践训练报告

实践训练名称：导线测量外业观测

训练日期：_____专业：_____班级：_____姓名：_____

1. 实训记录

光电测距导线测量记录见表 S-12。

表 S-12 光电测距导线测量记录

_____年____月____日 天气：_____仪器型号：_____组号：_____

观测者：_____记录者：_____立棱镜_____

测站	竖盘位置	目标	水平度盘读数 /(° ′ ″)	半测回角值 /(° ′ ″)	一测回平均角值 /(° ′ ″)	备注

边名	一测回平距读数/m			
	第一次	第二次	第三次	平均值
	第一次	第二次	第三次	平均值
	第一次	第二次	第三次	平均值
	第一次	第二次	第三次	平均值
	第一次	第二次	第三次	平均值

注：角度取位至 1s，距离取位至 1 mm。

光电测距线内业计算见表 S-13。

表 S-13　光电测距线内业计算

点号	内角		方位角	边长	坐标增量		改正后增量		坐标		点号
	观测值	改正后			ΔX	ΔY	ΔX	ΔY	X	Y	
1	2	3	4	5	6	7	8	9	10	11	12
求和计算											
辅助计算											

2. 训练答题

(1)导线布设时要求导线点选择在_____，便于测量和做标志。

(2)导线测量外业工作有_____、_____和_____。

(3)导线施测，角度的观测采用_____法，二级光电测距导线要求导线全长相对闭合差为_____。

(4)内业计算一般采用坐标_____。

(5)计算角度改正值时，闭合导线改正的原则是_____。

(6)附合导线坐标增量闭合差的计算公式是_____。

3. 存在的问题

项目11　建筑物轴线测设和高程测设实践训练

1. 训练目的

掌握建筑物轴线测设的基本方法；掌握建筑施工中高程测设的基本方法。

2. 训练内容

每组完成控制点的布设和数据的设计，完成建筑物的轴线测设和已知高程点的测设并将其高程标定在木桩上。

3. 训练安排

(1)课时：课内 2 学时；每小组 2～4 人。

(2)仪器：电子经纬仪/全站仪 1 台、DSZ3 型自动安平水准仪 1 台、钢尺 1 把、花杆 1 支、水准尺 1 支、记录板 1 块、斧子 1 把、木桩 6 只、测钎 2 支、计算器 1 个。

(3)场地：室外。

4. 训练方法与步骤

(1)流程。

1)先完成控制点的布设、已知数据的设计及测设数据的计算。

2)利用极坐标法测设建筑物的轴线点，并利用水准测量原理测设已知高程点到木桩上。

(2)训练步骤。

1)控制点布设和设计数据。建筑物轴线测设和高程测设首先需要有控制点。为此，在空旷地面选择 A、B 两点，先打下一木桩作为 A 点，桩顶画十字线，以交点为中心，用钢尺丈量一段 50.000 m 的距离定出 B 点(同样打木桩，桩顶画十字线)。设 A、B 点的坐标为

$$x_A = 100.000 \text{ m}, \quad x_B = 100.000 \text{ m}$$

$$y_A = 100.000 \text{ m}, \quad y_B = 150.000 \text{ m}$$

设 A 点的高程为 10.000 m(可根据场地情况更改)。假设以上数据为已有控制点的已知数据。设计建筑物的某轴线点 P_1、P_2 的坐标和高程如下：

$$x_1 = 108.360 \text{ m}, \quad x_2 = 108.360 \text{ m}$$

$$y_1 = 105.240 \text{ m}, \quad y_2 = 125.240 \text{ m}$$

$$H_1 = 10.150 \text{ m}, \quad H_2 = 10.150 \text{ m}$$

设在控制点 A，B 用极坐标法测设轴线点 P_1、P_2 的平面位置及用水准仪测设高程。

在极坐标法测设数据计算表中计算所需数据，并画一建筑物轴线测设略图。控制点布设示意如图 8-11-1 所示。

2)极坐标法轴线点平面位置测设。

①安置经纬仪/全站仪于 A 点，瞄准 B 点，变换水平度盘位置使读数为 $0°00'00''$；逆时针旋转照准部，使水平度盘读数为 $360° - \varphi_1$，用测钎在地面标出该方向，在该方向上从 A 点量

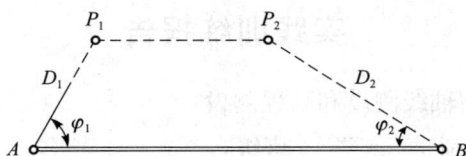

图 8-11-1　控制点布设示意

水平距离 D_1，打下木桩；再重新用经纬仪标定方向和用钢尺量距，在木桩上定出 P_1 点。

②安置经纬仪/全站仪于 B 点，用类似方法测设 P_2 点(不同之处为瞄准 A 点后，照准部顺时针旋转 φ_2 角)。

③用钢尺丈量 P_1、P_2 点的距离，根据两点设计坐标算得的两点之间水平距离差数不应大于 10 mm。

3)轴线点高程测设。如图 8-11-2 所示，水准仪安置于 A 点、P_1 点、P_2 点大致等距离之处，A 点木桩上立水准尺，读得后视读数 a，根据 A 点的高程 H_A，求得水准仪的视线高程(仪器高程)H_i：

$$H_i = H_A + a$$

则 P_1、P_2 点上水准尺应有读数为

$$b = H_i - H_P$$

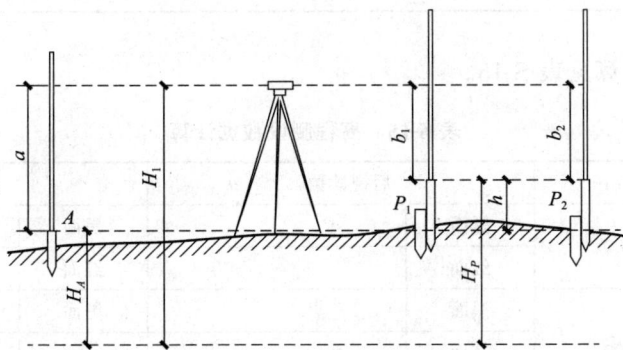

图 8-11-2　高程测设示意

在 P_1、P_2 点旁边木桩侧面立水准尺，上下移动水准尺，读数逐渐达到 b 为止。尺底高程即为点的设计高程，对齐尺底在木桩上划线即测设点。

5. 注意事项

(1)每个人应独立计算测设数据，互相将计算结果进行校核，证明正确无误后再进行测设。

(2)轴线点的平面位置测设好以后，应进行两点之间的距离校核。

(3)点高程测设实际应采用双面尺法或变仪器高法，两次测设点位差在 8 mm 以内。

实践训练报告

实践训练名称：建筑物轴线测设和高程测设

训练日期：_____ 专业：_____ 班级：_____ 姓名：_____

1. 训练记录

极坐标法测设数据计算见表 S-14。

表 S-14　极坐标法测设数据计算

边	坐标增量		水平距离 D	坐标方位 α	水平夹角 φ
	Δx	Δy			
A—B					
A—P_1					
B—A					
B—P_2					
—					
P_1—P_2					
轴线测设略图					

高程测设数据计算见表 S-15。

表 S-15　高程测设数据计算

点号	高程/m	后视读数 a		前视读数 b	
P_1	100.000	黑面		黑面	
		红面		红面	
P_2	100.700	黑面		黑面	
		红面		红面	

2. 训练答题

(1)极坐标法测设坐标，需要计算的测设数据有_____。

(2)在高程测设过程中，后视读数 a 读取后，发现水准器气泡偏移，能否直接将气泡调居中，继续观测前视尺进行测设？并说明原因。

3. 存在的问题

项目 12   建筑基线测设实践训练

1. 训练目的

掌握建筑基线设计及测设要素计算，实地测设建筑基线并进行检核校正。

2. 训练内容

每组完成建筑基线的设计及测设方案的制定，并利用极坐标法进行建筑基线的测设。

3. 训练安排

(1)课时：课内 2 学时；每小组 4~5 人。

(2)仪器：每组电子经纬仪/全站仪 1 台，钢尺 1 把，记录板 1 块，木桩、小铁钉若干。

(3)场地：室外。

4. 训练方法与步骤

(1)流程。完成基线的设计和数据准备→进行测设点测设数据计算→测设→角度及距离的检核→改正。

(2)训练步骤。

1)基线设计。在图纸上根据控制点位置和建筑物轴线位置设计一条"三点一线"建筑基线，如图 8-12-1，须满足：

①建筑基线与建筑物轴线平行；

②基线点通视且便于测设建筑物细部点；

③控制点与各基线点通视。

2)设计基线点坐标，制定放样方案。

如图 8-12-1 所示，建筑基线 AB、AC，$AB \perp AC$。

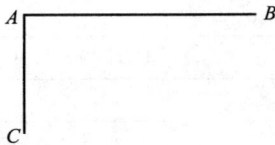

图 8-12-1   建筑基线设计示意

3)测设数据的准备。利用极坐标法将轴线点 A、B、C 测设于地面上，$AB=30$ m，$AC=25$ m，$\angle BAC=90°$，则 $\Delta S_容 = \pm 10$ mm，$\Delta \alpha_容 = \pm 20''$。

4)极坐标法测设轴线点的平面位置。

①在合适的场地打下 A、B 木桩，并做标志，使 $AB=30$ m；安置经纬仪/全站仪于 A 点，完成对中、整平工作。

②盘左瞄准 B 点，使水平读数为 $0°00'00''$，转动照准部，使水平度盘读数为 $90°00'00''$。

③在望远镜视线方向上，用钢尺丈量水平距离 $AC=25$ m，插下测钎，在测钎处打下木桩；重新在视线方向丈量水平距离 AC 并在木桩上捶入小钉做出标志 C。

④以经纬仪/全站仪观测 $\angle BAC$。

⑤检查 $\angle BAC$ 是否等于 90°、是否在 $\Delta\alpha_{容}$ 之内。

⑥改正。若 $\angle BAC$ 不符合要求，计算标志 C 的移动值 e，定标志 C。

$$e=\frac{\Delta\alpha}{\rho}\times AC$$

5. 注意事项

(1)设计数据、设计方案应事先做好，测设过程的计算数据要现场计算，且保证计算无误。

(2)根据设计方案，领取相应的仪器、工具。

(3)若放样结果不满足要求，则需返工重做。

实践训练报告

实践训练名称：建筑基线测设

训练日期：_____ 专业：_____ 班级：_____ 姓名：_____

1. 训练记录

建筑基线放样数据见表 S-16。

表 S-16　建筑基线放样数据

边	坐标增量		水平距离 D	坐标方位 α	水平夹角 φ
	Δx	Δy			
基线测设略图					

测设后的检验数据见表 S-17。

表 S-17　测设后的检验数据

角度检核	测站	目标	竖盘位置	水平度盘读数 /(° ′ ″)	半测回水平角 /(° ′ ″)	一测回水平角 /(° ′ ″)	修正量

距离检核	距离段	设计距离	实测距离	修正量	建筑基线校正略图		

2. 训练答题

（1）工程中，建筑基线一般布设成 _____、_____、_____、_____ 4 种形式。

（2）建筑基线应尽可能靠近拟建的主要建筑物，并与其主要轴线平行，以便使用比较简单的 _____进行建筑物的定位。

（3）根据施工场地的条件不同，建筑基线的测设方法有 _____、_____。

（4）建筑基线上的基线点应不少于 _____个，以便相互检核。

3. 存在的问题

参 考 文 献

[1] 马小林. 建筑施工测量[M]. 成都：西南交通大学出版社，2016.

[2] 王龙祥，魏国仁. 建筑工程测量与实训[M]. 天津：天津科学技术出版社，2013.

[3] 张迪，申永康. 建筑施工测量[M]. 北京：高等教育出版社，2013.

[4] 张博. 工程测量技术与实训指导书[M]. 西安：西安交通大学出版社，2015.

[5] 甄红锋，孙桂涧. 工程测量实训指导[M]. 郑州：黄河水利出版社，2012.

[6] 傅为华，王桔林，刘敏. 建筑工程测量与实训[M]. 武汉：华中科技大学出版社，2019.

[7] 中华人民共和国住房和城乡建设部. JGJ 8—2016 建筑变形测量规范[S]. 北京：中国建筑工业出版社，2016.